SELF-NEGATION AND COGNITION

三味

自否定与认知

深度学习的发生逻辑

THE LOGIC OF THE OCCURRENCE OF DEEP LEARNING

苏慧丽 —— 著

SSAP
社会科学文献出版社
SOCIAL SCIENCES ACADEMIC PRESS (CHINA)

教育部人文社会科学青年基金项目
“基于循证决策的拔尖创新人才早期培养的政策体系构建研究”（23YJC880096）
阶段性成果

学术支持
东北师范大学率性教育研究中心
东北师范大学批判教育学研究中心

序　言

“学习”是一个古老的命题，可以说，当人类以“群”的形式进行生活、繁衍与传承时，广义的学习便开始存在了。人类学习已经得到了大量的研究，从浪漫主义下源于兴趣的自然之学，到经验主义下源于感知与环境的经验之学，再到理性主义下躬身反思的内省之学、行为主义下刺激反应的强化之学，等等。哲学、心理学、教育学、生物学，直至现代的脑科学、神经科学等多个学科领域都对“学习”这一命题给予了强烈的关注。这些关于学习的或是宏大理论建设，或是科学实证研究，更多聚焦于“人类如何学习”的问题，但在人工智能时代下，“为何学”这一问题则显得更为重要，因为它决定了“人类学习”该去往何处。

随着 ChatGPT 与 Sora 等生成式人工智能的横空出世，人们终于深刻认识到“学习”不再是专属于人类的活动，“机器学习”成为热度不亚于“人类学习”甚至更受关注的热门研究议题。ChatGPT 的出现意味着机器能够通过语言模拟人的思维能力，而 Sora 的出现则意味着人工智能能够通过图像、视频创造物理世界之外的“新世界”。在这一“新世界”中，人工智能与人类作为平等的学习者，能够通过交互的学习活动共同进化，但不得不承认的是，在许多领域，人工智能拥有人类难以企及的学习能力。微软发表的《通用人工智能的火花：GPT－4 的早期实验》（Sparks of Artificial General Intelligence：Early Experiments with GPT－4）一文指出，GPT－4 不仅具有优秀的语言交互能力，在完成数学、编程、视觉、医学、法律、心理学等多样化和高难度的任务中表现极为出色，而且能将多个领域的技术与概念统一并生成新知识。也就是说，人工智能不仅能够替代机械性、重复性的活动，在那些看似具有创造性的工作中也具有良好的表现。“人工智能即将代替人类”也不再是杞人忧天的科幻电影中的场景，而可能是不远的将来。教育在机器学习的冲击与挑战中首当其冲，传统教育的滞后性决定了在信息、职业与技术成指数级更新的智能时代，未来可能会培养大量的“无用阶级”，在经历十余年的学习之后，学习者所面临的竞争对手并非人类，而是具有更低成本、更低损耗率，且更高效、更专业与更稳定的人工智能。这些人类的造物背后是更少的精英者与更多“被淘汰的人”。为了避免这样可悲的未来，教育需要思考的核心问题是“为未来培养怎样的人”，哪种学习者能够成为“有用的人”，解答这些问题需要着眼于人类学习如何能区别于机器学习，从而培养学习者机器所不具备的关键素养，这些素养能够保有“人之为人”的核心，它既是作为个体人的天性，也应该是作为类存在的人能够持续传承与发展的特征所在。本书将“自否定”作为这一核心特征与关键素养，它作为深度学习的前提，可能为未来人类的学习提供方向。

否定是哲学发展的重要概念，从语言学上，否定词的使用是人特有的表达方式。人们用“不”“没有”“无”等具有否定意义的词表达判断、命题及拒绝的意愿，这是人特有的语言能力。正如斯宾诺莎和黑格尔所说，任何语言决定都直接或间接涉及否定。在本体论意义上，否定所内含的意蕴能够开启更多的可能世界。在人类生存繁衍的过程中，选择、警惕、排斥、拒绝等行为的产生源于人类历经千百万年、无数次生存危机后形成的先天的否定性心理机制。例如，人具有一种非习得性的害怕蛇的倾向和人类对未知的事物抱有警惕与好奇的矛盾状态等。这种否定性所生发出的心理机制是由人类的历史经验积淀而成的，逐渐成为突变与自然选择下的人的本性。对于儿童来说，服从、顺应是其“动物性”天性，是“种生命”的体现，儿童的幼弱决定了其在外在世界中的不利地位，适应世界，与世界形成肯定性统一的关系是其“合规律性”的体现。而否定性是儿童的“人性”天性，是“类生命”的体现，人的能动性特质决定了儿童具有强烈的好奇心、探究的欲望甚至破坏行为，这都是否定性作为天性的外在表现形式，这种与世界的否定性统一关系是作为类存在的人“合目的性”的体现。

自否定（self-negation）以否定为词源，其定义建立在否定概念的基础之上，突出强调否定的反身性与内在性。自否定是一种在人与世界互动的实践活动中，人对自身原有状态的批判与改造，主导着人认识自我、观照自我、批判自我再到超越自我的过程。相比于机器，自否定是人类特有的认知方式与行为模式，自否定的前提是人类具有机器所不具备的自我意识与反思能力，它一方面向外朝向意识对象，由“否定”衍生出“可能世界”“虚拟世界”“假如的世界”，从而人能够依此发现、改造、创造意识对象，人由此有了无限的抽象能力、想象能力与创造能力，即使是Sora或元宇宙技术所创造的虚拟世界，也需要由人类最初的指令来构建与衍生。另一方面，它向内朝向意识自身，它决定了作为主体的人的行动的意向性，监控、调整、修正意识并赋能于意志以指向目标实现，同时主体能够通过自否定对自我的意识与行为做出价值判断，以存在为底线标准对真、善、美等事物进行追寻，并赋予意识、行为以价值意义。因此，基于自否定的人类学习向外指向学习对象即对认知世界的创造性，向内则指向人类伦理规范的价值性，并通过学习最终指向人类自身的深度反思与超越性的发展欲求。本书的深度学习即从这样一个人类学习特殊性的独特视角，从当下的社会背景下“为何学”这样一个价值性前提问题出发，构建一个以自否定为前提的深度学习理论框架与实践指向，从而回答人类学习去往何处的关键问题。

本书第一章从问题出发，通过透视学校教育中教授主义盛行带来的学习价值取向偏离、学习者自我认同危机以及学习结果浅表化的问题，认为其根源在于学习过程中“他者”的压制导致的学习者自我独特性、创造性和批判性的“萎靡”。基于此，提出当前时代变革下学习的应然取向是基于自否定的深度学习，它是在人工智能时代下凸显人类学习独特价值的迫切要求，是对教育改革中“培养什么人”这一重大问题的理性回应，也是从研究视角与前提理论上对学习科学与既有深度学习研究的创新。

第二章从哲学视角对自否定何以是深度学习的前提逻辑进行原理性的阐释。通过对自否定这一哲学概念的梳理，我们发现，自否定是一种在人与世界互动的实践活动中，人及人所施动下的事物对自身原有状态的批判与改造，它主导着人认识自我、观照自我、批判自我再到超越自我的过程。基于此，从历史逻辑看，自否定开启了人类的意识革命，推动着人作为类存在于学习进程中不断实现经验积淀与知识增长，这是人能够进行深度学习的历史本体性积淀；从人的发展逻辑看，自否定作为人的重要精神特征与元人性潜藏于人的本质属性之中，并在生命实践活动中与世界形成否定性统一关系，这是人能够进行创造性学习活动的人性前提；从学习的逻辑看，自否定主导下的历史与人的发展决定了人类学习形态的不断进步，通过对学习理论的梳理能够发现自否定于学习中的作用与价值逐步凸显，这是自否定作为深度学习前提的重要理论基础。

第三章基于自否定作为深度学习的前提逻辑结论，从学习主体——“人”的本质出发对深度学习进行理论建构与模型设计。从横向上看，自否定作为人的元人性与类特性，观照的学习主体是历史的存在、实践的存在、整全的存在，要求深度学习模型从整全性视角着眼于学习的内容、动机与互动三重维度；从纵向上看，基于自否定的深度学习之“深”，一在于学习的“深刻性”，其不仅是以往深度学习研究中所指涉的认知之深，还关注学习者在三重维度融贯中实现对自我与学习客体对象的否定与超越；二在于学习的“深远性”，即不仅于此在（Dasein）意义上指向个体自否定驱动下学习的终身持续性，还指向类存在的人与客体世界于学习进程中的否定与发展。因此，基于自否定的深度学习模型构建了以肯定的顺应、前否定、逻辑的肯定、理性的否定、自我的超越为表征的深度学习发生五阶段，指向学习的深刻性与深远性。

第四章则强调，在新的技术发展与时代条件下，基于自否定的深度学习如何实现是理论建构的着眼点与归宿。在实践取向上，主要从学的视角与教的视角力图实现“整全的人”的培养，指向深度学习的“深刻性”与“深远性”。从学的视角来看，学习主体应做自否定的施动者，学习内容应以发展性为原则关注其价值性、具体性与适应性，应构建与自我相联结的学习境脉。从教的视角来看，教师应转变角色成为自否定驱动的终身学习者，以过程性为原则体现教学艺术，并将学生的自我发展作为深度学习评价的重要维度。在实践取向上强调教与学融贯一体，使学生实现“自我超越”，促教学走向“为学而教”。

第五章对深度学习的发展进行了展望。“为何学、学什么、怎样学”的问题不断拷问着教育变革的决策，锚定未来深度学习明确、坚实的起点是反思学习价值、展望未来学习形态的前提。后人类时代可能颠覆原有的学习主体形态与传统学习形态，在这一境况下，自否定可以作为重审深度学习的锚点。自否定作为人与机器学习的“奇点”，能够赋予人类学习独特的价值，即培养学生掌握不被机器学习所取代的反思能力、创造能力与超越能力。因此，无论学习形态如何变革，都应将自否定作为人类学习的价值内核，使深度学习成为人类所必需的，与个体生命发展、人类总体生存延续相关联的生命实践活动。

在人工智能大行其道的今天，相较于机器的不朽与进化，人类不免产生“普罗米修斯的羞愧”，并质疑学习的存在价值。但自否定让我们认识到，人作为碳基生物，人的肉身、人的速朽、人的情感的脆弱与非理性的疯狂等，正是这些决定了人能够摆脱先验尺度的限制，为自身立法，创造“合目的性”的世界。通过自我否定与自我超越，人类认知的艰难求索能够成为一种富有乐趣的冒险，而人类学习也能够成为促使人之为人的自由自觉的实践活动。

本书的完成受惠于诸多老师学友。于伟教授是我求学与研究之路的恩师，追随于老师的研究，在其深厚学养与严谨的治学态度熏陶下，我也逐渐摸索教育哲学的研究路径，循径前行。此外，感谢学校教育学原理学科的前辈学人，他们从学术研究到工作生活，都对我有诸多提携与帮助。最后本书能够顺利出版，要感谢社会科学文献出版社的支持与信任，感谢编辑为本书付出的心力。

本书的完稿与出版历经五载，其间正值科技日新月异、社会变革加剧，学习的本质与形式也随之不断嬗变。我深知，随着时代的飞速发展，书中的论述或许难以完全契合未来学习场景的快速演化，未能避免某些疏漏与错谬。然而，否定即创造，每一次反思与批判，都是通向更高理解的契机。本书的研究是在持续的自我否定与批判性思维中孕育而成，诚望海内外学界同仁不吝指正，在未来使其在不断否定与超越中继续生发新的思想与启迪。

目　录

绪　论

一　研究缘起

人类是如何解决问题的？这是古今中外的研究者长久以来的迷思，也是科学家们不懈探寻答案的问题，对这一问题的探究使各学科的研究者们将目光聚焦到“学习”这一概念上。而在教育学学科领域中，如瞿葆奎先生等所提出的，作为“最简单”与“最基本”概念的“学习”为教育学提供了质与量的规定性，教育学中的“教育”“教学”“课程”等以“学习”为“原子”，对学习问题的探索与解决能够使很多教育学难题迎刃而解。[①] 对深度学习本体与价值的深入研究是时代变革的主体价值诉求，也体现传统学习方式的变革方向和学科理论深化拓展的重要要求。

（一）时代变革的主体价值诉求

晚期现代社会[②]与人工智能时代的到来对于人的生存状态与生存

---

① 瞿葆奎、郑金洲：《教育学逻辑起点：昨天的观点与今天的认识（二）》，《上海教育科研》1998 年第 4 期。

② 乌尔里希·贝克、安东尼·吉登斯等社会学家将 20 世纪中叶以来的现代性称为晚期现代性（Late Modernity），其代表着现代制度发展的当前时刻，以晚期现代性为特征的社会为晚期现代社会（Late Modern Age），这一社会特征在于不确定性、反思性与风险性等现代性基本特质的极端化与全球化。

空间提出了新的要求。基于自否定的深度学习是晚期现代社会中人探寻其存在意义的重要方式。一方面，晚期现代社会对人的自我认同提出了挑战。晚期现代社会的矛盾不再是显性的经济、政治、阶级矛盾，而是隐性的、潜伏着不断蚕食人的自主性的矛盾，传统工业社会文化中的群体或团体的价值之源逐渐衰竭、解体、丧失魅力，个体的存在意义难以在群体中获得，自我也不再是明确的自我，而是分裂为自我的矛盾话语。[①] 高统合性群体的消解意味着自我外在的角色与身份的多样与分裂，多重的角色矛盾导致了自我内在的纠葛与拉扯，因此，自我需要找寻超脱之径，在矛盾的角色与身份之中构筑明晰的自我认知，而实现这一目标的重要途径便是教育。这种晚期现代社会的风险对人的自主自决能力提出了新的要求，基于自否定的深度学习是培养人的自反性、重拾人的身份认同与自我存在价值的重要途径。另一方面，晚期现代社会从认识论意义上对人认识世界的方式与过程提出了挑战。“现代性的逐步发展意味着世界正在逐渐趋入晦暗，表现为：诸神的逃遁、人类的大众化、平庸之辈的优越地位。……世界的晦暗表现为某种对精神之强力的去势，含有精神的涣散、衰竭和对精神的挤压和曲解。……现在所有的事物都陷在相同的层次上，陷在表层，这表层就像一面无光泽的镜子，它不再能够反射与反抛光线。广延和数量成了一统天下的维度。‘才能’不再意指那盖世才华与力量的高屋建瓴，四方横溢，而知识指那任何人通常经历过一番辛劳都可以学得的娴熟技能。”[②] 科学与技术的急速发展给予了人认知的轰炸，但更多的认识停留于表层，“常人”对某些事物的认识不再来源于在世界中的深度体验，而是经过少数人在科学与技术处理之下的简化性

---

① 〔德〕乌尔里希·贝克、〔英〕安东尼·吉登斯、〔英〕斯科特·拉什：《自反性现代化：现代社会秩序中的政治、传统与美学》，赵文书译，商务印书馆，2001，第12页。

② 〔德〕马丁·海德格尔：《形而上学导论》（新译本），王庆节译，商务印书馆，2015，第51～52页。

知识，由此，认知失去了人的本质特性，知识附着于物而非人。基于自否定的深度学习要求学习者进入“曾经深度的世界”，向人而来并返归于人，以跳脱出“常人”认知的表层，实现自我醒觉与反思超越。

基于自否定的深度学习是人工智能时代人类学习与发展的主体性要求。深度学习作为教育学领域与人工智能领域的共有词，在这两个领域具有相似性，近年来人工智能技术的新进展主要体现于三方面，即数据量的极大增长、计算机运行速度的飞快提升与深度学习方法的产生，[①] 深度学习的产生是基于前两个要素的质的进展。人工智能领域的深度学习是“一种特定类型的机器学习，具有强大的能力和灵活性，它将大千世界表示为嵌套的层次概念体系”[②]。相较于浅层学习，深度学习具有多层的神经网络、更复杂的高维函数与高变函数表示以及在类似的不同任务中重复使用的数据信息，因此，其可通过对人类神经网络的模拟在某些领域达到人类行为能力的最高点甚至在某些任务的完成度上超越人类。[③] 人工智能的急速发展引发了伦理学、技术哲学等领域对人的主体性与人工智能异化危险的担忧，而也有研究者认为这种“近未来焦虑”是公众对于人工智能的“浅识”带来的次生性文化效应，[④] 但无论是人工智能的乐观主义者或是悲观主义者，都不否认人工智能所带来的技术变革与其向时代提出的新问题。一方面，智能技术在虚拟空间中拉近人与人之间关系的同时，也使部分人

---

① 张祥龙：《人工智能与广义心学——深度学习和本心的时间含义刍议》，《哲学动态》2018 年第 4 期。

② 〔美〕伊恩·古德费洛、〔加〕约书亚·本吉奥、〔加〕亚伦·库维尔：《深度学习》，赵申剑等译，人民邮电出版社，2017，第 5 页。

③ 1959 年美国 IBM 公司的塞缪尔（Samuel）设计了一个具有学习能力的跳棋程序，并战胜了当时美国的跳棋冠军，由此向人们初步展示了机器学习的能力。近年来，深度学习在语音识别、图像识别、AI 机器人等领域得到了广泛的应用并与人类相比表现出绝对的优势。

④ 宋冰编著《智慧与智能——人工智能遇见中国哲学家》，中信出版社，2020，第 153 ~ 155 页。

群在异质文化间的交互与碰撞冲突中，无法适应新的文化身份，也无法产生认同感、归属感，从而成为“边缘人”群体。[①] 另一方面，人工智能的学习能力在某些领域已经超越了人的学习能力，那么人类应该学习什么？怎样学习呢？对于学习者而言，人工智能占据学习内容的某些领域，意味着人类学习的对象、内容与维度必须进行调整，人类需要对自身的学习进行前提性的探索，寻求人工智能与人类学习的“奇点”[②]，转而关注那些能够凸显人的主体性与独特性的学习内容，基于自否定的深度学习便是关注这一层面的学习，内含自否定灵魂的学习与反思能力是人工智能不能也不应突破的“奇点”，所以本研究将自否定作为人类学习与人工智能学习的分叉，并以此作为教育领域以人为主体的深度学习研究的逻辑起点。

（二）传统学习方式的变革方向

自学校教育基本普及以来，学习便成为教育领域的核心议题，19世纪以来的学校教育多基于教授主义[③]的学习假设。这种教授主义代表一种复制式的学习，有一种将过程世界凝固起来，使之暂时静止不动的倾向，在这一倾向下教育者将以往的知识复制给学习者，学习者形成一种习惯，将复制保存下的知识应用于问题解决之中。这种方式所培养的学生在一定程度上满足了工业社会经济发展的需要，而在今日的知识经济社会，教授主义下对静态化知识的传递已经不能满足时

---

① 孙杰远：《智能化时代的文化变异与教育应对》，《现代远程教育研究》2019年第4期。

② “奇点”在数学领域指未被定义的点，在物理学领域指宇宙大爆炸后时间与空间开始的原点。1983年，弗诺·文奇提出“技术奇点”的概念，将“奇点”定义为人工智能超越人类智力极限的时间点。而后，雷·库兹韦尔进一步认为，“奇点”之后，人类社会现有的交往原则会失效。

③ 教授主义是关于学校教育的一种传统的教学观点。教授主义将知识看作有关世界的事实及问题解决的程序，由此学校教育的目的便是教师按照学习内容的规定顺序将陈述性知识与程序性知识传授给学生，而教育成果的检验方式便是测试学生获得了多少陈述性知识与程序性知识。参见 Seymour Papert，*The Children's Machine: Rethinking School in the Age of the Computer*（New York：Basic Books，1993）。

代变革对于人才的需求，学习者在掌握知识、技能的基础上还必须具有提出新理念，创造新知识、新产品的能力，学习者需要能够对所阅读的材料做出批判性评价，且能够以口头和书面的形式清晰表达出来，具备数学与科学思维。知识经济时代需要学习整合的、可用的知识，而非教授主义所强调的割裂的、脱离情境的知识。[①] 因此，传统的教授主义的学习方式需要进行变革与创新，这一变革指向了深度学习，学习变革的需要与采取行动的时机正在逐渐融合。

深度学习是我国课程与教学变革的需要。一方面，“基于核心素养”的教学改革要求在获取知识与技能的基础上进一步凝练学科核心素养，关注学生的价值观、必备品格与关键能力的养成；另一方面，基础教育课程改革的深化也要求对学生“学什么”“为何学”“怎么学”等前提性的价值问题做出更多的追问。深度学习也迎来了采取行动的恰切时机。深度学习从 1976 年在教育学领域被正式提出，便一直有研究者对其进行持续性的研究。进入 21 世纪，越来越多的国家机构、官方组织投入对深度学习的研究与实践探索之中，并形成了系列报告、著作等成果。深度学习作为一种新的学习形态，其指向学生的核心素养培养，它针对教育改革中“培养什么人”“怎样培养人”的关键问题，从学习内容——“学什么”、学习目标——“应学会什么”、学习方式——“怎么学”、学习效果检验——“怎么评”这四个微观层面为指向核心素养的教育教学改革提供“脚手架”。[②] 而本研究更为具体地聚焦于基于自否定的深度学习，从深度学习的前提性与哲学内核出发指向学习方式的变革。

---

① 〔美〕R. 基斯·索耶主编《剑桥学习科学手册》，徐晓东等译，教育科学出版社，2010，第 2 页。

② 刘月霞、郭华主编《深度学习：走向核心素养（理论普及读本）》，教育科学出版社，2018，第 5 页。

（三）学习理论的深化拓展

深度学习是伴随学习科学不断发展而产生的新型学习方式。对于学习的研究，中西方都有十分悠久的历史。如我国古代认为“学习”是由“学”与“习”两个独立环节组成：“学”是人们获得直接与间接经验的认识活动，具有思的含义；“习”则是巩固知识、技能的实践活动，有行的含义。[①] 西方对于学习活动的研究最具代表性的便是西方心理学各流派的学习理论，从行为主义到新行为主义；从格式塔学派、认知学派到建构主义。早期学者们对于学习活动的研究多是基于经验的描述性研究或是基于单一学科领域的实验研究。在学习科学出现之前，对于学习的研究主要集中于哲学、心理学、教育学研究领域，哲学将学习的主体限定于人，主要从知识论、认识论层面关注学习的内涵，将其作为认识世界的实践活动，而心理学则是从行为活动的变化看待学习，将经典性条件反射、操作性条件反射等这些机体的动物性的调节活动也包含其中，主要关注行为变化的发生条件、影响因素与规律。近现代教育学对于学习的研究大多基于哲学与心理学的研究结论，一方面，教育学对于学习的定义以哲学的研究为基础，认为学习以思维为支撑，是人在与外界事物的作用下通过思维加工获取经验等的过程，是认识世界的活动；另一方面，教育学对于学习的发生原理的研究通常基于心理学的研究成果，从机能主义到行为主义，再到建构主义，不同的心理学理论主导了教育学中不同的教与学的方式。虽然如此，在教育学领域的应用之中，哲学与心理学的理论仍显现出一定的抽象、单一而割裂的问题，科学化程度仍显不足。因此，随着学科领域的细化与专业化，以及关于学习的科学的发展，对于学

---

① 桑新民：《学习究竟是什么？——多学科视野中的学习研究论纲》，《开放教育研究》2005 年第 1 期。

习的研究有了更多学科的参与，其研究的全面性、科学性与融合性提升，由此学习科学诞生。20 世纪 90 年代，学习科学的诞生标志着对于学习的研究进入了一个新的阶段，学习科学是研究教与学的跨学科领域，它不以学科为研究界限，而以“学习”作为研究领域的核心词，围绕着学习涉及认知科学、教育心理学、教育学、设计研究、人类学、社会学、计算机科学、信息科学、神经科学等研究领域。[①] 学习科学研究者们发现，当学生能够对知识进行深刻理解并了解其如何在真实世界中应用时，知识能够在学生头脑中停留更久，由此，深度学习也成为学习科学研究的一大核心议题，这也证明了深度学习是学习科学所催生的新型的有效的学习方式。

对深度学习与自否定关系的探寻是学习科学向前推进所应关注的核心问题，也是学习乃至深度学习研究所应探寻的方向。深度学习一方面指向学习者对于认知维度的深层次思考，要求解释、思辨、质疑、推理、批判、反思等多种复杂、综合、高阶思维活动的参与，这些思维活动与自否定具有原生性的联系，从人的自否定特质与认知本能这一主体性视角出发对深度学习进行考察有利于澄清深度学习理论研究中的多种复杂概念关系，为深度学习理论研究提供向标；另一方面在晚期现代社会，人们需要通过自否定控制自己的存在与功能，这是当今人类生存的中心条件，基于自否定的深度学习不仅仅是一种智能现象，它在很大程度上还是经验性与情感性的，关系着学习者的自我理解与身份认同塑造。因此，自否定作为人的学习的驱动力量与发展规律，还作用于学习者的动机维度与互动维度上非认知性素养的形成过程，大量的研究表明，志向与意志、批判性思考、问题解决能力、沟通协作能力等非知识性素养越来越成为取得职业与社会成功的

---

① 〔美〕R. 基斯·索耶主编《剑桥学习科学手册》，徐晓东等译，教育科学出版社，2010，“序”第 1 页。

关键，基于自否定的深度学习在教学过程中不仅关注知识的获得，更关注学习者在学习过程中的自我否定、自我反思与自我超越，其目标在于使学习者通过深度学习实现发展性的自我重构，能够形成自否定的精神力量促进其终身学习。

二　深度学习研究的现状与趋势

（一）深度学习的相关研究

1. 关于深度学习的概念

以深度学习为核心问题的研究主要集中于人工智能领域与教育领域。人工智能领域的深度学习概念被公认由辛顿（Hinton）等人于2006年提出，深度学习是机器学习的子领域，指通过多层表示对数据之间的复杂关系进行建模的算法。[①] 但实际上，深度学习的历史可以追溯到20世纪40年代，只是在当时赋名不同。[②] 人工智能领域的深度学习是对人脑神经网络机制的模拟，在学习机制上与人的学习具有一定的相似性，但从主体的性质上说，二者还是存在本质上的差异的。

关于教育领域的深度学习定义研究，在深度学习的不同发展阶段，大致出现了深度学习方式说、过程说与结果说三种不同的定义类型

深度学习方式说。这种界定方式是教育界对于深度学习最早的定义方式，目前看来，国内外较多的研究将深度学习定义为一种高级认知学习方式。国外的早期研究者大多认为深度学习是相对于浅层学习

① 黄孝平：《当代机器深度学习方法与应用研究》，电子科技大学出版社，2017，第2～3页。

② 深度学习经历了三次发展浪潮：第一次为20世纪40年代至60年代，在控制论之中诞生了深度学习的雏形；20世纪80年代到90年代第二次发展浪潮表现为联结主义；直至2006年才以深度学习之名复兴。参见〔美〕伊恩·古德费洛、〔加〕约书亚·本吉奥、〔加〕亚伦·库维尔《深度学习》，赵申剑等译，人民邮电出版社，2017，第8页。

而言的一种更为深入、主动、高水平的认知加工方式。弗伦斯·马顿（Ference Marton）和罗杰·萨尔乔（Roger Säljö）在1976年最早提出深度学习与浅层学习是两种不同的学习方式，他们认为在浅层学习中，学生被要求再现学习的符号，即在原文中所使用的单词，而不是掌握所指的东西，即字符串的含义。而深度学习作为一种深入的学习方式，与学生的学习意图、学习风格、采用的学习方法和学习结果紧密相关。[①] 比格斯（Biggs）[②]、贝蒂（Beattie）等[③]研究者在马顿等人研究的基础之上通过实证研究进一步探讨了深度学习与浅层学习二者不同的学习过程，论证了浅层学习是一种灌输式的、无意义的学习，深度学习需要学习动机、情感、认知策略、学习结果等多方面因素的参与，相对于浅层学习，深度学习无疑大大提高了学习质量。

何玲、黎加厚将深度学习这一概念引入国内，在对浅层学习与深度学习的认知水平进行区别之后，提出深度学习是指在理解的基础上，学会批判性地获得新知，使新知与原有的认知结构相融合和联系，并有能力转移现有的知识来做决定和解决问题的学习方式。[④] 还有研究者进一步关注到深度学习认知方式的动机、思维特征，如张浩、吴秀娟认为深度学习是一种主动的、批判性的学习方式，也是实现有意义学习的有效方式，并从记忆方式、知识体系、学习投入程度等八个方面对深度学习与浅层学习进行了比较。[⑤]

深度学习过程说。深度学习过程说不仅仅将定义建立于对于深度

① Ference Marton, R. Säljö, "On Qualitative Differences in Learning: I-Outcome and Process," *British Journal of Educational Psychology* 46 (1976): 4 - 11.

② John Biggs, "Individual Differences in Study Processes and the Quality of Learning Outcomes," *Higher Education* 8 (1979): 381 - 394.

③ Vivien Beattie, B. Collins, B. McInnes, "Deep and Surface Learning: A Simple or Simplistic Dichotomy?" *Accounting Education* 6 (1997): 1 - 12.

④ 何玲、黎加厚：《促进学生深度学习》，《现代教学》2005年第5期。

⑤ 张浩、吴秀娟：《深度学习的内涵及认知理论基础探析》，《中国电化教育》2012年第10期。

学习与浅层学习的比较，而是更为关注深度学习的发生过程，这些研究一般关注深度学习的知识迁移过程与学习中非知识性因素的养成过程，注重深度学习过程中的意义性与应用性。美国国家研究委员会（National Research Council）发布的《为了生活和工作而教育：培养21世纪可迁移的知识和技能》指出，深度学习就是为迁移而学习，即学习者可以将获得的知识迁移应用到其他情境中的过程，这一过程对21世纪可迁移能力（包括知识和技能）的发展十分重要，这些能力的应用反过来又支持在一个递归、相互促进的循环中进行深度学习的过程。[①] 埃里克·詹森（Eric Jensen）等认为，深度学习是学习者经过多层次与多水平的加工以获得的新内容或技能，并通过改变思想、行为方式、控制能力等方法将这些知识与技能迁移到真实情境中解决复杂问题的过程。[②] 郭华认为，“所谓深度学习，就是指在教师引领下，学生围绕着具有挑战性的学习主题，全身心积极参与、体验成功、获得发展的有意义的学习过程”[③]。在这一过程中，学习涉及知识、技能的掌握，学科核心素养，动机，积极的社会情感、价值观的不断形成。社会性素养，如批判性思维、合作精神的发展要求深度学习指向培养未来社会的主人。吴永军认为，人的深度学习不仅是个体身心参与的过程，还是个体与社会文化共同发展与学习的过程，是自我唤醒、生成、创造、超越的过程。[④] 康淑敏认为深度学习是对学习状态的一种质性描述，是一个以高阶思维为主要认知活动的持续性、高投入性学习过程。[⑤]

---

① James W. Pellegrino, Margaret L. Hilton, *Education for Life and Work: Developing Transferable Knowledge and Skills in the 21st Century* (Washington, DC: National Academies Press, 2012).

② 〔美〕Eric Jensen、LeAnn Nickelsen：《深度学习的7种有力策略》，温暖译，华东师范大学出版社，2010，第11页。

③ 郭华：《深度学习及其意义》，《课程·教材·教法》2016年第11期。

④ 吴永军：《关于深度学习的再认识》，《课程·教材·教法》2019年第2期。

⑤ 康淑敏：《基于学科素养培育的深度学习研究》，《教育研究》2016年第7期。

深度学习结果说。这种界定方式主要指向深度学习后个体所应具备的能力素养等学习结果，即主要从学生学习结果的角度定义深度学习。美国卓越教育联盟（Alliance for Excellent Education）在2011年发布的名为《深度学习的时代：让学生为不断变化的世界做准备》的报告对深度学习进行了定义，认为深度学习是优秀教师以创新方式向学生传递丰富的核心知识，强调培养学生了解与掌握学科核心知识的能力、运用知识进行批判性思维与解决复杂问题的能力、与同伴协作以及自主学习的能力等。[①] 美国研究学会（American Institutes for Research）组织实施的"深度学习研究：机遇与结果"（SDL）项目将深度学习定义为学生在21世纪的工作和公民生活中取得成功必须具备的技能和知识，是学生必须掌握的一套核心能力，以使学生具备对知识的敏锐理解力，并将其知识应用于课堂和工作中问题的解决。具体而言，深度学习主要体现在掌握核心学术内容、批判性思考和解决复杂问题、有效沟通、协同工作、学习方法、具有学术心态等维度。[②] 富兰（Fullan）等人将深度学习定义为一系列让学习者拥有终身创造力、能够合作解决问题的技能，称为"6C"，包括品德、公民素养、批判性思考和问题解决、沟通、合作、创造力和想象力。[③]

关于深度学习的定义，国内外研究并未能形成较为统一的定义，主要是从深度学习的方式、过程、结果的角度进行定义，其中涉及方法、状态、过程、目的、高阶思维、知识迁移、社会情感等多方面的核心词，可以发现，深度学习是一个具有复杂性、综合性的概念。学

---

① Alliance for Excellent Education, A Time for Deeper Learning: Preparing Students for a Changing World, 2011.

② William and Flora Hewlett Foundation, Deeper Learning Competencies, https://hewlett.org/wp-content/uploads/2016/08/Deeper_Learning_Defined__April_2013.pdf.

③ Michael Fullan, M. Langworthy, Towards a New End: New Pedagogies for Deep Learning, http://www.michaelfullan.ca/wp-content/uploads/2013/08/New-Pedagogies-for-Deep-Learning-An-Invitation-to-Partner-2013-6-201.pdf.

习方式说主要强调学习认知的方式，主要是相对于浅层学习而言的定义，这种定义方式借鉴了计算机领域的深度学习定义方式，但对于其认知主体即人的认知特殊性的关注不够，教育领域的深度学习定义相对于计算机领域的深度学习定义说明性作用不大，不能较好地解释人的深度学习。因此，有研究者批评深度学习，认为深度学习是对人工智能科学中的专用词组的简单搬运，并且认为人的学习本质上是大脑活动，深度对应的是大脑活动的那种状态，是复杂且科学的实验才能明证的，因此教育领域的深度学习有望文生义、盲目追求新词之嫌①，也有研究者提出我国的深度学习研究在引证国外研究成果与其他学科概念时缺乏批判性态度，受到求新、崇外的功利主义影响②。而深度学习过程说存在过程难以实施或实施过程不明等问题，深度学习结果说存在结果难以测量或结果具有滞后性与长期性等问题。深度学习究其根本是学习的一种，要从学习的视角对深度学习做出审视，尤其是要从认识论视角关注到学习的主体与客体。有研究者认为，区别于机器学习，人的学习应被定义为深度认知，指学习者本身内在的认知思维品质的提升，外在表现为对学习过程与结果的归纳、总结、批判、反思等,③ 但这一定义方法仅关注到学习者的认知层面，忽略了情感与社会互动层面的学习。相较于其他的学习，有研究者认为深度学习是指“学习者能动地参与教学的总称”，是指“通过学习者能动地学习，旨在培育囊括了认知性・伦理性・社会性能力，以及教养・知识・体验在内的通用能力”④。这种定义方式从纵向上关涉了学习的过程与结果，从横向上考虑到了学习者的认知、情感与社会互动等多维

---

① 方运加：《“深度学习”深在哪儿》，《中小学数学》（小学版）2018 年第 4 期。

② 李小涛等：《关于深度学习的误解与澄清》，《电化教育研究》2019 年第 10 期。

③ 李小涛等：《关于深度学习的误解与澄清》，《电化教育研究》2019 年第 10 期。

④ 〔日〕佐藤学等：《教育的再定义：教育变革展望丛书》（第 1 卷），转引自魏小娜、张学敏《深度学习视域下的案例教学：价值功能、标准再构和教学实施》，《教育学报》2023 年第 1 期。

度的能力，且较明晰地界定了深度学习的范畴，即深度学习是一种新的学习形态，其内含多种具体的学习方式。本研究基于此种定义方法，力求给出深度学习更为清晰、全面、具有发展性的定义。

2. 关于深度学习理论基础的研究

深度学习的理论基础决定了深度学习的研究视角、研究方法与教学实践，作为一种新型的、主动的、复杂的学习方式，深度学习是建立在多学科、多种理论的基础之上的，这些理论为深度学习的发生机制与促进策略提供解释原则。

基于目标分类理论的深度学习研究。有研究者将布卢姆（Benjamin Bloom）的教育目标分类理论作为深度学习的概念起源，布卢姆的教育目标分类理论认为学习有深浅层次之分，将教学目标分为了解、理解、应用、分析、综合、评价六个由浅入深的层次。[①] 2001 年，安德森（Lorin W. Anderson）等在此基础上删除综合层次，增添创造层次，并按照人们认知能力将层次调整为记忆、理解、应用、分析、评价及创造。其中，前两个环节属于浅层认知，后面四个环节属于深层认知。[②]何玲、黎加厚认为深度学习的认知对应着布卢姆的教学目标的后面四层。[③] 郭元祥也认为，认知停留在知道或领会阶段是浅层学习，而达到深层理解、应用、分析、综合、评价才是深层学习。[④] 吴秀娟等研究者基于布卢姆的教育目标分类理论、加涅的九段教学论、皮连生的知识分类学习论建构了深度学习的理论及模型。[⑤] 胡航、董玉琦则基于马扎诺教育目标分类学，将深度学习划分为认知、元认知

① 〔美〕洛林 · W. 安德森编著《布卢姆教育目标分类学：分类学视野下的学与教及其测评（完整版）》，蒋小平、张琴美、罗晶晶译，外语教学与研究出版社，2009，第 78～80 页。

② 何克抗：《深度学习：网络时代学习方式的变革》，《教育研究》2018 年第 5 期。

③ 何玲、黎加厚：《促进学生深度学习》，《现代教学》2005 年第 5 期。

④ 郭元祥：《论深度教学：源起、基础与理念》，《教育研究与实验》2017 年第 3 期。

⑤ 吴秀娟、张浩、倪厂清：《基于反思的深度学习：内涵与过程》，《电化教育研究》2014 年第 12 期。

和自我三个系统。[①] 还有一些研究将深度学习与目标分类理论融合，以目标分类的层次作为深度学习评价的重要指标。如张浩等便将认知、思维、动作、情感四个目标的不同层面作为深度学习的综合评价维度。[②]

基于建构主义的深度学习研究。建构主义的思想可以追溯到苏格拉底、柏拉图与康德，作为一种学习理论，建构主义与皮亚杰（Jean Piaget）、维果茨基（Lev Vygotsky）、布鲁纳（J. S. Burner）的思想有着密切的关系，至今建构主义已发展出很多不同的流派，但其核心思想认为，学习并非教师向学生传授复制知识的过程，而是学生在一定的文化环境中，基于其原有的知识、经验、情感等，主动积极地获取知识，以建构新的知识表征的过程。[③] 张浩、吴秀娟认为，深度学习是一种典型的建构性学习，体现建构主义的积极、目标指引、建构性、累积性、诊断性和反思性六个核心特征。[④] 还有研究者认为，深度学习体现建构主义从具体知识到抽象知识的建构过程，这一过程在今天以计算机为载体以更为可视化的方法呈现出来，如西摩·佩伯特（Papert）发明的 Logo 程序语言就是将这一过程通过计算机程序进行应用和呈现的代表。[⑤] 付亦宁提出深层学习的科学基础之一是知识建构，这是知识的深度学习状态，重点是学习者在一个特定的社区中一起工作，从事有目的的活动（如完成学习任务、解决问题等），并最终形成一个智力产品，如想法、理论或假设，而个人在形成这种共

① 胡航、董玉琦：《深度学习内容的构成与重构策略》，《中国远程教育》2017 年第 10 期。

② 张浩、吴秀娟、王静：《深度学习的目标与评价体系构建》，《中国电化教育》2014 年第 7 期。

③ 莫雷、张卫等：《学习心理研究》，广东人民出版社，2005，第 138～142 页。

④ 张浩、吴秀娟：《深度学习的内涵及认知理论基础探析》，《中国电化教育》2012 年第 10 期。

⑤ Seymour Papert，*Children, Computers, and Powerful Ideas*（New York：Basic Books，1993），p. 5.

享知识的过程中获得相关知识。[1] 武小鹏等认为建构主义理论有利于内涵式课堂教学解决结构不良的复杂问题，建构主义通过对话、反思、协商等深层次意义环境的建构为课堂教学开展提供“脚手架”。[2] 事实上，一些研究者虽然并未在研究中明确提出建构主义的理论基础作用，但普遍认为深度学习的核心特征是知识的建构与联结，如黎加厚、何克抗、郑葳等研究者都在其深度学习研究中体现了建构主义的思想。[3]

基于其他理论的深度学习研究。张浩、武小鹏等从深度学习的认知理论基础的视角出发，认为除建构主义之外，元认知理论、分布式认知、情境认知理论也是深度学习的理论基础。[4] 胡航、董玉琦从课程观的视角提出深度学习的课堂应基于古德莱德（Goodlad）的五层次课程的动态生态系统重构一种生成取向的深度学习课程。[5] 朱文辉等认为以索绪尔（Saussure）、乔姆斯基（Chomsky）、阿尔都塞（Althusser）等为代表的结构主义秉持的通过人类活动的表意系统来探求该活动的深层结构的理论主张可以为翻转课堂的深度学习提供理论借鉴。[6] 张诗雅引入韩礼德系统功能理论，并借用其层次实现关系与系统选择关系为深度学习的价值观培养的实现建构了两条路径。[7]

---

① 付亦宁：《本科生深层学习过程及其教学策略研究》，博士学位论文，苏州大学，2014，第 37 页。

② 武小鹏、张怡：《深度学习理念下内涵式课堂教学构架与启示》，《现代教育技术》2019 年第 4 期。

③ 何玲、黎加厚：《促进学生深度学习》，《现代教学》2005 年第 5 期；何克抗：《深度学习：网络时代学习方式的变革》，《教育研究》2018 年第 5 期；郑葳、刘月霞：《深度学习：基于核心素养的教学改进》，《教育研究》2018 年第 11 期。

④ 张浩、吴秀娟：《深度学习的内涵及认知理论基础探析》，《中国电化教育》2012 年第 10 期；武小鹏、张怡：《深度学习理念下内涵式课堂教学构架与启示》，《现代教育技术》2019 年第 4 期。

⑤ 胡航、董玉琦：《深度学习内容的构成与重构策略》，《中国远程教育》2017 年第 10 期。

⑥ 朱文辉、李世霆：《从“程序重置”到“深度学习”——翻转课堂教学实践的深化路径》，《教育学报》2019 年第 2 期。

⑦ 张诗雅：《深度学习中的价值观培养：理念、模式与实践》，《课程·教材·教法》2017 年第 2 期。

关于深度学习理论基础的研究，目标分类理论与建构主义理论作为深度学习的理论基础是研究者们较有共识性的认识，目标分类理论为深度学习提供了浅层与深度学习的较为明晰的标准，是深度学习早期较多使用的研究依据，有利于将认知与学习相联系。建构主义理论为深度学习的知识建构提供了理论依据，大多数关于深度学习的研究关注学习者对于知识的联结与建构，为深度学习提供了认知理论基础。此外，还有研究者从认知角度、课程角度、哲学角度对深度学习的理论基础进行了研究。但总的来看，对于深度学习的理论基础研究相对于对定义、模型、教学等方面的研究来说是较少的，主要是从心理学的认知理论层面进行研究，其他学科视角的研究关注不足，尤其是哲学、生物学、认知神经科学等领域的理论在深度学习研究中的体现不足。

3. 关于深度学习模型的研究

深度学习的模型主要通过探究深度学习的发生过程，阐述深度学习的发生机理。对于深度学习的模型研究受到研究者对于深度学习定义与应用的理论基础的影响，从心理学、认知科学等理论角度对深度学习进行关注的研究者更倾向于建立面向认知的深度学习模型，从教学过程关注深度学习的研究者更倾向于从教学的角度建构深度学习的教学模型。

基于认知的深度学习模型。一方面，一些基于认知的深度学习模型建构主要基于学习的认知理论，如布卢姆的教育目标分类理论、加涅的信息加工理论、皮亚杰的认知发展阶段论等。很多研究者将深度学习的研究建立在布卢姆的教育目标分类学理论之上[①]，普遍认为“识记”与“理解”这两个层次属于浅层学习，后四个层次则是深度学习[②]。而后，安德森对布卢姆的教育目标分类进行了修改，提出教

① 何玲、黎加厚：《促进学生深度学习》，《现代教学》2005 年第 5 期。

② 张立国、谢佳睿、王国华：《基于问题解决的深度学习模型》，《中国远程教育》2017 年第 8 期。

育目标分为知识与认知过程两个维度，认为学习的认知过程包含记忆、理解、应用、分析、评价和创造，体现了建构主义的特征，国内有部分研究者将深度学习理论建立于安德森的学习理论之上。[1] 还有研究者将深度学习的模型建基在加涅的信息加工理论之上，并以此提出对应不同阶段的教学模式。[2] 比格斯认为布卢姆的目标分类学将学习的内容与过程分隔开具有局限性，因此以皮亚杰的认知发展阶段论为理论基础提出了深度学习的 SOLO 结构模型，比格斯认为，思维结构的形成，总是以一定的知识、知识结构及其产生出的思维方式为条件与基础。[3]

另一方面，有研究者的深度学习认知模型建构基于目标指向，要求深度学习模型指向学习者的知识获取、认知能力提高、高阶思维培养与问题解决等目标。如张立国等提出基于问题解决的深度学习模型，提出深度学习的认知模型首先是学习导入阶段，主要是“注意与接受”和“回忆已学知识”，下一阶段则是深度学习阶段，通过“联系新知识”“批判性地建构知识”指向“迁移运用”与“问题解决”。[4] 姜强等提出深度学习的模型指向协同知识建构，以培养学生的深层次认知与高阶思维。[5]

基于教学的深度学习模型。有部分研究者在构建深度学习模型时不仅关注学习者在深度学习发生过程中的认知发生机制，更关注深度学习的发生条件与教学策略的作用，将学习内容、学习环境、教学策

① 张浩、吴秀娟：《深度学习的内涵及认知理论基础探析》，《中国电化教育》2012 年第 10 期。

② 吴秀娟、张浩、倪厂清：《基于反思的深度学习：内涵与过程》，《电化教育研究》2014 年第 12 期。

③ John Biggs, Kevin F. Collis, *Evaluating the Quality of Learning: The SOLO Taxonomy* (*Structure of the Observed Learning Outcome*) (New York: Academic Press, 1982).

④ 张立国、谢佳睿、王国华：《基于问题解决的深度学习模型》，《中国远程教育》2017 年第 8 期。

⑤ 姜强等：《面向深度学习的动态知识图谱建构模型及评测》，《电化教育研究》2020 年第 3 期。

略、交互行为、学习评价等多方面因素纳入深度学习模型之中，注重深度学习的内部认知机制与外部作用机制的共同作用，这种模型相比于面向认知的深度学习模型更为注重外部教学的作用。马顿等人构建了最早的深度学习理论模型，其模型的核心点在于学习的意向性与方法，因此其实证研究试图调查学习结果和过程中的质的差异。他们确定了两种不同的学习者参与程度，他们认为参与者阅读文本时对文本是表层还是深层加工是可以明显区分的。表层加工表明学生有一种静态复制式的学习观念，并将注意力集中在文本本身的特征上。深层加工表明学生的意图是理解作者要说的话，或文本的特征意味着什么。马顿展开了这一初始框架，以研究在两个评估条件下是否可以改变学生的意向性。浅层条件要求学生回忆文本中的特定点，而深层条件要求学生陈述文本的要点。[①] 还有研究者提出了深度学习的发展性模型，发展性模型可以模拟学习者参与任务的方式随时间的变化。亚历山大（Alexander）的领域学习模型（Model of Domain Learning，MDL）就是这样一个研究深层加工和表层加工的发展模型。领域学习模型将学习者在学术领域（如数学）的道路分为三个不同的专业阶段——适应、胜任、精通阶段。个人在这些阶段的发展是由三种力量——知识、兴趣和策略的相互作用所引致的。此外，领域学习模型区分了表层策略（例如，文本的初始理解或破译）和深层策略（例如，文本的个性化或转换）。在适应阶段，学习者主要依靠表层策略来建构主体知识，这包括领域知识（一个人拥有的目标领域知识的广度）和主题知识（指涉特定领域概念的知识深度）。[②] 尽管学习框架的方法将加工概念化为一个稳定的特征（例如，个性特征）作为一种要编码的加工类

① Ference Marton，R. Säljö，"On Qualitative Differences in Learning：I-Outcome and Process，" *British Journal of Educational Psychology* 46（1976）：4－11.

② P. K. Murphy，P. A. Alexander，"What Counts? The Predictive Powers of Subject-Matter Knowledge，Strategic Processing，and Interest in Domain-Specific Performance，" *The Journal of Experimental Education* 70（2002）：197－214.

型，但领域学习模型规定了加工的转变，因为个人发展了专业知识，可实现专业阶段的转型。[①] 因此，根据发展性模型，一个人深度学习的实现取决于给定域中可能随时间变化的单个特征，要关注学生学习的发展性。余胜泉等提出的基于学习元平台的双螺旋深度学习模型，观照基于学习元平台教师与学生共同作为深度学习者所展开的螺旋上升式的学习过程，这一模型实现了学习内容、学习活动、学习评价与社会知识网络的一体化，注重学习者与教学者的交互活动。[②] 胡航等研究者从学习者、学习方式、学习内容三个维度，以数学课堂为例，建构了“分布式交互中数形转化”的深度学习机理立体模型，其横截面是由学习者、技术、文化构成的同心圆，纵截面则代表在文化与技术的支持下的学习者个体螺旋上升的过程，体现了学习者及其他相关教育者、共同体、学习内容、资源技术、学习文化等的立体交互关系。[③] 彭红超、祝智庭从“学习任务”及其相关要素“学习活动”“学习进程”“教学决策”出发建构了面向智慧课堂的深度学习架构模型。[④] 宗锦莲提出了包含课程进程维度与课程保障维度的深度学习理论观照下的课堂模型，关联着学习的情感动力层、方法与能力层和过程与潜力层，基于此构建了一套以“目标—网络—课题—成果”为程序系统的课堂体系。[⑤]

我国“深度学习教学改进项目”在多年研究与教学实验的基础上构建了深度学习的教学实践模型，强调在大概念的引导下，坚持

---

① Patricia Alexander, “Mapping the Multidimensional Nature of Domain Learning: The Interplay of Cognitive, Motivational and Strategic Forces,” *Advances in Motivation and Achievement* 10 (1997): 213 - 250.

② 余胜泉、段金菊、崔京菁：《基于学习元的双螺旋深度学习模型》，《现代远程教育研究》2017年第6期。

③ 胡航等：《深度学习的发生过程、设计模型与机理阐释》，《中国远程教育》2020年第1期。

④ 彭红超、祝智庭：《学习架构：深度学习灵活性表达》，《电化教育研究》2020年第2期。

⑤ 宗锦莲：《深度学习理论观照下的课堂转向：结构与路径》，《教育学报》2021年第1期。

“单元学习”的主张，凸显“学习目标”“学习主题”“学习评价”“学习任务”的关键作用，在开放的学习环境中实现反思性的教学改进。①

总的来看，关于深度学习的模型建构越来越多关注到学习者的内部认知模型、知识与能力培养模型与外部教学模型的立体化建构，深度学习模型是一个内外部条件相互作用，以学习者为主体、多方面教育人员及共同体交互作用，指向高阶思维、问题解决、知识迁移等多重目标，文化、技术多方面参与的复杂机制。由此可见，深度学习的模型应该是非平面与非线性的，需要建构多重维度结构的立体模型。

4. 关于深度学习教学的研究

深度学习的教学研究以学生的认知发展规律为出发点，提倡以学生为主体进行教学，关注学生的学习过程与认知、经验的结合，指向学生学习的发展性。刘月霞、郭华提出以“两次倒转”的教学机制引导学生开展深度学习，认为教学本身就是有目的地将人类的认知成果给予学生的过程，这是“第一次倒转”，而学生对于抽象知识的学习是有困难的，因此需要通过“第二次倒转”使学生经历知识的发现与建构过程，以此实现深度学习。② 诸多研究者认为深度学习所要求的教学需要打破原有教学的“过多过快”的倾向，要以学生学习的发生过程为教学设计的依据，注重学生的学习过程，反对看似给予学生自主，实则形式主义的技术性取向③、工具性教学④、简单的程序重置。

---

① 刘月霞：《指向“深度学习”的教学改进：让学习真实发生》，《中小学管理》2021 年第 5 期。

② 刘月霞、郭华主编《深度学习：走向核心素养（理论普及读本）》，教育科学出版社，2018，第 41 ~ 42 页。

③ 郭元祥：《课堂教学改革的基础与方向——兼论深度教学》，《教育研究与实验》2015 年第 6 期。

④ 伍远岳：《论深度教学：内涵、特征与标准》，《教育研究与实验》2017 年第 4 期。

诸如翻转课堂[①]、基于DOK模型的4E学习活动[②]等教学方式，本质都是指向以学生为学习的主体，以学生的认知过程为教学过程依据，以学生的发展性学习为教学目标的教学设计。

深度学习的教学研究关注合作探究，注重通过教学过程中的师生互动、生生互动实现深度学习。相对于机器教学，现实教学中最重要的一个特征便是主体间的互动关系，多数研究者认为，教学中的师生、生生互动能够有效地促进深度学习。有研究者提出在大班教学中，教学互动（如形成性反馈）是鼓励学生深度学习的核心[③]，还有研究者建议采用同伴辅导（RPT）的方式，在一个大型课程中引入同伴辅导策略，结果发现，同伴辅导能产生令人满意的学习效果，与预期效果一致，来自教师和学生的调查和评估结果也表明同伴辅导比教师主导的教学更能促进深度学习[④]。日本著名教育学者佐藤学同样关注到学习共同体的作用，认为学习是学生与学习客体、与他人、与自己的对话过程，由此学习便是合作、对话、交流的活动。[⑤] 基于此，有研究者提出深度学习是以问题为导向的互动过程[⑥]，应通过构建课堂学习共同体的形式实现深度学习[⑦]。

关于深度学习教学环境的研究，一方面是关于深度学习隐性环境

① 朱文辉、李世霆：《从“程序重置”到“深度学习”——翻转课堂教学实践的深化路径》，《教育学报》2019年第2期。

② 叶冬连、胡国庆、叶鹏飞：《面向核心素养发展的课堂深度学习设计与实践——基于知识深度模型的视角》，《现代教育技术》2019年第12期。

③ Jenny Mcdonald et al., “Short Answers to Deep Questions: Supporting Teachers in Large-Class Settings,” *Journal of Computer Assisted Learning* 33 (2017): 306–319.

④ Rainer Lueg et al., “Aligning Seminars with Bologna Requirements: Reciprocal Peer Tutoring, the Solo Taxonomy and Deep Learning,” *Studies in Higher Education* 41 (2015): 1674–1691.

⑤ 〔日〕佐藤学：《静悄悄的革命——创造活动的、合作的、反思的综合学习课程》，李季湄译，长春出版社，2003，第25~26页。

⑥ 陈静静、谈杨：《课堂的困境与变革：从浅表学习到深度学习——基于对中小学生真实学习历程的长期考察》，《教育发展研究》2018年第Z2期。

⑦ 张晓娟、吕立杰：《指向深度学习的课堂学习共同体建构》，《基础教育》2018年第3期。

与教学氛围的研究，研究者们普遍认为，深度学习发生在轻松、安全、充满信任的教学环境与氛围之中。[①] 如裴新宁、舒兰兰认为深度学习的核心在于在认识到人类理解复杂性的基础上设计有效的教学环境[②]，既包括教室等学习场域的物理环境，也包括学习氛围等人文环境。潘于黎（H. P. Phan）对教学中深度学习与批判性思维培养展开的实证研究发现，宽松、安全、和谐的学习氛围有助于培养学生的批判性思维并促进学生深度学习的发生。[③] 陈静静、谈杨认为要让课堂形成一种安全润泽的氛围，让学生避免紧张焦虑的心态，保持一种真实自然的学习状态。[④] 另一方面是关于教学过程中情境创设对于深度学习作用的研究。研究者们普遍认为真实情境的设置有利于更深层次的学习。有研究者深入探讨了语境解释的嵌套性对深度学习设计、实现和评价的影响，然后从原理、启发式和脚本的角度讨论了学习环境的内在动力，认为语境应该是深度学习设计的核心单元。[⑤] 在亚历山大等人的学习地形理论中，语境被称为学习的场所，是学习的关键维度。学习总是发生在某种类型的环境中，无论是指物理环境（例如，实验室与教室）、社会环境（例如，单独工作与团队项目），还是文化环境（例如，学校与博物馆）。[⑥] 有研究者以严肃游戏作为任务，

---

① Michael Fullan, M. Langworthy, Towards a New End: New Pedagogies for Deep Learning, http://www.michaelfullan.ca/wp-content/uploads/2013/08/New-Pedagogies-for-Deep-Learning-An-Invitation-to-Partner-2013-6-201.pdf.

② 裴新宁、舒兰兰：《深度学习："互联网+"时代的教育追求》，《上海教育》2015年第10期。

③ Huy P. Phan, "Deep Processing Strategies and Critical Thinking: Developmental Trajectories Using Latent Growth Analyses," *The Journal of Educational Research* 104 (2011): 283-294.

④ 陈静静、谈杨：《课堂的困境与变革：从浅表学习到深度学习——基于对中小学生真实学习历程的长期考察》，《教育发展研究》2018年第Z2期。

⑤ Tom Boyle, A. Ravenscroft, "Context and Deep Learning Design," *Computers & Education* 59 (2012): 1224-1233.

⑥ Patricia A. Alexander, D. L. Schallert, R. E. Reynolds, "What Is Learning Anyway? A Topographical Perspective Considered," *Educational Psychologist* 44 (2009): 176-192.

通过实验对照在意外情境下被试的知识获取，研究发现参与者在意外事件情境下构建了显著优越的知识结构，说明意外事件在严肃游戏中有利于更深层次的学习。[①] 还有研究者提出深度学习本质上就是一种基于情境的学习方式，因此要求在课堂教学中创设能够促进深度学习的真实性与批判性的课堂情境，进而实现知识的建构与迁移。[②] 这种情境的创设既强调促进主体与环境的互动，又强调情境的变异与迁移。[③]

总的来看，关于深度学习的教学研究主要呈现出关注课堂的本质变革而不仅仅是形式变化、关注学生的发展性学习而不仅仅是知识掌握、关注课堂参与者整体间互动而不仅仅是师生互动、关注以问题为核心的课堂情境创设而不仅仅是知识与技能的掌握。实际上，综合深度学习的教学相关研究来看，深度学习的教学策略和思想与多年来诸多相关教育理论与实践十分相似，都涉及知识建构、基于真实情境的问题解决、反馈机制、元认知策略、翻转课堂等要素。因此，深度学习教学的创新之处在哪里？有研究者提出深度学习之“新”表现在其目标指向现实世界的创造与新知识的迁移、在关系上要求师生在学习过程中形成新型学习伙伴关系、在技术上要求数字技术链接学习内外。[④] 但就深度学习本身而言，其创新更在于其理念的融合性与技术的前沿性，下一步研究应更注重将最新的学习科学成果引入对深度教学指导理念之中，将认知科学、神经科学、心理学的相关技术引入深度学习教学的过程之中，从理念到操作实现深度学习的突破。另外，

① Erik D. van der Spek et al., “Introducing Surprising Events Can Stimulate Deep Learning in a Serious Game,” *British Journal of Educational Technology* 44 (2013): 156 - 169.

② 阎乃胜：《深度学习视野下的课堂情境》，《教育发展研究》2013 年第 12 期。

③ 崔友兴：《基于核心素养培育的深度学习》，《课程·教材·教法》2019 年第 2 期。

④ Michael Fullan, M. Langworthy, Towards a New End: New Pedagogies for Deep Learning, http://www.michaelfullan.ca/wp-content/uploads/2013/08/New-Pedagogies-for-Deep-Learning-An-Invitation-to-Partner-2013-6-201.pdf.

从国内外对于深度学习教学研究的比较来看，国内对于深度学习的教学研究多是从理论上建构，而实证研究较为缺乏，究其原因可能是由于深度学习在国内的研究与发展还不够充分，建构整体课堂教学模式的可操作性与可评估性还不能得到充分的保证，因此，下一步研究应注重深度学习教学的整体设计，并通过实证研究来验证深度学习教学的可行性。

5. 关于深度学习评价的研究

深度学习是一个长期性的学习活动，因此关于深度学习的评价基本都采用具有持续性特征的策略，注重过程性评价与终结性评价相结合，采用多主体、多形式的评价方式。如美国卓越教育联盟主要采用多种评价策略相结合的方式进行深度学习评价：基于素养的评价，主要指向其项目提出的学生达成深度学习所应具备的素养；表现性评价，主要考查学生在完成真实世界任务时所表现出的技能与素养；基于项目的评价，主要考查学生在项目学习中设计、实施项目与解决问题的能力，检验深度学习的应用成果。[①] 我国的“深度学习教学改进项目”则主张采取持续性评价方式，根据学习目标，制定清晰的评价标准，通过多元主体共同制定评价标准、过程性评价与终结性评价相结合等方式，反馈评价结果与改进学习过程。[②] 马顿等根据学生自己对要学习的特定材料的结构的理解，区分了学习的质量水平，最低层次包括对问题的重述或否定；最高层次是对要学习的文章中关键概念的忠实重述和阐述。[③] 比格斯根据其深度学习的 SOLO 结构模型将学习分为五个层次，依据每个层次的表现对学习做出评估，

---

① Alliance for Excellent Education，A Time for Deeper Learning：Preparing Students for a Changing World，2011.

② 刘月霞、郭华主编《深度学习：走向核心素养（理论普及读本）》，教育科学出版社，2018，第 24 页。

③ Ference Marton，R. Säljö，“On Qualitative Differences in Learning：I-Outcome and Process，” *British Journal of Educational Psychology* 46（1976）：4 – 11.

这五个层次分别为：一是前结构，回答与展示的材料之间没有逻辑关系，不能理解关键点与关联性；二是统一结构，回答包含材料中的一个相关项，但忽略了其他可能改变或与回答相矛盾的项，迅速结束回答使问题过于简单化；三是多结构，回答包含若干相关项目，但只说明与所选结论一致的项目，过早地有选择性地进行回答；四是关系型，大多数或所有相关数据被使用，冲突通过使用适用于上下文的相关概念来解决，能够得出一个确定的结论；五是扩展抽象，上下文只被视为一般情况的一个实例，能够提出一些关于最初的基本假设的问题、反例，可以对新数据质疑。[①] 国内有研究者以核心素养为视域构建深度学习的评测框架，如我国“深度学习教学改进项目”主要以核心素养构建为深度学习的重要目标，王晓宇等构建了核心素养视域下以理解与运用、反思与批判、承诺与身份为核心维度的评价框架。[②]

从深度学习具体评估工具与评估方法研究来看，亚历山大等提出主要采用自我报告、编码、条件评价、生理反应四类方式对深度学习进行测量。[③] 有研究者自主开发了编码标准，从概念理解和转化视角探究高中生对科学概念的深度学习。[④] 有研究者基于特定条件测量深度学习，如斯托特（Stott）等根据梅耶提出的三种工作记忆认知加工来测量学习者学习过程中的深度处理和深度参与情况。[⑤] 麦克尔维（McKelvie）等通过让参与者根据愉快程度对单词进行评分来诱导参与者的深度处理行为，并试图通过让参与者根据视觉复杂性对单词进行评

① John Biggs, “Individual Differences in Study Processes and the Quality of Learning Outcomes,” *Higher Education* 8 (1979): 381 - 394.

② 王晓宇、朱立明：《核心素养视域下深度学习测评指标体系的构建》，《中国考试》2021 年第 4 期。

③ 自我报告量表包括学习动机策略问卷（MSLQ、RDQ），常见的量表如学习过程问卷（R - SPQ - 2F）、学习方式调查问卷（ALSI）等。

④ Kevin J. Pugh et al., “Motivation, Learning, and Transformative Experience: A Study of Deep Engagement in Science,” *Science Education* 94 (2010): 1 - 28.

⑤ Angela Stott, A. Hattingh, “Conceptual Tutoring Software for Promoting Deep Learning: A Case Study,” *Journal of Educational Technology & Society* 18 (2015): 179 - 194.

分来诱导参与者的浅层处理行为。[1] 梅兰比（Mellanby）等采用开放式评论问题来衡量考生的深度学习行为，主要考察其动机和创造性思维，发现在开放式评论问题得到高分的考生，无论其就读的学校类型或 GCSE 成绩如何，在课程结束时获得一级学位的概率都超过 70%，这表明深度学习的评估结果能反映出考生在一所高选择性大学取得成功的潜力，并认为对深度学习的评估可能有助于此类大学选拔程序的优化。[2] 最后，少数研究采用生理反应测量深度学习，其中眼动追踪的方法正在成为测量深度学习的一种新型方式，如佘（She）和陈（Chen）使用眼动跟踪方法来测量深度认知加工和表面处理。[3] 萨尔梅龙（Salmeron）等使用眼动追踪和出声思维方法，探究了学生利用维基百科回答问题时快速扫描、深度加工策略、阅读能力与文本理解之间的关系。[4]

总的来看，对于学习可以从数量（例如，高分、记忆的材料数量等）和质量（回答与材料是否关联、是否具有创新性，解决方案的方法是否合理等）两个方面进行评估。而深度学习的评价明显更为关注后者，即学习的质量问题，现有关于深度学习的评价研究更加注重持续性的评价，关注多主体参与、形成性评价与终结性评价相结合的形式，但整体的评价重点仍是认知的形式、知识的深度与迁移等维度，而对于深度学习过程中的情感、动机、意志、价值观、互动等非认知性维度的评价关注不足。而从评估工具上，国外已经形成了一系列较

① S. J. McKelvie, M. Pullara, "Effects of Hypnosis and Level of Processing on Repeated Recall of Line Drawings," *Journal of General Psychology* 115 (1988): 315 – 329.

② J. Mellanby et al., "Deep Learning Questions Can Help Selection of High Ability Candidates for Universities," *Higher Education* 57 (2009): 597 – 608.

③ Hsiao-Ching She, Y. Z. Chen, "The Impact of Multimedia Effect on Science Learning: Evidence from Eye Movements," *Computers & Education* 53 (2009): 1297 – 1307.

④ Ladislao Salmeron et al., "Scanning and Deep Processing of Information in Hypertext: An Eye Tracking and Cued Retrospective Think-Aloud Study," *Journal of Computer Assisted Learning* 33 (2017): 222 – 233.

为成熟的评估的具体工具，但国内对于深度学习的评价研究中，还未形成较为权威、成熟的评价工具。

（二）关于深度学习与自否定关系的研究

关于深度学习与自否定的研究，虽然至今为止并未有研究者明确提出深度学习与自否定的关系，但有一些研究者从教育哲学的视角关注到了深度学习不仅与知识习得、思维、问题解决能力等理智能力相关，还指向学习者的自我唤醒与自我超越。如艾根（Egan）提出深度学习与人的自我意识的觉醒是相辅相成的，只有在深度学习中学习者才能够将学习上升至自我意识的层面，从而洞察自身与人类，进而产生智慧，并进而激发更深层次的学习。① 吴永军认为，深度学习应当是一个自我唤醒、自我生成、自我创造、自我超越的过程，而非仅是心理学中所研究的技术理性层面的认知性学习。② 桑新民也提出，学习的本质是人类个体和人类整体的自我意识与自我超越。③ 康淑敏认为为实现学生深度学习必须为其营造一种自我超越的精神文化环境。④ 郭元祥认为深度学习的重要标准是学习的自我感的建立，即通过知识学习逐步认识到自我的不足，完善自我意识，不断进行自我革新与改变，达到对自我的理解、确认和提升。⑤ 罗生全、杨柳认为深度学习是关于关系世界和内部意识领域与外部对象形成的经验解释，学习行为取决于“主体自我”的主动冲动，基于经验的不断累积，通过内部的反思冲动推动学习的发生与发展，学习者自身的动机和决策是由内

---

① Kieran Egan, *Learning in Depth: A Simple Innovation That Can Transform Schooling* (Chicago: The University of Chicago Press, 2010), p. 12.

② 吴永军：《关于深度学习的再认识》，《课程·教材·教法》2019 年第 2 期。

③ 桑新民：《学习究竟是什么？——多学科视野中的学习研究论纲》，《开放教育研究》2005 年第 1 期。

④ 康淑敏：《基于学科素养培育的深度学习研究》，《教育研究》2016 年第 7 期。

⑤ 郭元祥：《课堂教学改革的基础与方向——兼论深度教学》，《教育研究与实验》2015 年第 6 期。

部的认知冲动所驱动的，从而使解决问题的经验螺旋式上升。[①]

关于深度学习与批判性思维的研究，研究者们普遍认为深度学习与批判性思维存在十分密切的联系，如张浩、吴秀娟认为深度学习是一种主动的、批判性的学习方式，要求在知识理解的基础上进行批判性的思考，深度学习既是培养高阶思维尤其是批判性思维的重要形式，也是以培养学习者的高阶思维为目标的。[②] 通过对于深度学习的定义的考察可以发现，基本所有研究者都一致认为批判性的思维是深度学习的一项重要指标，如基斯·索耶（Keith Sawyer）在《剑桥学习科学手册》中认为深层学习需要学习者能够批判地检查论据的逻辑性[③]，SDL 项目将批判性思考并解决问题的能力作为深度学习框架中的六大能力之一[④]，美国研究学会发起和实施的 SDL 项目也将批判性思维与问题解决作为深度学习的重要维度之一[⑤]，何玲、黎加厚认为深度学习是学习者在理解知识的基础上，能够批判性地学习新的知识与事实[⑥]。可以说，关于深度学习与批判性思维的关系，国内外的深度学习研究者都给予了重点关注，并基本达成了一致，即批判性思维的培养是深度学习的重要目标，也是检验深度学习效用的重要维度。

关于深度学习与反思的研究，有观点认为反思与深度学习有正相关关系，认为反思能够促进深度学习，这是从反思的视角看待深度学习。如吴秀娟、张浩提出基于反思的深度学习是以反思为策略、以反思性学习为途径的，并通过实验将基于反思的深度学习模型应用于教

---

① 罗生全、杨柳：《深度学习的发生学原理及实践路向》，《教育科学》2020 年第 6 期。

② 张浩、吴秀娟：《深度学习的内涵及认知理论基础探析》，《中国电化教育》2012 年第 10 期。

③ 〔美〕R. 基斯·索耶主编《剑桥学习科学手册》，徐晓东等译，教育科学出版社，2010，第 4 页。

④ William and Flora Hewlett Foundation, Deeper Learning Competencies, https://hewlett.org/wp-content/uploads/2016/08/Deeper_Learning_Defined__April_2013.pdf.

⑤ Mette Huberman et al., The Shape of Deeper Learning: Strategies, Structures and Cultures in Deeper Learning Network High Schools, http://files.eric.ed.gov/fulltext/ED553360.pdf.

⑥ 何玲、黎加厚：《促进学生深度学习》，《现代教学》2005 年第 5 期。

学实践中，验证了反思活动对深度学习的促进作用。[①] 刘哲雨等提出与机器的深度学习相比，人脑深度学习的特殊性在于人脑的反思力与创造力，因此，其通过跨学科的方式，以反思的三种形式（无反思、描述性反思、批判性反思）为自变量，以两种学习行为（认知行为、眼动行为）和两种学习体验（认知负荷、学业情绪）为因变量进行了四组对比实验，发现批判性反思能够最大限度地促进深度学习。[②] 达默（Dummer）等研究者研究了反思日记在评价地理野外实习中的应用。研究结果表明，反思性的实地调查日记为教学、学习和评估提供了一种创新的、灵活的方法，有助于深度学习。该方法提高了学生的批判性反思和沟通能力。其研究结果强调，明确的评估准则和评估标准是必不可少的，学生需要通过反思充分了解学习的过程。[③] 伍远岳认为，深度教学是反思性的教学，既引导学生通过知识学习反思自身，也实现知识的自我意识性教育价值。[④] 马芸、郑燕林认为学生发生反思行为的目标或过程都指向其自身对知识的更深刻理解，而深刻理解知识正是深度学习的内核，其通过实验研究发现反思支架在教学中的应用有利于学生的深度学习。[⑤] 钟启泉认为深度学习实现的重要条件之一是学习者自觉地认识到自身的学习深度，在深度学习中反思具有三种功能：一是确认学习内容的反思；二是把现在与过去的学习内容加以理解、概括化的反思；三是把学习内容与自身挂钩、体察自身变化的反思。[⑥] 另一种观点认为反思与深度学习是一种结构性关系，

① 吴秀娟、张浩：《基于反思的深度学习实验研究》，《远程教育杂志》2015 年第 4 期。

② 刘哲雨等：《反思影响深度学习的实证研究——兼论人类深度学习对机器深度学习的启示》，《现代远程教育研究》2019 年第 1 期。

③ T. J. B. Dummer et al., "Promoting and Assessing 'Deep Learning' in Geography Fieldwork: An Evaluation of Reflective Field Diaries," *Journal of Geography in Higher Education* 32 (2008): 459 – 479.

④ 伍远岳：《论深度教学：内涵、特征与标准》，《教育研究与实验》2017 年第 4 期。

⑤ 马芸、郑燕林：《走向深度学习：混合式学习情境下反思支架的设计与应用实践》，《现代远距离教育》2021 年第 3 期。

⑥ 钟启泉：《深度学习》，华东师范大学出版社，2021，第 118 页。

认为深度学习的核心要素之一是反思，并有部分研究者将深度学习解构为包含反思性学习的几种学习方式，这是从深度学习的视角看反思。最具代表性的便是尼尔森·莱尔德（Nelson Laird）等将深度学习分解为三个相互关联的部分：高阶学习、整合性学习和反思性学习。高阶学习是指在学习过程中学习者充分发挥自身的分析、合成、评价和创造能力；整合性学习要求学习者调动自己现有的认知结构，整合多学科、多渠道的知识来学习；反思性学习要求学习者在学习过程中控制和反思自己的思维模式、学习过程和问题解决方法。[①]。

关于深度学习与元认知的研究，吴秀娟认为反思能力实质上就可以等同于元认知能力，元认知是对认知进行认知，深度学习不仅要求以知识为学习对象与学习内容，还应对自身的学习过程、知识获得与应用过程进行认知，因此，深度学习必须关注元认知的重要性，此外，学习者深度学习的发生也能够推动元认知能力的发展。[②] 朱立明等认为要实现深度学习必须在教学中关注学生学习的反思与元认知，促使学生对学习过程进行主动的回溯和再思考。[③] 郑葳、刘月霞认为元认知的教学方法是实现深度学习的重要途径，其目的在于使学生确定学习目标、制定学习策略、控制学习过程、反思学习结果。[④] 刘月霞、郭华认为，学生的元认知能力可以通过直接指导或通过观察和模仿教师、学科专家在解决问题和思考时使用的策略来培养。如根据学习的主题创建概念图，使学生能够有意识地建立联系，构建意义并外化思维过程，帮助他们实现对知识的深入理解和应用。[⑤] 武小鹏、张

---

① Thomas F. Nelson Laird, Rick Shoup, George D. Kuh, Measuring Deep Approaches to Learning Using the National Survey of Student Engagement, https://scholarworks.iu.edu/iuswrrest/api/core/bitstreams/fdf4cd87 - 3593 - 4102 - 92f4 - de54ze31acea/content.

② 吴秀娟：《基于反思的深度学习研究》，硕士学位论文，扬州大学，2013，第58页。

③ 朱立明、冯用军、马云鹏：《论深度学习的教学逻辑》，《教育科学》2019年第3期。

④ 郑葳、刘月霞：《深度学习：基于核心素养的教学改进》，《教育研究》2018年第11期。

⑤ 刘月霞、郭华主编《深度学习：走向核心素养（理论普及读本）》，教育科学出版社，2018，第41~42页。

怡认为元认知和深度学习是相辅相成的：一方面，教师和学习者利用元认知策略和知识来监控和调节教学和学习过程，使自身能够及时发现和纠正教与学过程中的缺陷，加深对深层知识和复杂概念的理解；另一方面，通过对自己在教与学过程中的行为进行批判性反思，教师和学生可实现进一步的自我认知调节，完善元认知策略。① 钟启泉提出元认知引领深度学习，有效的学习是元认知的两个要素——知识侧面与有意识地控制自己的学习的控制侧面共同起作用的结果。②

综上，自否定的概念源生于哲学领域，它是一种内在的精神性的活动，是怀疑、反思、批判、元认知等其他概念的根源与内在灵魂，而上述概念是自否定的外在表现形式。从深度学习的研究中可以发现，有一些研究者超越了对如何深度理解知识的研究，进一步关注到了深度学习对学习者本体的重要意义，关注到深度学习与学习者自我意识的关系，发现深度学习指向自我唤醒、自我生成、自我创造与自我超越，但较少有研究者进一步研究深度学习实现自我超越的原理、发生过程与具体策略。而作为自否定外显形式的反思、批判性思维与元认知，很多研究关注到了它们与深度学习相辅相成的关联关系，将其作为深度学习的核心特征、实现途径与重要目标，但未能追溯到其内在的根源，即人的自否定，自否定不仅是批判性思维与反思等思维的根源，更是人类能够不断学习的根源与内在动力，这也是本研究对深度学习进行深入分析的创新视角。

总的来看，从深度学习研究的学科归属上，想要对教育领域与人工智能领域的深度学习进行明确的划分，需要从哲学视域出发，从本体论与认识论的角度对学习主体进行本质上的认识与辨析。从本体论层面看，学习的主体是从事实践活动的人，实践是人与动物、机器的

① 武小鹏、张怡：《深度学习理念下内涵式课堂教学构架与启示》，《现代教育技术》2019年第4期。

② 钟启泉：《深度学习》，华东师范大学出版社，2021，第45页。

本质区别，而学习是人重要的自由、自觉的实践活动之一。因此，本研究认为教育领域对于深度学习的研究需要从人的本质属性出发，以人的类特性为前提，将深度学习定位为“属人的研究”。从认识论层面看，部分深度学习的研究对学习中认识的主客体及其特性有忽视、混淆与误读之嫌。因此，从认识论层面，本研究基于人的本质特性——自否定，关注人的自否定需要对人本质力量的充实，从而驱动人的重要实践活动——学习的发生，并进一步探究这一发生过程中主客体的持续性、阶段性、深刻性的发展变化，以此为视点对教育领域深度学习的前提、发生过程、理论建构与教学实践进行探究。

有研究者提出“学习”是教育学的逻辑起点，[①] 因此深度学习作为一种新的学习形态，应在教育技术、课程教学等学科领域之外对深度学习的研究视角进行拓展。一方面，学习科学为深度学习研究提供了视角上的启发，其以“学习”为核心词，提供了跨学科、综合性的研究视角。另一方面，当前部分深度学习研究呈现出科学主义的研究取向，引入信息技术、神经科学技术、脑科学技术、量化技术等方法成为研究趋势，但能对学习活动计量不等于能够对人计量，不可用量化方法衡量不可被算度的人。因此，在深度学习研究中，在借鉴脑科学、神经科学、信息科学研究成果的同时，应避免走向极端科学主义的误区。本研究从哲学的视角出发，将深度学习作为一种“属人”的实践活动，探究作为类特性、元人性的自否定何以成为深度学习的前提，从而确定深度学习对于人的独特意义与价值指向——一指向作为学习主体的人在深度学习过程中发展之整全性、深刻性、深远性，二指向个体与类在深度学习历程中实现对主体与客体世界的批判性改造。

① 瞿葆奎、郑金洲：《教育学逻辑起点：昨天的观点与今天的认识（一）》，《上海教育科研》1998 年第 3 期。

第一章　教育中的学习困境与应然取向

现代的学校教育诞生于前工业社会[1]，在工业社会得到广泛普及与发展。在工业社会中，“生产与分配的技术装备由于日益增加的自动化因素，不是作为脱离其社会影响和政治影响的单纯工具的总和，而是作为一个系统来发挥作用的。在这一社会中，生产装备趋向于变成极权性的，它不仅决定着社会需要的职业、技能和态度，而且还决定着个人的需要和愿望”[2]。工业社会决定了其学校教育的程式化与同一化，在学校教育中通过消解自我的概念而消除私人与公众的对立、个人需要与社会需要的对立，由此形成了一种以一对多的教授主义的教学方式，以最大效率的方式将具有统一性的内容以程式化的形式传递给学习者，这在工业社会是适宜的教学形式，但随着时代的发展，其已不再适应新社会的劳动形式与分工方式，固守陈规的学校教育教学只会阻碍学习者发展乃至社会进步。因此，现代教育实践面临的诸多问题究其原因在于“他者”主导下的学习，在价值层面上用同一凌驾个别，学习目的上关注知识获取多于学生的自我成长，学习过程上关注事实性学习而非发展性、适应性学习。因此，基于自否定的深度学习是对现有教育实践中学习困境的突破，旨在在人工智能时代以自

---

① 丹尼尔·贝尔（Daniel Bell）以技术为中轴，将工业社会分为三个阶段，强调前工业社会主要以自然资源为基础，工业社会主要以机器技术为基础，而后工业社会主要以知识技术为基础。

② 〔美〕赫伯特·马尔库塞：《单向度的人：发达工业社会意识形态研究》，刘继译，上海译文出版社，2008，第6页。

否定为核心彰显人类学习自我认识、自我治理、自我塑造与自我超越的独特价值；在教育改革发展中以深度学习培养“整全的人”，使学习者能够实现自否定驱动下的整全发展，此种发展前后相继与终身持续；在学科发展中，以“学习”作为教育学发展的逻辑起点，以自否定为前提从研究视角与理论基础上对学习科学与既有的深度学习研究进行创新。

一　教育实践中的学习困境：他者依赖下的浅层学习

工业社会背景下的学校教育以教授主义为主要教学方式，教授主义源自大工业时代学徒制传递知识的形式。教授主义将知识看作有关世界的事实与问题解决的程序，由此学校教育的目的便是教师按照学习内容的规定顺序将这些陈述性知识与程序性知识传授给学生，而教育成果的检验方式便是测试学生对这两种知识的记忆情况。一方面，这种教授主义建立于一种静态的世界观之上，即将世界看作一种静态的、暂时凝固的客观世界，从而将抽象的、静止的、经典的知识传授给学生，实现一种复制式的学习。在这一情况下，学习成为一种割裂的、脱离情境的学习，面对新问题时，学生常出现手足无措，学生在这种习惯化的复制性学习过程中也容易形成一种思维惰性，而难以产生问题解决的自主性与创新性，可以说“相对于一种学习的创造性形式，它促进了一种适应性学习的表面形式”[①]。另一方面，这种教授主义的形式强调对他者的依赖。对于学习者来说，这个“他者”既是教师等占有而富有权威性的教育者，也是被认定为“真理”或“科学”的知识等认识客体，学习者仅仅作为承载、接纳“他者”的容器而存

① 〔丹〕克努兹·伊列雷斯：《我们如何学习：全视角学习理论》，孙玫璐译，教育科学出版社，2014，第237页。

在，从而导致学习者的自我话语权被剥夺、个体差异性被消解、创造能力被压制。反过来，对于教育者来说，学生则是与其相异的“他者”，教授主义的重要弊端在于“一方对另一方的强制、灌输，不仅助长了以自我为中心的占有性人格，而且主体把自己的意志强加于他者，以自我为中心，他者向自我还原，从而使他者表现出与自我的同一性，成为一个‘他我’，湮没了他者的独特性和差异性”[①]。

（一）学习的价值向度偏离

在学习的过程中，学生作为“未完成的人”常常会被成人教育者的价值取向所左右，尤其是在教授主义的形式下，教育者的绝对权威性容易导致学习产生控制取向、求齐取向与结果取向的价值向度，在这些偏离的价值向度的长期作用之下，学习者将成为被剥夺自我认识、自我决定、自我治理、自我创生能力的受动者，成为丧失选择权、否定权与创造权的“产品”，成为将本体依附于知识权威或知识本身等“他者”的存在。

1. 控制取向：程式化的学生

控制取向将学生看作符合行为主义的机器。“行为主义者对人类所做所为的兴趣要比旁观者（spectator）对人类的兴趣更浓——如同物理科学家意欲控制和操纵其他自然现象一样，行为主义者希冀控制人类的反应。”[②] 行为主义指导下的控制取向认为，只要对学生进行适当的刺激与强化，便能达到其教育目标。

控制取向扼杀了学生的自主性。控制取向主要指在教育过程中对学生施加过度的外部控制行为，它不仅存在于学校教育过程中，还普遍存在于家庭教育中。控制取向未能认识到学生在否定性指导下具有

---

① 冯建军：《他者性教育：超越教育的同一性》，《教育研究》2021 年第 9 期。

② 〔美〕华生：《行为主义》，李维译，北京大学出版社，2012，第 12 页。

能动的自主性，认为除非通过外部控制对学生的行为进行引导与管理，否则学生就不能完成对既定知识的学习。这一取向指向一种程序性的教学，将学生看作符合行为主义范式标准的程式化的机器，将教学内容看作预先设定的任务内容，并认为，“只要我们安排好一种被称为强化的、特殊形式的后果，我们的技术就会容许我们几乎随意地去塑造一个有机体的行为”①。这种教育取向下培养出的学生成为程序性教学中对控制亦步亦趋的“奴隶”，成为强力控制之下的消极的学习者。

控制取向造成交往中的信任危机。外部控制来源于对学生的不信任。信奉外部控制的教育者忽视了学生好奇、求知等天性的积极作用，他们认为学生是懒惰的、抗拒理性的，若缺乏外部的控制其便会误入歧途。这种对否定性的压制导致了学生与教师、家长之间的紧张状态，学生认为自己只是一个“兵卒”，只需完成教育者所提供的固定任务，丧失主动求知的欲望，并认为学习更多的是麻烦而不是乐趣，甚至产生叛逆与反抗心理，在这种紧张的对立状态下，学生认识世界、改造世界的矛盾转为学生与教育者之间的矛盾，并因此造成学习的情感性障碍。

控制取向使学生天生的求知欲降低。学生天生具有好奇心，人类也具有渴求知识的天性，只要被恰当地引导，学生便会自愿去学习、吸收周围的社会价值观和知识。而控制取向会破坏本可以是教育最好的基础的学习者的内在求知倾向。强迫、压力与控制会遏抑学生好奇心，损害可以引发深度学习的学习过程。② 外在力量的强制压迫会破坏内在求知欲的激励作用，导致学生学习的内部驱动力的消解。

2. 求齐取向：标准化的学生

求齐取向忽略了个体在“大众标准”形成中的作用，限制了学生

① 〔美〕普莱西、斯金纳、克劳德等：《程序教学和教学机器》，刘范等译，人民教育出版社，1964，第66页。

② 〔英〕Randall Curren主编《教育哲学指南》，彭正梅等译，华东师范大学出版社，2011，第349页。

个性化学习的形成。求齐取向所求之“齐”乃是当下教育中的“大众标准”（一般性），这一标准是由无数个体特殊性在历史的生存与发展条件下扬弃而成的公共契约。求齐取向忽略了这一由特殊性到一般性的客观规律，忽略了个体特殊性到“大众标准”的转化与超越过程，将已经形成的“大众标准”看作僵化不变、不需发展的教条“真理”，并以此标准培养学生，导致具有个性化的学生被边缘化，更多的学生成了符合固化标准的“产品”。

求齐取向使个性化的学生被迫整齐划一。古代封建制度下的“一统”[①] 的思想，工业化时代的大规模生产的要求，都催生了求齐取向，其教育目标是培养标准化的、大规模的、工具性的人。当前的学校教育中，对学生的培养具有“一刀切”的趋向，“坐”“立”“行”“学”都要求整齐划一，尽管整齐划一符合“一统”思想与工业化时代的标准，但是并不符合学生的身心发展规律，是对学生天性的摧残与磨灭。[②] 对学生统一化的要求使学生作为一个被动的个体只能被规定、被同化、被要求，对其个性的压抑必然导致其独立思考能力、质疑能力、批判性精神的丧失，从而成为符合工业社会“标准”的产物，而非具有个性、创造性、批判性思维的人。

求齐取向使具有个性化的学生被边缘化。在教育实践中，部分教育者以单一的、僵化的、静态的标准要求受教育者，使教育成为封闭的集合系统。这些教育者将符合所谓规定标准的受教育者作为可教育的对象，而具有个性化的学生通常是统一标准的挑战者，他们被排除在可教对象之外，在现实空间一体的学生却因僵化、静态的价值标准被区隔。这种统一的教育标准来源于部分教师的所谓的“完美主义”，

① “一统”最早见于《春秋公羊传》，“元年者何？君之始年也。春者何？岁之始也。王者孰谓？谓文王也。曷为先言王而后言正月？王正月也。何言乎王正月？大一统也”。后孔子、孟子、荀子、董仲舒等对其多有论述。

② 于伟：《教育就是要保护天性、尊重个性、培养社会性》，《中国教育学刊》2017 年第 3 期。

认为学校教育能够把任何学生按照统一的标准、统一的要求、统一的步调培养成为完美个体。[①] 这种所谓的“完美主义”催生了一种近乎“冰冷”的师生关系，教师对学生过于严苛的要求养成了学生一种畏惧权威、温驯顺从的品性，而敢于质疑、勇于试错、善于批判的学生却在教育中被排斥与边缘化，其个性化的学习难以得到有力的支持与引导。

求齐取向使学生发展趋众化。学生作为未成熟的个体，外部驱动力是影响其行为的重要因素，家长的认可、教师的表扬、同伴的接纳这些外部因素逐渐内化并影响着学生成长发展、自我认知与世界观的形成。因此，外部的评价标准如果是单一、僵化的，便会通过学生周围重要他人的评价而内化为学生的自我评价标准。学生为了迎合他人的期待，保持自己在群体中的地位，便倾向于表现出趋众的行为。这种过度趋向于他人评价标准的行为，使学生成了追逐平均状态的“常人”，“常人以非自立状态与非本真状态的方式而存在”[②]，各具差别与突出之处的学生消失不见，学生否定与质疑的能力被消解，而以单一的标准评价自己与他人，与知识时代所要求的多元的、建构的、否定的认知能力与情感意向背道而驰。

3. 结果取向：被算度的学生

结果取向忽略了学生的学习过程，仅以结果论成败。教育过程是使个体不断实现自我探寻、自我发展、自我超越的过程，其发展的方向与结果是充满未知与挑战的。“教育既要使人获得关于生产的经验让人学会生存（知识与技能），同样要使人获得生活的经验（道德与伦理），让人学会做人。”[③] 教育目标为教育过程指明方向，而非脱离

---

① 于伟：《“率性教育”：建构与探索》，《教育研究》2017 年第 5 期。

② 〔德〕海德格尔：《存在与时间》（中文修订第二版），陈嘉映、王庆节译，商务印书馆，2018，第 165 页。

③ 于伟：《“率性教育”：建构与探索》，《教育研究》2017 年第 5 期。

过程的空洞概念。对结果的过度关注会导致忽略学生学习的过程，将学生偏离规定性结果的行为进行强制性的规制，限制学生学习的范畴与区间。

结果取向限制了学生对多种可能性的探寻。知识革命要求创新型人才的培养，而培养学生的创新思维要求不断在否定与超越中实现对多种可能性的探寻，这要求打破思维定式与权威观念，寻求具有建设性的多种替代方案。但结果取向片面地追求所谓唯一的"标准答案"，用得到"标准答案"的过程代替学生本应通过自主探索而产生的惊奇、发现、探究的多样化过程，这阻碍了学生思维发展的多种可能道路，使学生成为以唯一的标准衡量其质量的"产品"，以量化的标准衡量不可算度的学生，与创新人才培养所要求的学习的多样性、创造性、超越性相悖。

结果取向使学生丧失对自身的目的性追求。在现存的教育中，很多教育目的是由成人所规定的确定性的目标，"好孩子""听话的学生""问题学生""差生"等词语作为标签定义着不同的学生，学生作为未成熟的人，其发展被局限于成人所预定的方向，而其他发展方向的可能性被遮蔽，学生应有的主体性被成人所谓"长远的幸福"所消解，学生"失落于"他者的"世界"、受制于他者的"世界"，而不是作为"我自己"而存在。[①]"功利主义通过把学生定为客观的、合目的、有规律并且是与'自我'具有同质性的整体，逐一完成了对学生自我的控制，从而掩盖了权威的复杂运作方式。"[②]学生主体性的消逝标志着学生批判精神的失落，被成人所规定的教育目标与评价所左右的茫然失措状态的学生失却了对自身本真存在的认识，而成为依附于成人"标签化"认同而存在的附庸。

---

① 袁宗金：《"好孩子"：一个需要反思的道德取向》，《学前教育研究》2012 年第 1 期。

② Ronald Dworkin ，"Lord Devlin and the Enforcement of Morals," *The Yale Law Journal* 75 (1966)：986 - 1005.

结果取向使教育服从可量化的功利结果而忽视长期性素养的形成。对学生核心素养的培养具有长期性，其结果也难以量化。因此，在效率主义的驱动下，对可量化分数的过度追求使知识技能的传授成了教育的核心，这种分数至上的理念造成一种唯结果论的取向，结果重于过程使分数几乎成为衡量教育质量与学生的唯一标准，对工具理性的过度追求忽视了学生的价值理性，抹杀了学生的主体意识，使学生成为高效录入知识的记忆机器，沉思的智慧与过程性思维难寻立足之地。

（二）学习者的自我认同危机

从学习者的主体视角来看，传统的学习方式决定了学习者身份的“被赋予性”与“符号化”，因此，在学习机构内部其行为被规定、被要求甚至被强制。而从外部环境来看，晚期现代社会的到来伴随着互联网等技术的急速发展所带来的知识爆炸、虚拟现实身份的二重性、现实信任关系的瓦解等都对学习者的自我认同、身份建构与存在意义提出了挑战，并对传统事实性学习的价值性提出了新的质疑。

1. 学生身份的“被赋予性”

在以往学校教育下学习者的身份被定义为“学生”。《后汉书·灵帝纪》中提到“（光和元年）始置鸿都门学生”[①]。这里的‘学生’更接近我们今天所使用的含义，意为进入鸿都门学习的门生，是具有身份象征意义的词语。可见，“学生”这一概念是依附于机构而产生的，是指代进入学习机构内进行学习的人，其身份与角色是被赋予的，无论自己是否认同，只要进入这一机构中学习，便被认定为“学生”。“学生”这一符号与角色是传统学校权力下的产物，是被赋予的概念，因此传统教育中学生的学习意指在学校中的学习、为了学校

① 范晔：《后汉书》，中华书局，2012。

的学习。

在传统教育中，在学校学习的学生大多需要遵循被设计好的规则秩序。在教授主义的主导下，学生的行为被规定的标准所控制。如学校的规则要求学生在长时间内保持不动，不能在教师未允许的情况下说话、活动；学生在学习时必须摒除外界的干扰保持高度专注、自律；在学习过程中，学生必须能够适应在短时间内不断变化的权威形式和多种教学策略；学生的持续性学习活动被规定好的时间表所截断；学习内容的抽象化与学习环境的普遍化在很大程度上对于学生自己的生活情境来说完全是异质的。[①] 学生角色的被赋予性导致了学生学习的外在规定性增强而内在主体性减弱，学生的自我理解与身份认同的内在建构在这种情况下在很大程度上被忽视。

2. 技术冲击下学习者本体性安全的危机

技术手段的急速发展容易造成学习者的本体存在性焦虑。技术冲击导致的时空分离、脱域[②]等特征决定了人生活在一种由抽象化机制所支配的不确定性之中，网络技术时代的信息爆炸使人对信息的掌控能力越来越受到抽象系统的支配与引导，学习者不得不将信任寄托于脱离现实场景的虚拟事物。在现实的物理空间中，学习者的学习依赖于具体情境下的经验生成，或是教师的面对面的教授与互动，所面对的知识获取对象是具体的人、事、物，学习活动的发生保证了主体的时空在场，这种身体与思维的双重在场与互动会加强学习者的真实感与对学习内容的信念感，而在与真实的人、事、物互动的过程中，学习者会形成一种本体性安全意识，即对自我认同之连续性以及对主体

① 〔丹〕克努兹·伊列雷斯：《我们如何学习：全视角学习理论》，孙玫璐译，教育科学出版社，2014，第 236 页。

② 脱域指社会关系从彼此互动的地域性关联中，从对不确定的时间的无限穿越而被重构的关联中脱离出来。脱域机制具有两种——一种为象征符号（symbolic tokens）的产生，第二种为专家系统（expert system）的建立。参见〔英〕安东尼·吉登斯《现代性的后果》，田禾译，译林出版社，2000，第 18～21 页。

行动的社会与物质环境之恒常性所具有的信心。而在信息革命背景下，呈指数级增长的学习内容与学习者直接经验获取之间具有断崖式的效率落差，技术手段所营造的虚拟时空分离与脱域导致学习者的信任不能再建基于自身的经验获取或是与熟悉的人之间亲身的、持久而经常性的情感互动，信任必须在一定程度上被寄予在抽象化的符号系统与专家系统中，但这种信任由于其抽象体系是缺乏足够的情感支持的，与在社会物质环境中建立起来的信任相比是较弱的，容易使学习者产生存在性焦虑。因此，也可以发现，在现代社会，很多学习者的观点缺乏系统性与一致性，甚至有时是自相矛盾的，其原因在于学习者看似给予了抽象体系信任，但其内心的矛盾没有得到解决，不能真正实现抽象体系的内化与个人认同，在没有终极权威的现代世界中，专家系统在不断地修改与变化，学习者容易在对外在世界的冗杂观点的盲从中迷失自我。

3. 晚期现代社会中学习者意义感缺失

晚期现代社会对人（学习者）的存在意义提出了挑战。自人的自我意识产生，人便内存着自我分化与自我矛盾的现象，而在现代社会，人的自我分化与矛盾被推到了一个极致。晚期现代社会的矛盾不再是显性的经济、政治、阶级矛盾，而是隐性的、潜伏着不断蚕食人的自主性的矛盾。第一，传统社会集体与社群的瓦解导致了个体意义源泉的缺失。传统工业社会文化中的集体或团体的意义之源逐渐枯竭、解体、失去魅力，个体的存在意义难以在群体中获得，个人生活中的矛盾本来可以通过求助于社会阶层和团体在家庭和乡村社区中解决，但在晚期现代社会中，只能由个人自己来感知、解释和处理。自我也不再是一个确定的自我，而是分裂成关于自我的矛盾话语。[①] 个

① 〔德〕乌尔里希·贝克、〔英〕安东尼·吉登斯、〔英〕斯科特·拉什：《自反性现代化：现代社会秩序中的政治、传统与美学》，赵文书译，商务印书馆，2001，第12页。

体的“原子式”存在造成了个体与他者紧张的对立关系。第二，工业与技术的发展虽然助推了人的主体性的延伸，但也造成了人的片面性发展，造成了人的异化。被人所创造的技术与分工反而压制了人的精神需要与内心体验，现代化进程中社会不断追求理性化，价值合理性与目的合理性造成了行动与情感的紧张对立关系，人们的行动被利益与效率所驱动，而情感与价值却被冲淡了，人成了“没有灵魂的专家，没有情感的享乐者”[①]。自我的割裂与主体意义的失落要求人们重新寻求实践活动的情感性价值，而学习的深刻性与否便体现于能否满足人的这一需要。

晚期现代社会对传统认知中的学习价值提出了质疑与挑战。在传统教育中，学习的意义在于实现知识的传递，并以这些知识指导学习者的生活与行动。教授主义对学习价值的认识基于对世界的恒定性、静态性的认知，在今天学习的知识能够在前现代社会的一定时间内发挥其预期指导作用。而晚期现代社会的一项重要特征便是社会、经济、文化、知识与技术的急剧变化，以往的学习功能在这一现实条件下遭遇价值失落，学习者也对于传统教育中的学习价值产生怀疑——在学校教育中习得的恒定性知识能否在不可预知的未来发挥作用？学习者能否通过学习在变动不居的社会中获得一席之地？事实上，这种对于学习意义与价值的质疑不是对于学习活动本体的质疑，而是对于具有保守主义性质的传统学校教育中学习的质疑，是对于静态化学习与动态化社会的断裂的质疑，是学习者对于传统学习的价值性与意义性的质疑，这也凸显了晚期现代社会下建构新的能够获得学习者理解与认同的新型学习形态的紧迫性与价值性。

---

① 〔德〕马克斯·韦伯：《新教伦理与资本主义精神》，于晓、陈维纲等译，生活·读书·新知三联书店，1987，第 43 页。

（三）学习结果的浅表化问题

学习过程中教育者价值取向的偏离与学习者的自我认同危机不可避免地导致了学习结果的浅表化问题，从而使学习成为一种“里宽寸深”（mile wide，inch deep）的浅层学习，其目的是考试成功，学习者掌握的知识技能难以迁移或用于解决复杂、真实问题，这种“依赖于他者”的学习也将随着正式学习的结束而终结，自我内在驱动的终身学习难以实现。

1. 不重视知识的理解与迁移性

在工业社会的学校教育中，为满足让少量教师向大量学生传授知识与技能的要求，实现学校教育的普及，通常采用教授主义的教学方式。教授主义的方式可以说是“高效率低消耗”的教学方式，仅仅需要教师将自身的陈述性知识与程序性知识以讲授的方式传递给学生，实现一种将静态抽象知识的一对多的传递。学习结果的有效性体现在知识在传递过程中能被学生充分地接收、复制、内化，恒定性是衡量原则，即所教授的程序性与陈述性知识能在测验中被学生以原本的形态充分呈现出来，因此，这也造成了一种复制的灌输式教育模式。在今天的知识经济时代，学习陈述性和程序性的知识已经不能满足社会的需要。学习者需要对复杂的概念有更深的理解，从而提出新的概念、理论，创造新产品、新知识。他们还需要能够批判性地评估他们所学习的材料，并以口头和书面形式清楚地表达他们的观点。综合而言，知识经济要求学习综合的、可用的知识，而不是教授主义所强调的零散的、脱离背景的知识。

马顿在 1976 年对大学生阅读的过程、策略与结果的实证研究中发现，学习的质量不在于学习者能够回忆并复述其所阅读的内容，而在于学生理解相同现象、概念或原理的方式的多样性，即学生具有对所学习的内容进行理解与迁移的能力。[1] 在传统的学校教育中，普遍存在一种灌输式的教学形式，“他们把这些教学方法看作一些技术手段，认为使用这些手段就能把数学、地理、文法、物理、生物或者不论什么学科中的材料加以细心的复制，把它们的相似的性质输入学生的头脑里边，认为儿童心智的自然的作用是无关紧要的，甚至完全妨碍儿童获得逻辑的能力”[2]。现代学校教育已然认识到教授主义灌输式教学的弊端，但由于主观与客观的局限，仍存在知识本位的教学模式，造成了学习结果的单一性、抽象性与机械性。1859 年由斯宾塞（H. Spencer）所提出的经典命题“什么知识最有价值”明确了关于教学内容的比较原则。这种比较原则体现在对于静态的知识进行人为性的分类，并从专家与教育者的视角为学习者选择对其未来最具有意义的学习内容。在这种静态的认识论指导下，随着时代的发展及知识的指数级增长，课程制定专家与教育者只能不停地将新的内容添加到教学内容中，教师不得不在同等时间内研习更多更复杂的教学主题，并以演绎的方式将这些被压缩、抽象化的知识尽可能多地传递给学生，当教学内容的难度超出了学生理解的能力阈限，学习便成为记忆性、复述式、机械性的负担活动，学习内容成为难以理解的抽象性符号，学生必然难以实现对其的理解与迁移。

2. 难以实现素养的培养

随着知识革命与信息革命时代的到来，对于“培养什么样的人”这一关键问题，新的时代变化要求学生不再是工业社会中的知识的被动接受者，而是能够在急剧变化的世界中掌握适应性知识，具有创造能力、批判意识与合作精神的主动学习者，是社会历史实践的主人。

---

① Ference Marton，R. Säljö，“On Qualitative Differences in Learning：I-Outcome and Process，” *British Journal of Educational Psychology* 46（1976）：4 – 11.

② 〔美〕约翰·杜威：《我们怎样思维·经验与教育》，姜文闵译，人民教育出版社，2005，第 73 页。

为此，推进基于核心素养的基础教育变革成为世界教育改革的重要内容，我国也出台系列政策推进学生核心素养与学科核心素养的发展，《中国教育现代化 2035》中指出要“围绕学生发展加强核心素养培养”。深度学习是实现核心素养培育目标的重要途径，但在现实的教育实践中，存在量化的学习目标与质化的核心素养相脱节、学习结果的功利性与素养培育的长期性相矛盾、学习目标的单一性与素养培育的多样性相脱离的问题，难以达到素养培育的目的。具体来看，第一，我国的教学目标从最初的基本知识、基本能力的“双基”目标到“三维目标”，即培养学生的知识与技能、过程与方法、情感态度价值观，再到以核心素养为目标，体现了从单一到多元、从量化到质化的转变。但教育实践中，由于核心素养难以用量化指标进行测评，教师常常难以将核心素养评价落到实处，而仍将可量化的知识目标作为学习评价的主要甚至唯一衡量标准。第二，素养的培育通常涉及多个层面与维度。如美国国家委员会提出的“21 世纪素养”指涉认知领域、个人领域与人际互动领域。① 我国对于学生发展核心素养的研究也通常包括个人、社会与文化三个维度。但在教学实践中，学习目标重知识目标而轻情感目标与方法目标，学习内容重概念、原理等抽象知识内容而轻价值传递与实践应用，学习场域局限于教室而缺乏真实情境等问题都会造成个人、社会等维度相关素养培育的缺失。

3. 缺乏持续性学习动力

在以往传统的学校教育中，学习通常被看作一种认知性活动，情感总是被看作认知性活动的副产品。而随着学习科学的发展，研究者与教育者们逐渐认识到情感与认知的密切关系。神经科学家已经发现，一个认知能力超强但缺乏正确情绪反应的人，将无力做出其人生

① James W. Pellegrino, Margaret L. Hilton, *Education for Life and Work: Developing Transferable Knowledge and Skills in the 21st Century* (Washington, DC: National Academies Press, 2012), p. 4.

的重大决策。[1] 在学习活动中，情感普遍存在，并与认知、动机产生协同交互作用。但在现有教学实践中，对于情感的关注与有效干预不足，一方面导致学生情感性素养发展的不完善；另一方面也导致学生学习的内在动力不足，有意识的反思与探究难以发生。深度学习通常发生在一个人试图理解有难度的材料、解决棘手问题或做出艰难决定之时，此时学习者认知处于失衡状态下，因此必须生成推论、厘清因果关系、理解概念、诊断问题并应用已经学到的知识解决问题，这一系列复杂的过程伴随着失败和学习者的一系列情感状态。但在很多教学实践中，学习者的认知失衡状态是未被关注与被激发的。仅仅对知识的记忆与复述的过程使学习者的情感通常是中立的，其共鸣总是带着厌倦的理解。[2]

学习过程中外在控制与压力破坏了学生学习的内在驱动力。很多研究发现，在儿童早期学习过程中，其内在动机充分，好奇心驱使其积极进行学习活动，但随着其年龄增长、年级升高，其学习的内在动机逐渐减弱甚至消失，主要原因在于越来越强的外在控制、结果评价与巨大的压力破坏了学习本身带有的愉快与乐趣，由此导致了学习行为难以持续，对学习活动的兴趣也难以持久。[3] 学生学习的内在驱动力多产生于由差异而衍生的自否定之中，差异或来自学习者认知与外在世界的脱离，或产生于学习者与他人交互中的自觉差距，或产生于现实自我与理想自我的自我认知差异。教育者与学习者若未能认知到这种差异下的自否定，其学习活动便只能是重复性的、被动的、价值缺失的。

---

① 〔澳〕拉菲尔·A. 卡沃、〔美〕西德尼·K. 德梅洛主编《情感与学习技术的新视角》，黄都译，华东师范大学出版社，2020，第3页。

② 〔澳〕拉菲尔·A. 卡沃、〔美〕西德尼·K. 德梅洛主编《情感与学习技术的新视角》，黄都译，华东师范大学出版社，2020，第13页。

③ 〔英〕Randall Curren 主编《教育哲学指南》，彭正梅等译，华东师范大学出版社，2011，第340～341页。

教育者与学习者对于认知失衡的理解与干预不当。当人们达到目标的行动遇到障碍，有组织的行动序列中断，遇到僵局、系统故障，产生矛盾、异常事件、不和谐、不协调、负反馈、不确定性以及新奇事物时，认知失衡就会发生，认知失衡开始于感觉，并能够延伸到人的自我概念与社会交往层面。教育者如果能够正确认识认知失衡并进行良好的干预与指导，将会实现学习者认知从失衡向平衡的转化，并形成支持持续性学习的驱动机制。但在教学实践中，很多教育者难以认识到认知失衡作为学习驱动的重要意义，对学生已有的认知与情感状态把握不足，这会导致两种极端情况的产生。一种情况是学习内容的新颖性与挑战性不够，制衡的来源不足以激发学生的学习动机，因此学生容易产生对学习的冷漠、厌倦情绪。另一种情况则是认知失衡的程度达到或超过某个临界值——学习内容或任务对于学习者来说过难，当超过这一临界值的时间够长，或与学习系统内诸要素频繁接触，从而导致学习者外在地排斥、否定学习活动，甚至持续地否定自我，产生学习挫败感——同样会导致学习者对学习的厌倦。

学习过程中对于自我概念与元认知的长期忽视导致学习者缺乏反思性能力。理想的学习者是学术冒险者，他们能够在学习中挑战极限并能够容忍和正确处理失败与负反馈，创新者也通常在他们之中产生。元认知则是学习者关于自身认知、情感和互动的认识。[①] 在教学过程中，教育者很少关注到学生的自我概念与元认知的培养，因此，在许多以教育者为主导调控的学习环境中，学习者难以获得深层的知识，难以准确认知自身的学习能力，也难以通过精准的提问获得深层的指导，缺乏自我概念与元认知能力的学习者是缺乏反思意识的被动学习者。

---

① A. C. Graesser, S. D'Mello, and N. K. Person, "Metaknowledge in Tutoring," in D. J. Hacker, J. Dunlosky, and A. C. Graesser, eds., *Handbook of Metacognition in Education* (New York: Taylor & Francis, 2009), pp. 361 - 382.

二　基于自否定的深度学习：时代变革下学习的应然取向

学习是一个古老的论题，从人类社会诞生开始，广义的学习便成为人类的重要活动，并随着人类社会的进步不断改进形态，发挥愈加重要的作用。而在学习长久的发展进化中，在数不清的学习类型与形态下，为何基于自否定的深度学习能够成为当前时代变革下可能的应然形态？我们正处在时代变革的转折点，伴随着21世纪生物技术、信息技术与人工智能技术的快速发展，人类自我意义的缺失与主体性的失落要求教育重新回答“培养什么人”“怎样培养人”等重大问题，而教育的变革也促使着教育学学科对于本质性问题——“逻辑起点”问题探寻的复归。基于自否定的深度学习是对这些关键问题的理性回应，从人的逻辑出发，以人的自否定特质为前提，为学习形态的变革指明方向。

（一）深度学习是人工智能时代的迫切需求

人类社会的每一次技术变革都会带来教育面貌改变，从印刷媒体到今天的计算机、网络技术和数字技术，技术对教育的贡献不仅体现在教学技术等微观层面，也体现在学习方式、学习内容、学习场所和学习文化等宏观变化层面。传统学校教育组织体系在技术的冲击下必须寻求新的技术适应性变革，其中最为重要的层面便是寻求学习的变革。

1. 自否定彰显人类深度学习的独特价值

信息革命背景下，学习这一话语不仅仅可以应用于人，而且可以用于“机器”这一新的学习主体。机器学习是人工智能行业与研究领域的热点，尤其是机器学习中深度学习方式的产生使机器在很多重要任务上的表现已经超越了它们的创造者。深层学习作为机器学习的子领域，是一种通过多层表示对数据之间的复杂关系进行建模的算法。[①] 相对于浅层学习（浅结构神经网络）来说，深层学习具有更多层的神经网络、更复杂的高维函数与高变函数表示以及可以在类似的不同任务中重复使用的数据信息。深度学习在早期从对大脑功能的研究中获得启发，但在逐步发展的过程中，深度学习受到联结主义（connectionism）的影响，关注神经网络的序列建构而不再致力于对人脑的简单模仿。总而言之，人工智能领域的深度学习是机器学习的一种方式，其功能与形态也在不断完善与发展中，从计算机到人工图灵机，从监督、半监督到自主学习，其学习主体是被算法支配的机器。机器作为深度学习的主体，已经在很多场景中展现出其超越人类的表现。IBM公司的智能计算系统“沃森”在益智问答中的惊人表现，AlphaGo在围棋比赛中屡次击败世界冠军，人类学习的能力似乎远不及机器学习，这也仿佛让人们看到了科技高度发展下梦魇似的未来，让人不禁疑惑在机器学习高度发展的情况下，人类学习的独特价值在何处。

有信息加工心理学家指出，计算机与人类具有可类比性，如二者都是以“输入—加工—输出”的方式处理外界信息。[②] 因此，我们能看到学习在人工智能领域与教育领域研究的族类相似性，但仅仅将人类的学习定义为内部认知中更为复杂的“输入—加工—输出”的信息加工形式是不全面也是不准确的。人类的信息加工过程受到自身及外界难以控制的多种因素的介入与影响，这一过程的复杂性决定了人类学习的困难性，究其原因是人这一学习主体具有不同于机器的复杂属性。因此，有必要从学习主体的视角对学习进行重新定义。从主体性

---

① 黄孝平：《当代机器深度学习方法与应用研究》，电子科技大学出版社，2017，第2～3页。

② 〔美〕B. R. 赫根汉、马修·H. 奥尔森：《学习理论导论》（第七版），郭本禹等译，上海教育出版社，2011，第8页。

视角来看，相比于以机器为主体的深度学习，以人为主体的深度学习呈现出主动性、内在性、反思性与整全性的特征，如表1－1所示。

表1－1　人工智能领域与教育领域深度学习主体学习特征比较

研究领域	主体	主体的学习特征
人工智能领域	机器	1. 受动性。虽然随着深度学习的进一步发展机器已经能够实现无监督的自主学习，但其初始数据与算法仍需要人类的建构与参与，这种学习是无主体意识的自动编码 2. 外显性。机器学习的成果以数据形式展现，并全部具有说明性 3. 应用性。人工智能领域的深度学习直接指向语音、图像识别、自然语言处理、在线广告等应用领域，具有很强的应用性，没有情感性的功能指向 4. 反馈性。机器学习领域的强化学习方式能够使输出数据直接反馈到模型进行修正并形成闭合性系统，进行新一轮的学习
教育领域	人（学习者）	1. 主动性。人作为学习的主体是具有主观意识的，对学习的目的与过程能够进行自主调控 2. 内在性。人的生命形式具有复杂性与生成性，是不断变化与内隐的，外在于人的方法难以测评出人的内在性质，更难以采用数据化的形式外显其学习的全部结果 3. 反思性。人与机器的重要区别就是人具有反思力，其能够通过对自身的反思实现对学习与行动成果的内在判断与把握 4. 整全性。人的学习过程是认知、情感、社会文化整体性参与的过程，指向整全的生命存在

与机器学习相比，人的深度学习的独特性与价值性在其学习成果中，在自我认识、自我批判、自我治理、自我超越中得以彰显。从普罗泰戈拉的“思维的人是万物的尺度”到苏格拉底的“认识你自己”、柏拉图的“关心你自己”，到笛卡尔的“我思故我在”再到康德的“统摄主体”、黑格尔的“自我意识”，具有主动理性的自我都是人的主体性的核心表征，“自主的意向性也被哲学家们用来证明人

类独有而机器所无的意识特性”①，因此，只有具有主体性的人才能实现有意识的、自主的、内驱性的学习，这是教育领域深度学习的主要特征。

与机器的深度学习相比，人的深度学习具有内隐性。机器的深度学习主要通过数据收集、清洗处理、输入建模及模型优化来实现，最终实现对某一领域数据的分类应用，这一过程中的每一环节都是透明的、外显的、数据化的，因此，其深度学习的结果以数据形式显示，具有全部的解释性。但人的学习相比于机器学习更像是“黑箱”，人学习的过程主要发生于学习者内部，是不透明的，外部的行为表现与测试分数不具有全部的说明性，尤其是深度学习“深”在何处、“深”到何度，不仅仅需要采用策略将学习结果外化，更需要学习者对自身认知的内在审视。

随着机器学习的发展，在机器人控制等领域引入了具有反馈机制的强化学习策略，这一策略灵感来源于行为主义，即将输入数据的结果反馈到模型并做出调整，进而进行新的数据加工，形成闭环。但这种反馈机制不能与人的学习中的反思相等同，其区别主要在于“思”，这是人与机器的本质区别，机器的反馈是由外部人工设定的算法实现的，而人的反思则是由人的自否定特征所决定的理性思维活动，是由学习者自身发起并指向自我的思维活动，具有反身性；与机器的深度学习相比，人的深度学习从方法到内容都具有整全性。从学习方法来看，人与机器的学习主要涉及三种方法：一是符号主义（symbolicism）的方法，即将先验知识储存进学习主体内，在问题解决时调动相应先验知识；二是联结主义的方法，即学习是由神经元所组成的神经网络的联结实现的；三是行为主义（actionism）的方法，即通过感知环境、采取行动，强化学习。机器与人的学习方式不同的是，机器

① 赵汀阳：《终极问题：智能的分叉》，《世界哲学》2016年第5期。

只能采用单一方式进行学习，而人能够综合运用学习方式，能够根据不同的情况灵活选取。从学习内容来看，机器的深度学习具有极强的应用性，主要指向语音、图像识别，语言处理等任务，且现阶段只能处理单一类型任务，但人的学习不仅仅涉及认知层面的知识获取，更涉及人的情感、社会性、道德等方面，其指向的是整全的人的发展，指向人的自我实现。相比人的学习，“人工智能的‘智能’在于能行范围内的运算，即只能思考有限的、程序化的、必然的事情，却不可能思考无限性、整体性和不确定性”①，而这正是人的深度学习的独特价值。

2. 深度学习是虚拟生存下实现自由的重要途径

在虚拟生存的环境之下，精神自由的重要性不亚于甚至超越了肉身的自由，而所谓精神自由，是指“精神总能扬弃外在而回到自身，化‘他者’为自我，达到主体与客体的同一性，而这种同一性同时又是‘绝对的否定性’，即对于一切外在的‘他者’的否定”②。这种精神的自由并不是通过逃离“他者”实现，而是通过在他者之内克服他者而获得的非依赖性。在虚拟生存的环境中，自否定所主导的深度学习强调帮助人在精神摆脱肉身而进入数字空间后维持精神的独立性、批判性与自由性。

探讨虚拟生存首先需要对于“虚拟”的概念进行探析。虚拟意指虚构的、非实在的、存在于人的思想之中的。虚拟的能力一定是人类所独有的，只有人类的思维能够超越时空的“此在”而建构一种虚构的思维空间，也只有智人的语言能够谈论“虚构的事物”③。初始虚构表现于臆想与流言，而随着人类的聚集与共同虚构，传说、神话、

---

① 赵汀阳：《终极问题：智能的分叉》，《世界哲学》2016 年第 5 期。

② 〔德〕黑格尔：《精神现象学》，先刚译，人民出版社，2013，第 11 页。

③ 〔以〕尤瓦尔·赫拉利：《人类简史：从动物到上帝》，林俊宏译，中信出版社，2014，第 25 页。

宗教都基于虚构而产生，虚构的范畴也从原本的个体的小范围的思维空间逐渐扩大其影响范围，并以印刷制品等为载体进一步传播。但在虚拟空间出现之前，虚构或虚拟必须以物理空间为传播的空间，其大范围的传播也必须以传播工具为载体，人类的生存范畴存在于纯粹物理空间。而赛博空间的出现彻底改变了人的生存方式，“第二现实”不断挤占人类的物理生存空间。赛博空间是一种基于计算机技术及其他现代通信技术所构建的虚拟空间，它是独立于时间、距离和位置的，在地理上是无限的、非实在的空间，但空间中人的活动、交往、多触发的事件具有现实的后果。在这一空间中，人的生存形式不同于物理空间，实现虚拟生存。“虚拟生存是‘现实的人’以数字化技术、计算机技术、网络技术、虚拟现实技术等为手段，以数字化符号为中介，在超越现实的虚拟实践过程中获得的生存方式。”[①]

虚拟空间与物理空间的异质性易造成学习者主体存在的分裂状态。在虚拟空间中，数字在场取代了身体在场，尤其是5G技术的发展不仅能够用数字对物理空间进行编码、传播，还能够将异空间的活动以数字在场的形式呈现，在那里，“此在”不仅存在于承载着肉身的现实空间，还存在于数字所构建的虚拟世界（umwelt）。[②] 虚拟技术的发展甚至在未来可以突破屏幕距离的限制，使处在一个固定空间中的“我”通过高速度的大容量传递，实现“我”在多重空间中的数字在场。这里的“我”是脱离了身体的“我”，身体不等于储存灵魂的容器，身体也具有精神性，虚拟空间中的“我”的行为活动也影响着物理空间中肉体所承载的现实的“我”。在虚拟空间中，虚拟身份在一定程度上摆脱了现实的社会关系，从而也在一定程度上失却现实中的伦理规范与责任诉求，人们在“面具”之下享受着被削平的、无

① 孙余余：《论人的虚拟生存的生成》，《齐鲁学刊》2011年第4期。

② 蓝江：《5G、数字在场与万物互联——通信技术变革的哲学效应》，《探索与争鸣》2019年第9期。

深度的快乐，而当个体从虚拟空间抽身回到现实的物理空间中，现实的责任与义务又重回到个体身上，体会到虚拟快感的个体有时沉溺于虚拟空间中“轻巧的快乐”，而难以摆脱虚拟生存中的负面影响，人们在物理空间中的生存与虚拟空间中的生存导致了自身的分裂状态。“我们身处的真实现实与远程登录的虚拟现实（电子在场）的异质性，问题在于，即时登录造成的虚拟现实通常会挤迫真实的现实（此处）。就像我们在电子游戏和网络直播中获得虚假的欲望满足之后，当回到自己的现实处境时的‘一声叹息’。”[①]

虚拟空间导致主体在学习中对路程性（trajectivité）的遗忘。路程性是基于运动而产生的概念，它首先是在从此到彼的物理空间中运动的特性。没有路程性事物，我们永远不可能深刻理解年月流逝所交替的不同世界观体系，[②] 虚拟空间的发展使物理空间的路程性逐渐被遗忘了，人的生存空间不断萎缩，这种萎缩不是物理性的，而是精神与文化性的，正如旅行者们所发现的，世界变得越来越没有异国情调，而文化与精神层面，超越时空的通信技术的进步也使得文化与精神正在趋于一律。所以有研究者认为虚拟技术所造就的社会“是一个没有未来、没有过去的直接性事物的社会，因为没有空间扩展，没有时间延续，是一个强烈的各处在场的社会，换句话说，就是全世界都远程在场的社会”[③]。这种全世界的远程在场对于学习者个体来说催生了一种肉体与思维的惰性。原始人的游牧部落其存在形态是运动以及对不确定环境的探险。而定居生活重要的是主体与客体，是走向确定性与惰性，寻求平稳与安定状态。在虚拟环境中，学习者作为网络的原住民，他们在虚拟空间的定居加剧了其惰性状态，“因为电子化的

---

① 张一兵：《败坏的去远性之形而上学灾难——维利里奥的〈解放的速度〉解读》，《哲学研究》2018 年第 5 期。

② 〔法〕保罗·维利里奥：《解放的速度》，陆元昶译，江苏人民出版社，2004，第 33 页。

③ 〔法〕保罗·维利里奥：《解放的速度》，陆元昶译，江苏人民出版社，2004，第 35 页。

即时远程在场，人已经逐步将自己的生存和去在世变成了一种静止状态中的屏幕点击，他不再亲眼去看、去听、去触及，而是在电视屏幕、电脑界面和智能手机显示屏上遭遇原先必须亲自上手的世界”[①]。而思维的惰性则体现在人们在众多的搜索引擎上可以瞬间获取到现成的无思答案，思的过程在虚拟环境中被消解。人的直接的真实性经验被消解为精密的数字化编码，而在虚拟环境中沉溺的人甚至遗忘了身体与思维的运动能力。这种状态对于学习来说是一个致命性的打击，因为学习的意义在于在路上的艰辛探索，路程性是真实的学习活动的必要条件之一。

虚拟空间中主体所获取的数据是具有偏向性的。发展虚拟技术的目的在于伸延人的生存，扩展人的空间，其根源在于人对于自由的追求，但信息的爆炸与空间的拓展未能如预想般给予人更加自由的生活，作为主体的人反而被虚拟技术所归约与奴役，甚至这种奴役是不自觉的，潜移默化的，虚拟技术催生了一种新的异化形式。在数字化时代，数字资本以数据为工具对主体形成了新的支配形式。数字资本根据虚拟社区中使用者的偏好进行具有针对性的数据推送，使用者自以为在网络世界中的万千选择实际被无意识地限制在固定的圈层之内，使用者的数据与偏好被某些机构所垄断，并成为它们在数字资本主义时代牟利的工具，使用者在无知无觉中被异化并丧失了自由。因此，实现自由的重要途径在于打破数据获取途径的单一性，现实物理空间中的学习是获取信息的重要途径，基于自否定的深度学习不仅指向知识的获取，还指向学习者批判性意识的觉醒，现实中的学习不是对于数据与数字化的拒绝，而是通过学习培养批判意识，以此觉察数字资本对数据的垄断与人的异化，并对数字资本主义中不平等的生产

---

① 张一兵：《败坏的去远性之形而上学灾难——维利里奥的〈解放的速度〉解读》，《哲学研究》2018 年第 5 期。

关系进行批判与改造，实现虚拟与现实双重空间中人的自由。

（二）深度学习是对“培养什么人”的理性回应

教育改革中的根本问题在于“培养什么人”“怎样培养人”“为谁培养人”，这三个根本问题决定着教育的地位和作用、方针和原则、内容与途径、手段与方法，而其中“培养什么人”这一问题必须放在新时代的图景中进行考量。《中国教育现代化2035》中指出，进入新时代，必须着眼未来，推动教育变革，抓紧培养能够适应和引领未来发展的一代新人，特别是培养集聚大批拔尖创新人才。而深度学习是一种为未来培养学习者的新型学习形态，是对新时代培养什么人这一问题在学习层面上的理性回应。

1. 基于自否定的深度学习促进核心素养的持续发展

核心素养作为全球教育变革的核心主题，其学习需要突破传统学习方式的局限实现革新，众多研究者将这一革新的可能性聚焦到深度学习这一新的学习形态上。从核心素养的发展历程看，自经济合作与发展组织（OECD）于1997年启动“素养界定与选择：理论与概念基础”（Definition and Selection of Competences：Theoretical and Conceptual Foundations）项目开始，核心素养便成了全球教育变革的重要主题，虽然不同国家与组织对于核心素养的称谓千差万别，但无论是“key competences”“21st century skill”，还是“21st skills”，其核心价值都在于培养学习者在未来世界中所必需的品格与能力，荷兰特文特大学乔克·沃格特（Joke Voogt）等研究者在对世界多个国家、地区、组织的诸多核心素养框架进行比较、分析后得出，大多数核心素养框架倡导培养学生的创造性、批判性思维、沟通与协作能力（4Cs）。[①] 深

① Joke Voogt，Natalie Pareja Roblin，“A Comparative Analysis of International Frameworks for 21st Century Competences：Implications for National Curriculum Policies，” *Journal of Curriculum Studies* 44（2012）：299－321.

度学习强调通过学习者运用个体所获得的经验、知识、技能与态度等来解决生活世界中有价值的问题，最终形成所需的核心素养。如迈克尔·富兰等提出通过深度学习培养学生的“6C”素养，指向品格、公民身份、合作、交流、创新与批判性思维六个方面。[①] 美国卓越教育联盟（Alliance for Excellent Education）对深度学习进行了定义，认为深度学习是优秀教师以创新方式向学生传递丰富的核心知识，强调培养学生了解与掌握学科核心知识的能力、运用知识进行批判性思维与解决复杂问题的能力、与同伴协作以及自主学习等能力。[②] 我国教育部基础教育课程教材发展中心研究开发的“深度学习教学改进项目”，将深度学习作为被深化基础教育课程改革的重要抓手和落实学生发展核心素养及各学科课程目标的实践途径。可见深度学习被各个国家与组织作为培养核心素养或核心能力的重要途径，深度学习必须基于人类社会历史发展的背景，致力于学习者核心素养的培养。

世界各国的核心素养与关键能力，其重要的共同点在于指向素养的自我生成性、持续发展性、螺旋上升性与未来指向性。因此，深度学习的过程必须满足核心素养的发展性特征，而自否定是促进学生实现发展性进阶的重要前提，基于自否定的深度学习不仅可以促进学习者思维方式的序列化发展，[③] 还可激发学习者不断向前跃迁，实现自我超越的情感欲求。

2. 基于自否定的深度学习指向“整全的人”的培养

整全的人这一概念的提出是现代教育对于人的本性回归的渴求，其内涵与“全面发展的人”有一定的相似性，但本质却有所不同。对

---

① Michael Fullan et al. , *Deep Learning: Engage the World, Change the World* (Thousand Oaks, CA: Corwin, 2018), p. xiii.

② Alliance for Excellent Education, A Time for Deeper Learning: Preparing Students for a Changing World, 2011.

③ 张华：《儿童发展、学习进阶与课程创生——〈义务教育课程方案和课程标准（2022年版）〉内在追求》，《中国教育学刊》2022年第5期。

于整全的人的认识决定了学习的价值取向与进路。对于整全的人的概念，有研究者从“负概念”入手对其进行定义，认为马尔库塞（Herbert Marcuse）“单向度的人”可以作为“整全的人”的负概念。[①] 马尔库塞所提出的“单向度的人”是后现代哲学语境下的重要名词，揭示了高度发达的工业社会下，由于人的精神生活被物质生活被掩盖，在技术的媒介作用下，个体被整合进现存社会体制当中，技术合理性已经转化为统治合理性，由此个体成为丧失内心自由、否定性、超越性和批判性精神的“单向度的人”。科学技术“借助最新的‘意识工业’手段对人们进行说教和操纵，规定人们的思想观念，建立了‘单向度的思想与行为模式’”[②]。事实上，人的本性是丰富而整全的，海德格尔（Martin Heidegger）说过，人的存在就是绽出（ecstasis）[③]，绽出代表人的内在丰富精神的全面释放，这一过程是人通过不断建构从而向更丰富、更成熟、更完善的自我发展的过程，是一种精神变革与创生性的转化，[④] 这种整全是一种动态的、内在的、协调的自我超越与丰富，是一种真实的成长与发展。因此，整全的人的培养与一些研究者所强调的全面发展有所不同，整全的人更关注内在的、本质的、超越性的成长，更关注人的生命系统中各要素的协调发展，使人的认知、情感、动作技能形成和谐有机的系统，其关系更类似于柏拉图所说的理性、激情与欲望的协调。

首先，基于自否定的深度学习对“整全的人”这一目标的追求，强调学习者在学习过程中认知、情感、互动维度的“全面”与“整

---

① 上官剑：《有序之道：论人的“整全”及其教育》，《高等教育研究》2020 年第 12 期。

② 〔美〕赫伯特·马尔库塞：《单向度的人：发达工业社会意识形态研究》，刘继译，上海译文出版社，2008，第 11 页。

③ 〔德〕海德格尔：《存在与时间》（中文修订第二版），陈嘉映、王庆节译，商务印书馆，2018，第 375 页。

④ 金生鈜：《通过教育实现元人性——学与教的本体论意义》，《高等教育研究》2020 年第 4 期。

合”。在已有的深度学习研究中，研究者们普遍关注到深度学习所指向的学习者多个层面的发展，包括认知、思维、动作技能与情感层面的发展，并将其作为深度学习评价的重要指标。这种目标分类主要基于布卢姆的目标分类理论，并在发展中不断将这些目标进行更为细致的切割与精细化，但对于这种目标的人为分割将认知、情感与动作技能相割裂，琐碎的目标将完整的课堂教学分解，平面罗列的分类目标使学习被浅层化与平面化，难以深入到根本的人的问题之上。其次，基于自否定的深度学习强调“整全的人”的培养的动态性、发展性与持续性。因此，真正的深度学习应该跳出简单、静态、平面的目标分类理论，防止出现“里宽寸深”的形式化的“全面发展”，而关注学习者动态的生命发展与内在的自我超越，其目标应回归到人，而非割裂的认知、情感、动作技能，回归到人意味着学习的最终目标在于培养真实的、立体的、丰富的、现实的人，而这一过程可以通过自否定来实现。

3. 基于自否定的深度学习培养自我超越的终身学习者

在一般性的观念中，人们通常将“学习”一词与“上学”联系甚至等同，即在认知中习惯性认为学习就是在学校接受教育，学习这一活动是在学校这一专门机构中发生的。但随着学习环境与途径的扩展，以及人们对终身学习认识的加强，学习不再局限于学校场域与学生身份，学习者可以是任何进行学习活动的主体。《中国教育现代化2035》指出：“更加注重终身学习。将学有所教与终身受益作为衡量教育发展水平的重要标准，加快建成伴随每个人一生的教育，努力为每个人在人生不同时期提供丰富多样的学习机会、开放优质的学习资源、灵活便捷的学习方式、绿色友好的学习环境，让学习成为生活习惯和生活方式。”因此，传统的教授主义学习方式，由于其内容的抽象性、方式的等级性、结果的浅层性，注定难以实现终身学习的目标。

基于自否定的深度学习作为一种新型样态的学习方式，是实现终身学习的重要路径，能够培养终身学习者的学习必须遵循几个重要的原则。其一，学习者从自身内部生发出学习的内在动力。传统学习一般发生在学校这一特殊的教育场域之中，但有研究者发现，学生越来越不喜欢在学校中学习[①]，也有研究者认为，学生的学习不在课堂上[②]。在一定程度上，传统教育中的学校使学习者逐步丧失本应存在的求知欲与学习动力。“虽然终身学习的范围甚广，但正是学习中最初的学校教育的质量与范围在终身学习中至关重要，学生在早期阶段所获得的知识、技能、价值观和态度奠定了其终身学习习惯的基础”[③]，因此，指向终身学习的新型学习必然是能够保护并激发学习者学习动力的，使其在离开学校等教育机构之后仍对学习具有强烈的兴趣与需要，并认可学习的意义与价值。其二，学习过程是以自否定为机制的循环上升、持续发展的过程。终身学习的本体论意义在于认识到人是未完成的，个体以及人类的发展是没有终点的，因此，人必须通过学习不断发展、超越、完善自身，在生命本质上尽可能地实现自身的潜能。学习的过程需要使学习者感受到自我的完善与超越，并形成持续学习的意向，养成学习的习惯与生活方式。其三，学习结果是能够进行转换并指导未来行动的。终身学习的实现不仅仅来自学习者对于学习本身的内在兴趣与生命需求，还来自学习对于学习者为实现更好的生存与生活行动的指导意义。因此，这种学习必须是更具包容性、鉴别力、反思性、开放性与情感性的学习，具有更加真实或合理的指导作用。本研究的深度学习以自否定为学习者的内在驱动力，构建具有持续性的学习机制，指向学习者的内在自我超越与外在的迁移

① Daniel Willingham, *Why don't Students Like School?: A Cognitive Scientist Answers Questions about How the Mind Works and What It Means for the Classroom* (San Francisco: Jossey-Bass, 2009).

② 〔法〕安德烈·焦尔当：《学习的本质》，杭零译，华东师范大学出版社，2015，第1页。

③ 〔德〕汉娜·杜蒙、〔英〕戴维·艾斯坦斯、〔法〕弗朗西斯科·贝纳维德主编《学习的本质：以研究启迪实践》，杨刚等译，教育科学出版社，2020，第11页。

转换，因此，深度学习的主体不仅仅是学校机构内的学生，还关注成人学习者，指向所有人的终身学习。

（三）“学习”研究是教育学发展的逻辑起点

“学习”从古至今一直是教育与教育学领域的核心议题，尤其是现代学校教育产生之后，学习作为教育中的核心活动一直被教育学家、心理学家所关注。心理学家侧重于从学习这一行为的定义、发生机制、影响因素等角度进行解构与分析，教育学家则将学习作为认识世界的活动，将学习作为促进个体个性化与社会化发展的人与外界事物互动的活动，更关注如何更好地促进人的学习这一问题。此外，哲学家、神经科学家都对于学习有所关注。事实上，在教育学研究领域，对于学习的研究衍生出很多的独特概念与理论，发现学习、有效学习、真实学习、有意义学习等，那么深度学习在这些庞杂的“学习”相关名词中有何独特性，其提出是否是必要的，其是不是真实问题，还是如有些学者所说是盲目求新、望文生义、扰人心智的噱头？[①]我们需要对深度学习的本体进行探讨这些问题才能得以解答。

对于深度学习的逻辑与其价值的探讨需要明晰与遵循两个重要的逻辑链条。第一，学习与教育学学科的逻辑链条，在这一层面上，已有研究者将学习作为教育学的逻辑起点，对学习的学科价值与逻辑进行了澄清。第二，深度学习与学习的逻辑链条，深度学习受到质疑的关键在于其是否把握了学习的关键，是否遵循了学习的逻辑，因此，需要找到一个独特而关键的深度学习与学习的逻辑链条联结点，它是学习的逻辑起点，本研究认为这一联结点是自否定。

学习是教育学的逻辑起点。逻辑起点的规定性在于：其一，逻辑起点是一门学科或科学中最抽象、最常见、最简单的范畴；其二，逻

① 方运加：《“深度学习”深在哪儿》，《中小学数学》（小学版）2018 年第 4 期。

辑起点应与研究对象相互规定；其三，逻辑起点是一切矛盾的“胚芽”，是事物全部发展的雏形；其四，逻辑起点表现着或者说承担着一定的社会关系；其五，逻辑的起点同时也是历史的起点。[①] 根据这五个规定性，瞿葆奎先生等将学习规定为教育学的逻辑起点，学习作为教育学中最简单、最基本的范畴，是一切矛盾展开的萌芽，反映着人与外界环境、人与人、人与社会的矛盾关系，它从教育源起时期的初始便作为最简单也最重要的活动形态而存在。因此，学习的展开过程与教育的展开、发展过程相一致，学习的过程凝结着人与外界环境、人与人、人与社会的三方面的关系，这三方面关系体现着学习的发展逻辑，制约着学习的内容、学习的方式与学习的目标，“教育学范畴体系的展开、推演过程，实际上就是对‘学习’所包含的这 3 方面胚芽的发挥，不断丰富‘学’的规定性的过程”。[②] 由此可见，学习是教育学的逻辑起点，是建构教育学体系与范畴的锚点，对于学习的深入研究是建构和完善教育学体系的应有之义。

自否定作为深度学习与学习的前提逻辑。在对于深度学习的质疑中，一个重要问题就在于深度学习到底是一种盲目求新、望文生义的噱头，还是真正作为具有独特性价值的学习样态。因此，深度学习应遵循学习的本体性逻辑，遵循教育的逻辑而展开，若想论证深度学习的理论与实践价值，就必须使深度学习遵循学习的逻辑，抓住学习真正的本质，而二者之间的逻辑链条必须通过某一联结点进行联结。根据瞿葆奎先生等探寻教育学逻辑起点的方法，本研究试图通过探寻逻辑起点的方式对深度学习的理论与实践展开研究，并将这一逻辑起点定位为人的自否定。自否定的发生具有其规定性，自否定作为学习内

① 瞿葆奎、郑金洲：《教育学逻辑起点：昨天的观点与今天的认识（一）》，《上海教育科研》1998 年第 3 期。

② 瞿葆奎、郑金洲：《教育学逻辑起点：昨天的观点与今天的认识（二）》，《上海教育科研》1998 年第 4 期。

在的、抽象的逻辑本性与规律，潜藏于自我内部、自我与他物的对立与矛盾之中，它以人的自我意识的反身性为前提，且必须依托于外在的行为、运动、实践而存在。本研究在第二章详细论证自否定从范畴、关系、矛盾与历史等规定性上何以作为深度学习的前提，其后从“自否定”出发，从深度学习理论与实践层面的理想化形态确定深度学习对于人的独特意义与价值指引，突破现有研究囿于学校教育与课堂教学的研究境域。

第二章　自否定作为深度学习的前提逻辑

哲学是对思想的前提批判，对于深度学习本体性进行哲学认识必须寻找到其逻辑的前提与开端，黑格尔认为，逻辑的前提必须是绝对的、抽象的、直接的东西，它“不能是一个具体物，不能是在本身以内包含着一种关系那样的东西”[①]。思想的前提，就是构成自己的根据和原则，也是构成自己的逻辑支点，[②] 自否定作为深度学习的前提逻辑，指导着深度学习以人的本质为出发点，看到学习主体是自然的存在、历史的存在、实践的存在、整全的存在；决定着深度学习必须遵循以自否定为基础的历史的发展、人的发展与学习理论的发展的基本逻辑；规定着深度学习以学习者与客观世界的互动实践为基本方式。基于此，本章首先对自否定的概念进行梳理，进而从历史的发展逻辑、人的发展逻辑、学习理论的发展逻辑考察自否定作为深度学习前提逻辑的合理性。

一　自否定的概念梳理与辨析

否定最初出现于语言当中，以否定词为基本形式。人们用“不”“没有”“无”等具有否定意义的词表达判断、命题及拒绝的意愿，

---

① 〔德〕黑格尔：《逻辑学》（上卷），杨一之译，商务印书馆，1966，第 61 页。

② 孙正聿：《思想的前提批判：“做哲学”的一种路径选择》，《天津社会科学》2021 年第 5 期。

这是人所特有的语言能力。人类所有的交流系统都包含否定的表达形式，在人类语言中，语言表征的数字化本质与动物交流的纯模拟机制之间的区别可以被认为是人与动物的本质差异，人类通过语言直接从本质上应用否定和对立。根据定义，人是会说话的动物，正如斯宾诺莎和黑格尔所说，任何语言决定都直接或间接涉及否定。从语言学家、逻辑学家到哲学家、语言哲学家，从柏拉图和亚里士多德到今日学者，二十多个世纪以来，大部分对于否定的思辨、理论和实证研究，关注的焦点是否定陈述相对于肯定陈述相对显著或复杂的性质。而将否定性从日常意义的语言中抽象出，进入哲学领域，否定性变成一种抽象的概念，它首先是一种本体论意义上的概念，进而也成为认识论意义上的概念。对于否定性，从古希腊开始哲学家们便对其表现出极大的研究兴趣，否定性成了很多著名的哲学家不能绕过的关键概念。从古希腊巴门尼德（Parmenides）到苏格拉底（Socrates）、柏拉图（Plato）、亚里士多德（Aristotle），从康德（Kant）到黑格尔（Hegel）、马克思（Karl Marx）、阿多诺（Adorno，也译作阿多尔诺）等，他们对否定性都提出了自己的独特理解。

（一）否定的萌芽：以“无”为始

1. 古希腊哲学对“无”的原初理解

否定的哲学意义以“无”为起始。否定最初来源于“无”的概念。“无”与“有”相对。纯有的思想最初来自埃利亚学派，巴门尼德认为纯有是唯一的真理，从绝对抽象的视角提出：唯“有”有，而“无”则全没有。[①] 而后，赫拉克利特反对了这种简单片面的抽象，提出，有并不比无多一点，进而提出一切皆流，即“有”与“无”是具有同一性的。纯粹抽象的“有”和“无”是无规定性的，而在

① 〔德〕黑格尔：《逻辑学》（上卷），杨一之译，商务印书馆，1966，第71页。

真实情况下，规定性被看作“肯定的和否定的东西，前者是已经建立的，已被反思的有，后者是已经建立的，已被反思的无”[①]。在抽象的概念中，某物的有与无是无足轻重的，但在现实世界中，某物一旦与外物产生关系，它便成为被规定了的事物，这一情况下，有与无便不是无足轻重的。巴门尼德首先提出了“存在”（esti）与“非存在”（ouk esti）的概念[②]，实际上，这体现了一种肯定与否定的意义，但巴门尼德未明确揭示这一点。其“存在”概念的提出意味着在古希腊存在论哲学的确立，将之前的讨论世界本源的具有外在性与真实性的哲学带入抽象的本体论领域。巴门尼德肯定了“存在”“纯有”，而对“非存在”“无”报以否定的观点，并未看到二者之间能够相互转化的意义。而后，赫拉克利特反对了这种简单片面的抽象，并将“火”作为世界的本原，这是一种自否定的辩证法的萌芽，因为“火”是具有自否定意义的，它不愿自己是这样，而要变成那样，这是同一个东西自己跟自己冲突，“火”自己为自己定形，由一种来源于自身的能动性所导致。[③] 巴门尼德的学生芝诺采用归谬的方法反证了其老师的观点，对“否定运动的论证”“否定多的论证”进行了证明，并提出“同一事物象同又象异，象一又象多，象动又象静”的关于矛盾的观点。这证明了一个事物、命题是具有两面性的，事物内部具有矛盾性，命题既有正题也有反题，这是最初的矛盾、肯否产生的哲学，二者对否定的论证为苏格拉底与柏拉图的辩证法的否定奠定了基础，证明了任何事物都具有自相矛盾的否定性，使哲学从外在的表象思维向朴素辩证法的思维转变。德谟克利特认为“虚空”（无）是

---

① 〔德〕黑格尔：《逻辑学》（上卷），杨一之译，商务印书馆，1966，第 73 页。

② 此处译法参见〔美〕G. S. 基尔克、J. E. 拉文、M. 斯科菲尔德《前苏格拉底哲学家——原文精选的批评史》，聂敏里译，华东师范大学出版社，2014。也有学者认为应将其译为“是”与“不是”，参见王路《如何理解巴门尼德的 esti》，《中国人民大学学报》2017 年第 1 期。

③ 邓晓芒：《哲学史方法论十四讲》，生活·读书·新知三联书店，2019，第 178 页。

运动的一个条件，但他只认识到“无”是“有”的缺乏，而未认识到运动来自否定的能动特性，即自否定的力量。[①]

苏格拉底将否定性与具有辩证性的对话结合，他将否定性融入对话的方法论之中，通过诘问的方式不断让对话者否定自己之前的观点，发现自相矛盾之处，从而使真理在否定中越来越明晰，从意见的“幻影”中显现出来，如他所说，他如同一个思想的“助产士”，帮助他人发掘自身所知的真理，而“助产”真理的重要方式就是其对否定性的运用，否定性在诘问中不断瓦解对话者原本的意见，进而归纳出具有共相的真理。但苏格拉底的否定性更多蕴藏在其对话与论证的方法中，而未对否定性做出系统的研究与分析。柏拉图进一步系统地发展了苏格拉底的思想，对“有”与“非有”进行了探讨，对“非有”的进一步界定就是“对方”的本质；“有”与“对方”贯通一切且相互融通，“对方”分有“有”且内在于“有”，柏拉图进一步超越“非有”，而把握共相。柏拉图关于否定性的观点对之后黑格尔的辩证的否定产生了重要的影响。在形而上学和本体论中，语言否定的研究从柏拉图开始，柏拉图提出了否定可以通过定义来消除的观点，从某种意义上说，否定的陈述不那么有价值，相比肯定的陈述更不具体或信息量更少。但是，正是在亚里士多德那里，否定研究的中心离开了纯本体论领域，进入语言和逻辑领域。[②] 亚里士多德认为，毁灭的事物、不存在的事物没有自己的理念。[③] 他认为运动的潜能来源于“实现”，这种实现作为能动的过程是具有否定意义的，但亚里士多德这里谈到“实现”的否定意义最终是由黑格尔所揭露的。“被称为现实性，能力的东西，正是这种否定性、活动

① 邓晓芒：《思辨的张力——黑格尔辩证法新探》，商务印书馆，2016，第198页。

② Laurence R. Horn, *A Natural History of Negation* (Chicago: University of Chicago Press, 2001), p. 2.

③ 〔古希腊〕亚里士多德：《形而上学》，吴寿彭译，商务印书馆，1981，第24页。

性、积极的作用”，“在亚里士多德这里，所增加和强调的乃是否定性的环节——不是作为变化，也不是作为虚无，而是作为区分、规定的否定性的环节”。[①]

古希腊对“无”的认识主要存在于本体论层面上，将“有”“无”与“存在”“非存在”相联系，甚至相等同，前苏格拉底时期的哲学家关注的是世界的本原与状态，巴门尼德的“纯有”的概念否定了“无”，也否定了运动，赫拉克利特肯定了变的意义，但未认识有与无的同一。黑格尔评价他们：“有些古代哲学家曾把空虚理解为推动者；他们诚然已经知道推动者是否定的东西，但还没有了解它就是自身。”[②] 而苏格拉底看到了人的自否定特质，并利用其这一特质创设了诘问法以唤醒真理，这种方法渗透着辩证法的智慧，虽然遗憾的是，自否定的矛盾并未被明确地揭露，但具有规定性的否定的能动力量在亚里士多德的理论中已初见端倪，为自否定的发现提供了重要的理论基础。

2. 中国古代哲学对“无”的基本认识

中国古代哲学极少有直接对否定性的研究，而主要集中于对“无”的研究。西方人将“无”理解为现存事物的否定行动，但中国古代将“无”理解为虚静无为的状态，这是万物产生及运动变化之根本。最具代表性的对“无”的论述就是道家。老子认为“天下万物生于有，有生于无”[③]。在老子这里，“无”是一种高度抽象的概念，庄子也承袭老子的观点：“万物出乎无有，有不能以有为有，必出乎无有。”[④] 无产生有，产生了万事万物的运动变化，这将无与动静相连。从道家对“无”的概念可以发现，老子、庄子等将“无”内向

---

① 〔德〕黑格尔：《哲学史讲演录》（第二卷），贺麟、王太庆等译，上海人民出版社，2013，第 276 页。

② 〔德〕黑格尔：《精神现象学》（上卷），贺麟、王玖兴译，商务印书馆，1979，第 24 页。

③ 罗义俊：《老子译注》，上海古籍出版社，2012，第 111 页。

④ 《庄子》，萧无陂导读注译，岳麓书社，2018，第 278 页。

地抽象为一种“虚无”的状态，这是万物生成的抽象根源，而道家并未对“无”进行追根溯源，他们认为这是“不可名”的，万事万物建立在这一“不可名”的“无”之上，对事物的认识也建立于此。因此，道家的本体论与认识论都是崇“无”的，这种“无”是无内容的，无规定的，正是由于其“虚”的特质，才能容纳有，得以建立具体的事物。

在先秦，基本认为“无”便是“道”。先秦哲学提出“有生于无”，这里的“无”可被看作“不称”或“无名”[①]，《尹文子·大道上》中“大道不称，众有必名，生于不称”，将“有生于无”的“无”看作“不称”者，并将这“不称”者说成“道”。因此，“道”就在“不称”或“无名”的意义上被看作一种“无”。可以发现，道家的“无”是一种状态，是静止的。

另外，崇有论者裴頠也正是以“无”不能解释事物的“产生”（运动）来反驳“贵无论”的：“夫至无者，无以能生，故始生者，自生也。自生而必体有，则有遗而生亏矣。生以有为己分，则虚无是有之所遗者也。”[②] 由此可见，裴頠认为“无”是“有”的缺失，万物并非来自“无”，万有是自生的，但他却未能进一步阐述出“有”如何自生。王夫之也从否定静止的角度认为没有真正的“无”——“天下之用，皆其有者也”[③]。

因此，中国古代哲学对“无”有两种相反的理解。一种认为“无”是比“有”更为抽象的范畴，是世界的本体，是一种“不可名”的“虚无”状态。而正是由于其抽象性，另一种观点认为“无”

---

① 《管子·心术上》中提到“虚无无形谓之道”。《列子·天瑞》提到“《黄帝书》曰：‘形动不生形而生影，声动不生声而生响，无动不生无而生有。’……道终乎本无始，进乎本不久。有生则复于不生，有形则复于无形”。

② 房玄龄等：《晋书》，中华书局，1974，第1046页。

③ 王夫之：《周易外传》，李一忻点校，九州出版社，2004，第56页。

是“有”缺失的一种状态，进而排斥它，否认其独立意义。[①] 这一点与西方对“无”的排斥观点相同，即认为“无”是“有”的缺失。

总的来看，古典的中西方哲学对于否定进行探讨的出发点是较为一致的，即从本体论出发，以“存在/非存在”，或“有/无”为出发点认识否定，但其内涵却有所不同。否定的词源来源于“无”，“无”的含义在西方更多指向打破静止、打破界限、改变状态的意义，是一种能动、流变的状态，而在中国，“无”作为道家学派的重要理念，更多代表一种虚无的状态而非行动，西方的“无”以“有”为前提，而中国的“无”先于“有”，“无”的产生是纯粹抽象的，是不需要也无可论证的，这种“无”是一种自然的生成，是不存在一种能动的运动状态的。可以说，在古代中国与西方对“无”的论证都关注到了其与“有”的关系，但二者都没有关注到“无”与“有”的同一性，其辩证的属性是在近代哲学中被发现的。

（二）否定的创造与超越：近代辩证法中对“否定性”的发现

1. 康德：二律背反之否定

康德对否定性的认识集中体现在其理性宇宙论的“二律背反”[②]。康德认为，先验逻辑在认识形而上学对象时，会产生一种无法克服的矛盾，即二律背反的冲突，比如在对于世界的空间与时间进行论证时，有限与无限的判断都有其必然性，因此他认为这种理性中的难以克服的矛盾的否定是必然的、本质的。康德认为：“对于同一对象持两个相反的命题，甚至必须认为这两个相反的命题中的每一个命题都有同样的必然性。”[③] 当我们超越现象世界，试图用先验来把握形而上

① 邓晓芒：《思辨的张力——黑格尔辩证法新探》，商务印书馆，2016，第197页。

② 背反乃是指两种外观上独断的知识之理论冲突，其中并无一种主张能证明其胜于另一主张，即正面主张与反面主张。参见〔英〕康蒲·斯密《康德〈纯粹理性批判〉解义》，韦卓民译，华中师范大学出版社，2000，第498页。

③〔德〕黑格尔：《小逻辑》，贺麟译，商务印书馆，1980，第131页。

学概念时，必然会产生这种思维的矛盾。

康德提出数个论题来证明二律背反，这些论题主要涉及自然哲学的范畴——时间与空间的广延。例如，他探讨世界在时间中是否具有开端。此前便有不少哲学家对这一问题进行了论述，亚里士多德认为反题能够被证明，奥古斯丁认为正题能够被证明，而阿奎那认为二者皆不能被证明。康德认为，这两个论题都是能够被证明的。此外，世界是否由单一成分构成、神是否存在、自由是否存在，康德认为这些问题都是符合二律背反性质的。但康德并非认为有两者相冲突的真理，而是认为这是由于人的理性能力难以认识整体的世界。他认为，理性中产生这种二律背反的否定性是必然的，因为人类的认识是有限的，对立否定的产生是由于人类只能认识现象世界而不能认识理性世界。

康德在《纯粹理性批判》中探讨的核心问题便是理性作为人认识世界的方式与工具是值得被批判性考察的，即对人的认识进行前提性的批判是值得的。这是对古希腊哲学否定精神的延续与发展。但康德将二律背反的否定性归结于一种认识的局限性，而未能看到它的辩证价值与积极意义。康德将这种悖论的现象归咎于人的理性想要寻求超越悟性的范畴，但其认识受制于悟性条件的限制，即人不能分辨表现与物自体的原因。可见康德并未认识到二律背反之否定的辩证性，未见其否定的推动与创造力量。他的二律背反体现出一种非此即彼的独断论倾向，未能正确看待否定性产生的对立统一，康德所提出的辩证法是“逻辑思想的辩证环节”，对于“破除知性形而上学的僵硬独断，指引到思维的辩证运动的方向而论，必须看成是哲学知识上一个很重要的进步”①。但是，康德把这种否定性归因为自在之物的不可知论上，而没有发现其否定的积极意义在于“意识到这个对象作为相反

① 〔德〕黑格尔：《小逻辑》，贺麟译，商务印书馆，1980，第133页。

的规定之具体的统一”[1]。

康德将“否定”从古希腊存在论意义上的“无”引到了认识论层面，但康德没有认识到矛盾是理性的本性，而是退回到了知性的立场，通过划分自在之物与现象来限制理性的使用范畴，回避了理性所产生的二律背反之矛盾。黑格尔批判康德单纯看到矛盾的消极意义，而未能看到理性中存在的否定自身、创造自身与超越自身的能动意义（理性的这一意义由黑格尔发现）。

2. 黑格尔：作为创造原则与推动原则的否定性

黑格尔创立了“具有创造原则与推动原则”的辩证否定性。黑格尔的否定性一方面继承了古希腊哲学的思想，另一方面基于对康德哲学的批判。“否定性”是黑格尔逻辑学基本分析方法论的重要手段之一，是黑格尔辩证法的灵魂，它不仅是一种逻辑上的否定判断，还是客观事物的运动规律，基于此，黑格尔提出了“作为能动原则和创造原则的否定性的辩证法”[2]。

黑格尔对于否定的定义从本体论出发，承袭了古代中西方哲学对于“无”的关注，他认为，“无”是否定最基本的形式，也可以用“不”来表示，是一种抽象的、直接的否定。他将“有”“无”“变”相联系。首先，“存在”（Sein，“有”“在”）是本体论体系的起始与开端，这承袭了西方古希腊哲学的基本观点，这种存在并非一种实存，而是一种先入为主的、不可名的抽象存在，“存在/有”代表一种“去存在”的动势或决心，是一种本身包含有内在能动性的“存在的活动”。可以说，在黑格尔对“存在”的论述中便可见他对于内在的具有能动性、反身性的力量的关注。这种“存在”是无规定的，抽象的，因此在内容上看这种存在就是“无”。因此“纯有”要通过否定

① 〔德〕黑格尔：《小逻辑》，贺麟译，商务印书馆，1980，第133页。

② 邓晓芒：《思辨的张力——黑格尔辩证法新探》，商务印书馆，2016，第191页。

自身而变为其对立面，变为“实有”，由此，无规定性的“自在之有”过渡成为“自为之有”。而这种无规定性、无内容性的有实际上就是空，它只与其自身相同，而与他物没有区别，这种纯有的实质就是空。例如，纯有的意义与“马是马”这一命题之意义类似，这一命题是没有意义的，但若提出“白马是马”这一命题，便对“有”进行了规定，有便不再保持纯粹了。因此，“有，这个无规定的直接的东西，实际上就是无，比无恰恰不多也不少”[①]。无与有、肯定与否定实现了同一，是一种真正的矛盾。

存在自我否定为“无”，“无”通过否定的活动而存在，二者是一种动态的同一，是一方消失于另外一方之中的活动，这一动态的否定活动就是“变”（Werden），因此，“变”成了第一个具有具体内容的概念，“有”与“无”成了“变”的两个具体环节，在“变”中的“有”“无”成了特定的存在与特定的无，具有了“质”的规定性。可以说，任何一个现实的事物，都无不在其自身内部兼含有与无。[②]肯定与否定是已建立的、已被反思的有与无，这里的有与无是具有规定性与现实性的，但包含着纯有与纯无的抽象基础，而所有能动的活动、创造、生命冲动等运动都是来自否定的规定，是在有规定的肯定与否定的同一中产生的。

黑格尔认为否定与矛盾来自同一化与差异化。黑格尔对同一与差异的认识建立于对莱布尼茨“差异律”的批判继承的基础上。莱布尼茨提出万物莫不相异，实际也是真正的、具体的同一，即万物在相异这一问题上是同一的。黑格尔认为，本质一开始是同一的，是在变化的杂乱事物中的不变，但这种同一并非静止的，而是具体的、能动的，基于同

① 〔德〕黑格尔：《逻辑学》（上卷），商务印书馆，1966，第69页。

② 黑格尔认为，肯定的和否定的东西都包含着抽象的基础，前者以有为基础，后者以无为基础。——这样，在上帝自身中，就包含着本质上是否定的规定这样的质，如活动、创造、威力等——它们都是产生他物的。参见〔德〕黑格尔《逻辑学》（上卷），商务印书馆，1966，第73页。

一产生了自我分化，进而产生差异，产生了自我否定，这都来自同一事物自身的分化，或叫作自我差异化。事物的差异最初未能认识到自己的同一，而认为自身是纷乱的、变化无常的，当自身具有反身性，认识到差异的产生是基于同一的，事物的对立便显现出其本质，对立的本质就是同一事物的差异化，因此，当从对立双方认识到二者的同一性时，对立成了矛盾，具有相互关联、相互渗透、相互转化的性质，事物运动之本质便是事物自身的"不安定"，即事物的自我排斥、自我否定、自我矛盾。可见，黑格尔看到了否定的实存性、内容性与规定性，否定不是虚无，否定由于其规定性而能够转变为肯定的东西，这便是一个否定之否定的循环过程，最初的实有通过规定性否定自身，而成为看似为"他物"的"自身分化物"，进而通过对"自身分化物"的否定实现自身的发展，丰富完善自己，这是一个肯定—否定—否定之否定的螺旋上升的过程，是在矛盾中发展自身的过程。因此，对于黑格尔来说，否定不是一种外在的拒斥，而是一种事物自己否定自己、自己打破自己、自己超越自己的肯定或规定。可以说，否定就是自否定。

黑格尔认为矛盾就是自否定或内在否定性的表现。事物只能存在自己与自己相矛盾，并在此基础上实现自我否定与自我超越。事物之间的哪怕是外在的相互否定（拒绝、排斥）本质也体现了事物内在的自我否定。他将否定分为第一次否定与第二次否定，第一次否定是排斥外物，实际是一种人的感性或知性的低级认识方式，是如柏拉图所述的"意见"，当把在客观来看互为外在的事物或对象由静态的对立关系转变为动态的"否定过程"时，这种事物的本质关系的形式化才是一种抽象的否定。"经验意识毋宁说是被迫被引向自己的否定方面，而就其自身来说，每个经验意识都是执着于本身的确定性，而不愿放弃自己的立场的。"[①] 第一次否定对现有客观事实的外在进行分析，看

① 邓晓芒：《思辨的张力——黑格尔辩证法新探》，商务印书馆，2016，第193页。

到自我与他物之区别，由此产生排斥，因此不能真正否定对方，但这种排斥之中已蕴含了否定的种子，是一种一般的、抽象的、未具有主体性的否定。① 第一次否定是肯定的东西自否定，而第二次否定是否定的东西自否定，即否定之否定，这是具体的、绝对的否定。第二次否定与第一次否定也具有同一性，在对否定的东西进行自否定时，也将否定本身当作了另一种肯定的东西，因此是另一种肯定的自否定。当我们将这两种有区别又同一的否定综合起来时，便形成了一种具体的否定，实现自身反思与在他物中反思的统一。因此，否定是一切事物的出发点，也是“构成概念运动的转折点”②，它“并不是一种外在反思的行动，而是生命和精神最内在、最客观的环节，由于它，才有主体、个人、自由的主体”③。总的来看，黑格尔的否定实现了正—反—合的过程，其反思学说也紧紧围绕着否定原则展开。

黑格尔认为否定是“无形式的抽象”，需要通过反思赋予否定具体的形式，否定需要通过三种反思形式来实现，即“建立的反思”、“外在的反思”与“进行规定的反思”。自我意识的唤醒是反思的前提，对于黑格尔来说，反思即自否定或否定之否定的另一种肯定的表述，即在自身中分离出他物并由这个他物回溯到自身。若说否定是黑格尔理论体系的内容与灵魂，那么反思便是其体系的形式框架，二者紧密相连。根据黑格尔对否定的理解，反思也对应了几种不同的形式。第一，对肯定的东西的否定，就是把直接存在的东西或肯定的东西进行理性的否定，“有”被看作直接的“非有”，这种反思的代表

① 存在着的东西的运动，一方面，是使它自己成为他物，因而就是使它成为它自己的内在内容的过程。而另一方面它又把这个展开出去的他物或它自己的这个具体存在收回于其自身，即是说，把它自己变成一个环节并简单化为规定性，在前一种展开运动中，否定性使得实际存在有了区别并建立起来，而在后一种返回自身运动时，否定性是形成被规定了的简单性的功能。参见〔德〕黑格尔《精神现象学》（上卷），贺麟、王玖兴译，商务印书馆，1979，第 35 页。

② 〔德〕黑格尔：《逻辑学》（下卷），杨一之译，商务印书馆，1976，第 543 页。

③ 〔德〕黑格尔：《逻辑学》（下卷），杨一之译，商务印书馆，1976，第 543 页。

就是怀疑论，即否定一切，并将怀疑本身作为不可怀疑的，将“我思”作为否定一切的主体，这样，通过对“我思”不断进行前溯性的反思，便建立起来“我在”，这便是“建立的反思”。第二，外在的反思事先将否定建立为直接物，并以此来与另一直接的否定相互对立，将这二者看作无关联的、割裂的，“尽管它们相互事先建立，而在这种关系中，他们仍各自全然保持分离”[①]。第三，黑格尔认为，前两种反思结合起来便构成了进行规定的反思，它是前两者的“统一体”，体现了自否定的能动原则，反思规定是对他物的否定并折回自身，是一种永不停息的超越，反思上升为一种运动，致力于自身的发展。

黑格尔的“辩证的否定性”是确定本研究中“自否定”概念的重要理论基础，也为构建基于自否定的深度学习理论模型中阶段的划分提供了重要依据。总的来看，“辩证的否定性”是克服对立以达到统一即自由之境的动力，它不是简单抛弃、消灭对立的事物，而是保持且超越旧事物与对立面。黑格尔认为，这种辩证的否定指向两个目标，从认识论上，可以突破认识“二元性”的矛盾，实现认识者“自身”与“他者”的统一，从而实现精神性的自我认识。“辩证的否定性”除了指向自我认识之外，其重要的或者说根本性的指向还在于“自由”，这种自由是指精神能够扬弃外在而回到自身，从而化“他者”为自我，以此克服对“他者”的依赖性。但黑格尔将“辩证的否定性”作为中间环节，其终极目的在于达到“辩证的肯定”，即实现绝对精神与绝对知识，其局限如马克思所说，他思考与理解的对象是“哲学精神的自我对象化”[②]，而非现实世界。因此，本研究将舍弃其唯心的观点，并进一步吸纳、发展其作为“创新的源泉与动力”的“辩证的否定性”。[③]

---

① 〔德〕黑格尔：《逻辑学》（下卷），杨一之译，商务印书馆，1976，第22页。

② 马克思：《1844年经济学哲学手稿》，人民出版社，2018，第95页。

③ 〔德〕黑格尔：《精神现象学》，先刚译，人民出版社，2013，第5页。

3. 马克思：在人类历史实践活动中的否定性

马克思将黑格尔辩证的否定性从思维领域引向了现实的实践社会。马克思在《1844年经济学哲学手稿》中实现了对黑格尔否定辩证法的唯物主义改造，将“否定之否定”作为全部事物发展的核心，关注否定在辩证法中的重要作用，而不是局限于黑格尔所论述的思维层面的作用。马克思认为，黑格尔虽然认识到了否定性的内在性与辩证性，但是黑格尔否定辩证法仅仅体现为对概念、逻辑、精神的否定和批判，并致力于建立一个脱离现实的人与世界的绝对精神的哲学体系。[①] 黑格尔的哲学理念以逻辑学的纯粹思辨为开端，终于绝对知识、绝对精神、自我意识的发现与作用，因此，马克思认为，其哲学精神不过是在自我异化内部通过思维方式即通过抽象方式来理解自身的、异化的世界精神[②]，黑格尔思辨的哲学投身的是抽象而不切实际的“彼岸世界”，置现实的人于不顾，或者只凭虚构的形式满足整个的人[③]。马克思的否定性摆脱了黑格尔思辨哲学的限制，使否定性不仅仅存在于抽象的概念意义上，而进入基于实践的存在论领域。在人的历史活动当中现实地展开否定和批判，从而“在批判旧世界中发现新世界”，所以马克思又赋予了辩证法的否定性与批判性以人类解放的旨趣。[④]

马克思认为黑格尔哲学中辩证法的伟大之处在于，认识到了人的自我产生是一个过程，抓住了劳动的本质，把对象性的人、现实的因而是真正的人理解为人自己的劳动的结果。[⑤] “劳动是人在外化范围之内

① 白旭：《辩证法的否定性——从黑格尔到马克思》，博士学位论文，吉林大学，2016，第63~68页。

② 马克思：《1844年经济学哲学手稿》，人民出版社，2018，第95页。

③ 《马克思恩格斯选集》（第一卷），人民出版社，2012，第9页。

④ 白旭：《辩证法的否定性——从黑格尔到马克思》，博士学位论文，吉林大学，2016，第63页。

⑤ 马克思：《1844年经济学哲学手稿》，人民出版社，2018，第98页。

的或者作为外化的人的自为的生成”[①]，从这一层面上，人所有劳动过程、自我产生过程都是在自为地进行向外在的自然世界与现实世界外化的过程，从主客体生产关系上，马克思对黑格尔的基本论断进行了继承，但与此同时也对黑格尔的唯心哲学做了深入而精准的批判。

马克思从否定的主体上批判了黑格尔哲学思想前提的唯心性与抽象性。“哲学家——他本身是异化的人的抽象形象——把自己变成异化的世界的尺度。因此，全部外化历史和外化的全部消除，不过是抽象的、绝对的思维的生产史，即逻辑的思辨的思维的生产史。”[②] 黑格尔哲学建立在纯粹的抽象思维的基础上，马克思认为，正是由于这种预先建立的抽象思维消除了感性的现实与历史，将其看作抽象思维的历史。而这种抽象思维的历史便异化并凌驾于感性现实与真实历史之上，哲学家作为这种异化的抽象思维的代表者也成了异化的人，因此，一切批判与否定都建立于这种“纯思”之上，也是一种抽象思维的异化，这种抽象思维就是人的自我意识的外化。马克思提出，人的本质在黑格尔看来等同于自我意识，而外化的、对象性的自我意识是一种物性，即外化的自我意识。[③] 黑格尔将现实的人、现实的物都归结为抽象的自我意识的外化，其自我意识外化的对象具有虚无性，具有否定、扬弃的意义，马克思批判这种否定之否定是在人之外的，是不依赖于现实的人的对象性的，是用假本质来确证异化于人的假本质。[④] 而黑格尔认为在克服外化的对象性后自我意识将回归于绝对知识，最终将会导致抽象思维的自我丧失。[⑤] 在马克思看来，黑格尔否定之否定的认识与方法是值得肯定的，但否定之否定的主体、对象与

---

① 马克思：《1844 年经济学哲学手稿》，人民出版社，2018，第 98 页。

② 马克思：《1844 年经济学哲学手稿》，人民出版社，2018，第 96 页。

③ 马克思：《1844 年经济学哲学手稿》，人民出版社，2018，第 101 页。

④ 马克思：《1844 年经济学哲学手稿》，人民出版社，2018，第 108 页。

⑤ 张一兵：《否定辩证法：探寻主体外化、对象性异化及其扬弃——马克思〈黑格尔《精神现象学》摘要〉解读》，《中国社会科学》2021 年第 8 期。

内容被禁锢在虚假的纯粹思想领域中，不能实现对于现实的否定与批判。马克思从对黑格尔市民社会理论的批判入手，把黑格尔难以解决的问题的根源定位于资产阶级与无产阶级的阶级对立上，黑格尔将社会中的问题当作思想中的问题，当作抽象层面的思维的异化，进而遮蔽了现实的人与社会的异化。马克思认为："这种所谓否定性无非是上述现实的、活生生的行动的抽象的无内容的形式，所以它的内容也只能是形式的、抽去一切内容而产生的内容。"① 因此，马克思在继承黑格尔辩证法的否定性的基础上，对否定的辩证法进行了革命性的改造，将其从黑格尔的抽象思辨世界转向现实生活世界，将否定的目的转向"改变世界"，马克思在否定旧世界中建立新世界，而实现这一目的的途径不再是黑格尔提到的思想的本体的反思，而是实践。因此，马克思指出了黑格尔将人性的本质与自然世界看作抽象精神的外化而否定其现实存在的根本性错误，并提出"自然的人化"与"人的自然化"②。马克思在这一层面上批判了黑格尔将抽象精神及代表抽象精神的异化的人凌驾于自然界之上的唯心主义思想，由此可见，马克思认为一切的否定与批判都是基于现实的人与自然界进行交互作用的实践活动之上的。

马克思批判了"抽象理性"与"抽象存在"，并认为辩证法的否定性建立于现实世界与现存事物之中，彰显于具体的人与外在于人的自然世界互动的具体实践之中，辩证法是在对事物的肯定理解中包含

① 马克思：《1844年经济学哲学手稿》，人民出版社，2018，第112页。

② 从理论领域来说，植物、动物、石头、空气、光等，一方面作为自然科学的对象，一方面作为艺术的对象，都是人的意识的一部分，是人的精神的无机界是人必须事先进行加工以便享用和消化的精神食粮；同样，从实践领域来说，这些东西也是人的生活和人的活动的一部分。……在实践上，人的普遍性正是表现为这样的普遍性，它把整个自然界——首先作为人的直接的生活资料，其次作为人的生命活动的对象（材料）和工具——变成人的无机的身体。参见马克思《1844年经济学哲学手稿》，人民出版社，2018，第52页。

否定理解，是批判的，也是革命的。[①] 从目的来看，马克思的否定主要集中在对于现实社会的批判上，并致力于新世界的建构。正如马克思所说，“哲学家们只是用不同的方式解释世界，问题在于改变世界”[②]。因此，马克思的哲学主张一方面从现实上升至抽象概念的领域，以具有一般性的概念的运动形式来反映现实的运动，但另一方面，哲学也并非空中楼阁，而必须回到现实世界的“人间”，关注现实的人与人的现实。从主体来看，现实的人是否定的主体，其否定并没有抽象的先验本质，而是在与自然界、现实世界互动的实践活动中形成人与人、人与社会、人与自然界的否定性统一关系。从实现方法来看，实践作为一种否定性活动，是实现世界革命性的改造的根本途径。因此，“否定之否定”是事物发展全过程的核心，否定之否定“是自然界、历史和思维的一个极其普遍的、因而极其广泛地起作用的、重要的发展规律”[③]。

（三）否定的批判：后现代主义突破“同一”的否定性

1. 法兰克福学派关于否定性的理论

（1）阿多诺：否定辩证法

法兰克福学派对否定性也十分关注，他们关注否定性在资本主义社会工具理性支配下的重要作用，关注人的否定与批判精神，以此抵制社会的压制，获得自由与解放。阿多诺作为法兰克福学派的代表人物之一，提出以否定、否定、再否定为原则的否定的辩证法。他在1966年出版的《否定辩证法》一书中“以其晦涩诗化的语言着重批判了传统哲学孜孜以求的同一性即认识论上的主客体一致性哲学，并以客体优先性为基础，用非同一性星丛的模式打破主体的同一性思

① 马克思：《资本论》（第一卷），人民出版社，2004，第22页。
② 《马克思恩格斯选集》（第一卷），人民出版社，2012，第136页。
③ 《马克思恩格斯选集》（第三卷），人民出版社，2012，第519～520页。

维，力图重建主客体关系”[1]。

阿多诺的否定辩证法从对同一性哲学的批判开始。首先，阿多诺对同一性的批判体现在对第一性哲学的批判。第一性哲学即本体论哲学，即探讨世界的根源，思维与存在的关系、物质与精神、主体与客体之间都遵循着第一性哲学的原则，这也是同一性哲学的基础。阿多诺批判这种本体论哲学，认为“本体论被悄悄地理解为一种准备许可不需要意识辩护的他律秩序。……本体论越少地依附于确定的内容，它就似乎越像‘神圣的’（numinose）”[2]，传统的第一性哲学是一种具有非此即彼的绝对主义性质的问题，因此也就造成了主客二分的两极分化，是一种缺乏辩证性的独断论，或是一种二律背反的悖论，其试图通过实体内化到主体的方式实现其同一性。而从近代开始，哲学家们开始认识到以第一性为基础的同一性哲学的弊端，黑格尔开始致力于从同一性中推导出非同一，其提出的矛盾的概念便是一种非同一性。但阿多诺认为在黑格尔那里的“矛盾是总体同一化表现出来的不真实性，它与同一性实际上被焊接在一起，侍服于同样的强制性规律。……观念的每一次真实的进步和层级递升却都是通过消除非同一性的齐一化实现的”[3]。进而，阿多诺将对同一性的批判引入社会生活，讨论了工具理性对于社会生活的渗入，在被管理的世界中，在资本主义市场经济的同一化进程中，生活被标准化、一体化、同质化所充斥，个体经验也由此变得单质而贫乏，与社会生活的抽象单调相匹配，在这种境况下，思想的贫乏便是不证自明的。因此，阿多诺认为黑格尔的否定是从“精神”或“存在”开始的，寻求思维与存在在抽象思辨的层面上的同一性，用一般、普遍遮蔽了个体与现实。进

① 付威：《阿多诺“否定的辩证法”研究——兼论阿多诺与马克思辩证法之间的内在关系》，博士学位论文，辽宁大学，2014，第1页。

② 〔德〕阿多尔诺：《否定辩证法》，王凤才译，商务印书馆，2019，第69页。

③ 张一兵：《无调式的辩证想象——阿多诺〈否定的辩证法〉的文本学解读》（第二版），江苏人民出版社，2016，第82页。

而，阿多诺坚持一种客体的优先性，将个体性、特殊性、非同一物从概念的普遍统治之下及其理性同一性的桎梏之中解放出来，"主张一种同一性中的非同一性"，阿多诺的这种非同一不是一种外在的说'不'，不是一种简单的拒绝和破坏，而是一种基于同一性、内在与同一性自身逻辑中的非同一性和差异性，即矛盾之中不可调和的差异性"[①]。总的来看，阿多诺反对的是一种"制造同一"的暴力行为，在哲学上表现为一种对矛盾的压抑与抵制，当这种同一性的暴力迁移到社会时，便会造成一种独裁主义。

阿多诺的否定性坚持纯粹的否定、绝对的否定，将否定一以贯之，而非否定与肯定的同一。阿多诺的这种否定、否定、再否定的否定性原则是基于对黑格尔"肯定的否定"的批判产生的。他认为，黑格尔的"否定之否定"是基于一种"负负得正"的数理逻辑，是纯粹抽象的逻辑。具体而言，阿多诺认为黑格尔的否定之起点是肯定的，黑格尔将肯定也看作否定自身之后的存在物，进而对这一肯定事物进行再一次的否定，形成新的肯定，这一过程就是对肯定性或确定性的同一性的再一次增长，黑格尔的否定之最终目标指向同一性，而否定之否定的过程是一次次对具体的非同一性的涤荡与摒弃，最终存留的是一种具有非实在性的抽象的肯定。这一批判可以说与马克思对黑格尔的批判具有异曲同工之妙，不同的是，马克思将否定之否定转向了存在于现实的感性之中的实践的世界，而阿多诺否定了黑格尔否定之否定的形式，转向了绝对否定。

阿多诺主张一种被规定的否定，他认为矛盾是不可消解的，"矛盾性是一个反思范畴，是概念与事物在思维中的对立"，辩证法就意味着要在矛盾中思考矛盾，要坚持客体的优先性，避免本体论的出

---

① 张一兵：《无调式的辩证想象——阿多诺〈否定的辩证法〉的文本学解读》（第二版），江苏人民出版社，2016，第211页。

现，而主体也要建立一种否定的力量，来对抗现实与整体对个体的压抑，实现个体的自由解放。由此，他建立了“概念的星丛”理论，在“星丛”中不存在否定之否定的原则，也不存在理性所主导的具有层级递增关系的抽象至上的原则，主体与客体不再表现为同一性的关系，而是以一种对立的不相整合的并列形式呈现，主张各存在摆脱奴役的等级状态，形成一种“和平”的伙伴状态，这种状态关注异质性的非同一性，是“彼此并立而不被某个中心整合的诸种变动因素的集合体”①。“星丛”的性质也指向了社会与人的发展，阿多诺强调人在社会上的异质性与个性，使人性不再悬浮于同一性哲学主导下的人类虚幻的自由与解放，而是回归于现实的生存之中。阿多诺的否定的辩证法指向了历史与现实，指向了资本主义社会经济衍生的工具理性等问题，指向了人对自然、人对人的奴役，并提出社会只有在批判之中才可以得到长足的发展，人类只有对社会的压抑进行抵制才能够获得自由与解放。

（2）马尔库塞：否定性丧失的“单向度的人”概念

马尔库塞作为法兰克福学派重要的代表人物之一，其在《单向度的人：发达工业社会意识形态研究》中提出的“单向度的人”的概念成了后现代哲学语境下的重要名词，揭示了高度发达的工业社会中，由于人的精神生活被物质生活所掩盖，现存的社会体制在技术媒介的作用下将本应具有否定性、批判性和超越性精神的人同一化、将多向度的人“单向度化”，资本主义的发达工业社会使技术合理性转化为统治合理性，从而使对立、否定、批判、反抗在政治与文化领域被压制。马尔库塞认为发达工业社会作为总体是工具理性的，技术理性在政治、文化、哲学、艺术等方面发挥其功能并助长资本主义的现

① 张一兵：《无调式的辩证想象——阿多诺〈否定的辩证法〉的文本学解读》（第二版），江苏人民出版社，2016，第 217 页。

代性发展。

马尔库塞首先分析了政治领域的封闭所造成的否定性的缺失。马尔库塞赞同马克思所提出的资本主义社会冲突的根源，即生产资料的私人占有制与社会化生产的矛盾，但在现代的资本主义世界中，在资本主义世界的历史调和中无产阶级和资产阶级的结构与功能被改变，对立的两个阶级被资本主义的发展不断调和。具体来看，第一，"机械化不断地降低着在劳动中多耗费的体力的数量和强度"[①]，机械化劳动无疑还在压迫着无产阶级，但这种压迫从原本直接的对体力的无情摧残变为了精神上的长期占有、消耗与麻醉，精神紧张与辛劳代替了肌肉疲乏，因此，原本无产者对社会的活的否定逐渐被埋葬，内心的自由与否定在孤独、重复、无意识的机械化中被磨灭。第二，"同化的趋势进而表现在职业的层次中"[②]，在机械化的发达阶段，一部分"蓝领"逐渐向"白领"相关的方向转化，非生产性工人数量增加，机器与工人紧密地联结在一起，工人的职业自主权丧失。第三，"劳动特点和生产工具的这些变化改变了劳动者的态度和意识"[③]。由于自动化导致的技术性失业与管理地位的提高，工人产生了被压制、替代而无从反抗的消极思想，并渴望参与到资本主义企业管理之中。第四，"新的技术工作世界因而强行削弱了工人阶级的否定地位"[④]，统治转化为关联，剥削被掩藏在客观合理性的外表之下，由于技术的进步，人被机器所奴役的不自由在多种自由的舒适生活中得到了加强，但马尔库塞尖锐地指出，"发达工业文明的奴隶是受到抬举的奴隶，

① 〔美〕赫伯特·马尔库塞：《单向度的人：发达工业社会意识形态研究》，刘继译，上海译文出版社，2008，第21页。

② 〔美〕赫伯特·马尔库塞：《单向度的人：发达工业社会意识形态研究》，刘继译，上海译文出版社，2008，第24页。

③ 〔美〕赫伯特·马尔库塞：《单向度的人：发达工业社会意识形态研究》，刘继译，上海译文出版社，2008，第26页。

④ 〔美〕赫伯特·马尔库塞：《单向度的人：发达工业社会意识形态研究》，刘继译，上海译文出版社，2008，第27页。

但他们毕竟还是奴隶”①。

在研究了发达工业社会的政治整合对人和自然的统治之后，马尔库塞把他的批判转向了文化领域。技术合理性的加强正在一步步通过消除高层文化中对立的、异己的和超越的因素来消除文化和社会现实之间的对立，通过将其他文化价值纳入已确立的秩序并大规模地复制和显示来实现双向度文化的清除。高层文化中曾表现出一种与新世界相冲突的否定商业秩序的反资产阶级倾向，是一种具有不满与怀旧气质的看似过时的前技术文化，“他们在记忆中重新唤起并加以维护的东西属于未来：将摧毁那个压制它的社会的令人满意的形象”②。在技术理性的时代，这种文化中颠覆性力量与破坏性内容的合法性被剥夺，因此他将期望诉诸艺术，他认为，艺术应包容着否定的合理性，“艺术是大拒绝，是对现存事物的抗议……是拒绝、破坏和重新创造其实际存在的方式”③。但在技术社会，艺术屈从于技术的合理性，落入了技术社会生活的泥沼之中，艺术与社会的间距与反思丧失了，文化失去了对技术理性中沉溺的人具有的否定性的唤醒力量。

马尔库塞将批判从政治、文化等现实领域提升到形而上学的场域，对技术理性统治下的单向度的哲学进行批判。西方哲学一直将理性作为具有颠覆性的否定的力量，作为获得真理的必要条件，但马尔库塞认为，“极权主义的技术合理领域是理性观念演变的最新结果”④。他认为在哲学思想的传统中，便存在着肯定性思维与否定性思维的冲

① 〔美〕赫伯特·马尔库塞：《单向度的人：发达工业社会意识形态研究》，刘继译，上海译文出版社，2008，第28页。

② 〔美〕赫伯特·马尔库塞：《单向度的人：发达工业社会意识形态研究》，刘继译，上海译文出版社，2008，第49页。

③ 〔美〕赫伯特·马尔库塞：《单向度的人：发达工业社会意识形态研究》，刘继译，上海译文出版社，2008，第52页。

④ 〔美〕赫伯特·马尔库塞：《单向度的人：发达工业社会意识形态研究》，刘继译，上海译文出版社，2008，第99页。

突，从古希腊开始，很多哲学家认为存在比非存在更可取，且非存在是一种对真理的破坏，世界是自身包含着对抗的世界，对抗性世界的经验支配着哲学范畴的发展，因此，哲学生存于一个破裂的领域，即双向度的领域中。马尔库塞认识到，真理充斥着难以解决的矛盾，辩证逻辑才是真理的真实形式，是双向度的模式。在辩证思想下，“是”和“应当”之间存在着批判性紧张关系，这是存在于自身结构的本体论状况。因此，辩证思想不是一种抽象的认识论或本体论关系，而是要对现实世界、具体的人以及主客体之间的相关关系进行思想与实践上的观照，思想与实践的主体并非抽象而普遍的符号或命题形式，而是特殊的、个别的、具体的否定性存在。思想的对象作为一种抽象的可替换的符号或记号成了普遍法则的附属物。当代技术理性下大行其道的数理逻辑与符号逻辑也从根本上反对辩证逻辑，它们将现实的经验、“是”与“应当”的紧张关系，在其客观、精确、科学的逻辑话语中清除出去，丧失了对既定事实的前提性追问而毫无批判地继承下来。另外，马尔库塞还对以维特根斯坦为代表的分析哲学进行了批判，他认为，分析哲学通过分析日常语词在话语中的功能与用法来把握语词的意义，这种“外部”分析就抛去了语言中所隐含的意义与色彩，日常语言进入了专门的学术领域，就遭到了清洗与麻醉，“多向度语言被转变为单向度语言，在这个过程中，不同的、对立的意义不再相互渗透，而是相互隔离；意义的容易引起争议的历史向度却被迫保持缄默”①。

马尔库塞在《单向度的人：发达工业社会意识形态研究》中对于单向度的破解之法存在着一种悲观的态度，其破解的方法在两种矛盾的假设中摇摆不定：“（1）对可以预见的未来来说，发达工业社会能

① 〔美〕赫伯特·马尔库塞：《单向度的人：发达工业社会意识形态研究》，刘继译，上海译文出版社，2008，第158页。

够遏制质变；（2）存在着能够打破这种遏制并推翻这一社会的力量和趋势。”[①] 第一种假设预设在发达工业社会内部存在着否定的力量能够遏制质变，但在社会对人全面异化的状态下，否定性力量被清除，社会被压抑于无所不在的单一向度之下。而对于第二种假设，他不将这种力量的主体诉诸无产阶级，而是幻想着“生活在底层的流浪汉和局外人，不同种族、不同肤色的被剥削者和被迫害者，失业者和不能就业者……为了争取最基本的公民权聚集起来走上街头”[②]，可以预见的是他们的结局注定是悲剧，是野蛮人与文明帝国的对抗，但马尔库塞认为这可能标志着一个时代终结的开端。另外，马尔库塞乐观地将否定性力量塑造的途径诉诸审美，通过融入艺术、哲学的否定、批判与超越的因素，从而唤醒人的否定性向度，摆脱技术理性的桎梏。在艺术和审美的帮助下，人的“新感性”被重塑，个体的否定思维和批判精神得到恢复。通过这种方式，人们重新获得超越现实和自我的能力，以解放自身和社会，最终建立一个真正能够实现人类解放的非压迫性社会。

2. 存在主义对否定的认识

（1）萨特：具有反身性的“内部否定”

萨特提出了意识内部否定的概念。这一概念的提出基于对于现象学意向性的认识。萨特在《胡塞尔现象学的一个基本概念——意向性》一文中指出，“这种意识与自我不同的东西的意识存在的必然性，胡塞尔称之为‘意向性’”[③]，其“异于”代表了意识与对象的关系是否定关系。萨特认为，“A 不是 B”是一种外部否定关系，因为 A 与

① 〔美〕赫伯特·马尔库塞：《单向度的人：发达工业社会意识形态研究》，刘继译，上海译文出版社，2008，第 5 页。

② 〔美〕赫伯特·马尔库塞：《单向度的人：发达工业社会意识形态研究》，刘继译，上海译文出版社，2008，第 202 ~ 203 页。

③ 〔法〕让 - 保尔·萨特：《自我的超越性——一种现象学描述初探》，杜小真译，商务印书馆，2010，第 98 页。

B不会因这一否定发生任何改变，按萨特所说，“A不是B”便是由第三方在两个存在者之间建立的纯粹外在的联系。[①] 但与此不同，意识与对象的关系并非第三方外在的否定，否定来自意识内部，世界本不存在否定，否定由人引入世界，这种否定便是“内在否定”。萨特认为，这种否定意识与对象具有一种先验性质，因此也将其称为“原初否定”和“纯粹否定”。

萨特认为的这种“内部否定”意识具有反身性与依赖性。第一，“内部否定”的反身性即意识在作用于对象的同时也作用于自身。意识要将自身作为异于对象的存在，即将自己把握为“对某物的否定”。因此在意识中存在着对象关系与自身关系两个维度。第二，“内部否定”的依赖性表现为对对象的依赖。自我意识是在与对象（他人）的否定关系中形成的。萨特认为，意识是一种纯粹的否定活动，离开了对象，意识是一种“虚无”，它无法影响到对象。因此，这种内在否定是一种意识的意识，不仅要具有对于对象的意识，还需要意识到这种意识（对于对象的意识），意识的自身关系是表明对象关系被建立起的充分条件，在这个意义上，意识既是对对象的否定，也是一种自身否定或自身虚无化。[②]

萨特的否定意识体现为：第一，意识否定内部活动的产生依赖于对象，意识的内部否定虽然无法对认识对象造成影响，但反过来，意识也是自由的，对象的惰性也无法对否定意识的自由性产生影响；第二，“认识，就是‘向着什么闪现’（s'éclater）”[③]，意识直接朝向对象本身，其内部是“虚空”，因此意识不能被实体化进而独立存在；

① 庞培培：《萨特的意向性概念：内部否定》，《云南大学学报》（社会科学版）2012年第6期。

② 庞培培：《萨特的意向性概念：内部否定》，《云南大学学报》（社会科学版）2012年第6期。

③ 〔法〕让-保尔·萨特：《自我的超越性——一种现象学描述初探》，杜小真译，商务印书馆，2010，第97页。

第三，否定是一种心理或精神的范畴，因而它是一种自由的发明，帮助我们突破束缚的肯定性这一障碍，是一个连续性的突然中断并转向，在任何情况下都不再是原初的肯定的结果。[①]

（2）加缪："否定"指向荒诞下的反抗

否定性在加缪的思想中表现为荒诞（荒谬）哲学。荒诞（absurd）指一种不协调、不可理解、无意义、矛盾和无序的状态。它有双重含义：首先，荒诞偏离了常规和常识；其次，荒诞本身是一种矛盾或悖论。然而，需要注意的是，荒诞只是在自我意识出现后才存在于人身上；它既不在于世界，也不在于人，而在于两者之间的关系，这种关系是敌对的、不协调的和不可分割的。荒诞是人类对一种现象或行为的感觉或判断，与事物的正常秩序相悖。[②] 荒诞来源于人与世界的相互拉扯的矛盾关系，加缪认为："荒谬就产生于这种人的呼唤和世界不合理的沉默之间的对抗。"[③]

在加缪的哲学随笔《西西弗的神话》中，反抗精神体现得淋漓尽致。加缪笔下的西西弗不是一个不断将巨石推上山顶的可悲的奴隶，而是一个在清醒认识到自己处于荒谬而被动的情况下依然直面压力，反抗精神体现在其用自我意志支配自身行动，勇敢坚毅攀登的过程。在看似荒诞的，茫然不知所措的现实世界的拉扯中，人试图通过将各种否定因素结合起来的虚无而去把握真实，事实上，荒诞是理性的前置阶段，是理性的补充，反映了人与自我、人与世界的真实的矛盾状态，荒诞是基于否定视角的方法，而创造是基于对确定性、和谐的渴望而产生的进一步肯定的方法。"在一个无意义的世界中用人类的双

① 〔法〕萨特：《存在与虚无》（修订译本），陈宣良等译，生活·读书·新知三联书店，2014，第37～38页。

② 余乃忠、陈志良：《否定的力量：后现代主义哲学的三重变奏》，《福建论坛》（人文社会科学版）2009年第1期。

③ 〔法〕加缪：《西西弗的神话》，杜小真译，西苑出版社，2003，第33页。

手创造意义，这就是加缪眼中‘反抗’的使命与内涵。”[①] 加缪将反抗作为人创造意义的过程，并认为这种反抗需要所有人的共同参与。“正是在反抗中人超越自我走向他人，也正是从这个角度看来，人类的团结具有超验性。”[②] 在加缪这里，否定是其荒诞的源头，是对现代理性的质疑，是焦虑的体现，但其并未陷入否定的无垠的焦虑之中，而是诉诸反抗的力量求取新的意义的创造。

（四）自否定的定义与特征

自否定（self-negation）以否定为词源，其定义建立于在否定概念的基础之上，突出强调否定的反身性与内在性。古希腊哲学与中国古代哲学将“否定”作为“无”在存在论层面进行认识，并看到了否定的东西作为推动的力量而存在。而否定的内在性与反身性则在康德的哲学中被发现，但还只是把否定作为一种自我意识的功能或属性。直到黑格尔明确提出，无论是将否定理解为“无”还是“不”，都强调否定的内在性与反身性。“否定并不是一种外在反思的行动，而是生命和精神最内在、最客观的环节，由于它，才有主体、个体、自由的主体。”[③] 因此，黑格尔提出的否定就是自否定[④]，只有返回到自身的否定才是真正的否定，初始的否定是外在的对立与冲突，完全的外在对立是不具备推动与建构力量的，其导向于“无”，而自否定是主体作为思维自身所蕴含的源分裂（Ur-teil）[⑤]，是推动自身建设与创造的内在源泉，其导向于在对立中建立起肯定的东西。马克思在继承黑

① 张博：《加缪作品中“反抗”思想的诞生与演进》，《复旦学报》（社会科学版）2015年第5期。
② 张博：《加缪作品中“反抗”思想的诞生与演进》，《复旦学报》（社会科学版）2015年第5期。
③ 〔德〕黑格尔：《逻辑学》（下卷），杨一之译，商务印书馆，1976，第543页。
④ 邓晓芒：《思辨的张力——黑格尔辩证法新探》，商务印书馆，2016，第183页。
⑤ 贾红雨：《黑格尔的Reflexion原则》，《世界哲学》2017年第1期。

格尔否定的辩证法的基础上，批判了其否定的抽象性，将否定的辩证法引入人与世界互动的实践活动中。在后现代主义的理论中，否定是反抗“同一性”的重要手段，是反抗资本主义、反抗理性主义、反抗技术宰制的重要精神力量。

在哲学史的概念绵延中，“否定”从古代哲学存在论中的“虚无”，到近代辩证法中以自我意识为基础的生命内在发展与运动的源泉“自否定”，再到马克思主义中超越抽象思辨而转向现实生活世界与现实的人交互实践下的“自否定”，以及后现代主义理论中基于对技术宰制、资本主义与现代理性的批判而提出的具有反抗性的“自否定”。“自否定”概念在批判中继承、在发展中批判、在矛盾中求同，基于“自否定”的概念发展史，本研究从以下理论关键点建构核心概念：其一，“自否定”以自我意识为基础，意识不仅能够认识到外部现实世界中的对象，还能够意识到认识对象的意识，将对象关系与自我关系相结合；其二，在现实的人与世界互动的实践活动中得以发生，自否定不存在于抽象思维与绝对精神之中，而是产生于人不断改造世界的实践活动中；其三，自否定以“差异”为发生条件，这一差异可能是意识与对象的差异，也可能是理想自我与现实自我的差异；其四，自否定以创造、超越为目的，否定不是沉浸于无垠的排斥、质疑、批判与焦虑中，而必须在此基础上凝聚力量，寻求新的意义创造与对新世界的改造。自否定是逻辑前提和经验的原始事态的统一，它既是哲学的开端，也是人的开端，世界上万事万物，只有人的自由和生命是完全表现为自否定的。[①] 因此，自否定存在于人的生命活动中，是以外在的对立为起点而又返回自身的否定循环过程，它是一切运动和发展的逻辑前提与内在灵魂。

总的来看，哲学中自否定不是狭义的对立、反对、冲突，中西方

---

① 邓晓芒：《“自否定”哲学原理》，《江海学刊》1997 年第 4 期。

古代哲学对于否定进行探讨的出发点是较为一致的，即从本体论出发，从“存在/非存在”或“有/无”出发。否定来源于“无”，“无”的含义在西方更多指向打破静止、打破界限、改变状态之意义，是一种能动、流变的状态，而在中国，“无”作为道家学派的重要理念，更多代表一种虚无的状态而非行动，西方的“无”以“有”为前提，而中国的“无”先于“有”，“无”的产生是纯粹抽象的，是不需要也无可论证的，这种“无”是一种自然的生成，不存在一种能动的运动状态。另外，将否定理解为“不”也不等于单纯的对立、反对与摧毁，在第一层面上其可理解为思维上的否定，表现为质疑、批判、反思等思维方式，更深层面上否定代表了一种具有反身性与建构性的辩证运动，以此，真正一贯的否定其实质就是自否定。在教育领域，很多研究关注到质疑、反思、批判性思维、元认知，却较少有研究者关注到否定与自否定的丰富内涵，反思、批判性思维、元认知等都与否定有着密切的关系，它们以自否定为前提逻辑与内在灵魂，自否定是其本质，而反思、批判、元认知等是自否定在不同情况与学科下的具体表现形式，自否定不仅是这些形式的本质与前提，还为人的一切发展性的生命活动如学习活动、批判活动、创造活动提供了哲学视角的解释原则。综上所述，自否定是一种在人与世界互动的实践活动中，人及人所施动的事物对自身原有状态的批判与改造，主导着人认识自我、观照自我、批判自我再到超越自我的过程，本研究中的自否定具有以下特征。

第一，自否定以反身性为原则。自否定基于人的自我意识而产生，自我意识是把对象当作自我来看待的意识，又是把自我当作对象来看待的意识，本身是一种“双重化”的意识，自否定以人的自我意识产生为前提条件。

第二，自否定以发展性为原则。自否定的过程是一种同一个东西有机的、有目的的、主观逻辑引导下“将自己潜在内容实现出来的进展”[①]，是一种螺旋上升式的发展过程。

第三，自否定以矛盾性为原则。自否定的矛盾性表现为同一事物在自身运动过程中与自己的对立面相互转化，运动的源泉在于每一事物的自否定，这一过程不是单纯的、徒然的、怀疑的否定、动摇、疑惑，而是作为联系的、作为发展环节的否定。

第四，自否定既是方法与思辨逻辑本身，也是人及其认识对象的运动与发展过程。自否定不单纯是一种主观思维的逻辑陈述（“肯否判断”），同时也是并且本质上是客观事物内在运动的根据，或“自己运动的灵魂”。

（五）自否定的发生原理

1. 具有自我意识的人作为自否定的发生主体

自否定首先作为一个存在论的概念，是基于人的主体性与自我意识而存在的。因此，自否定的发生以具有自我意识的人为前提。自我意识是指意识能够对其自身进行反思，即能够把意识自身表达为意识中的一个思想对象。而否定词的发明是人类产生自我意识与自我意志的关键条件，由此使人的意识产生了两个“神级”功能。[②]

一是向外朝向意识对象。否定词在语言中的发明使人类原本的单项闭环的应答性信号系统转变为开放的、无限的可能性意识空间，因为有了否定，怀疑、分析、排除、对质、选择、解释、创造等功能被衍生出来，意识对象由单一对象扩展为无限丰富的可能世界，这一可能世界不仅是目之所及，而是思之所及，是由“否”所衍生出的“可能世界”“虚拟世界”“假如的世界”，从而人能够依此发现、改造、创造意识对象，人由此有了无限的抽象能力、想象能力与创造

---

① 章忠民：《黑格尔“目的理性”的确定及其意义》，《福建师范大学学报》（哲学社会科学版）1999年第2期。

② 赵汀阳：《人工智能的自我意识何以可能?》，《自然辩证法通讯》2019年第1期。

能力。

二是向内朝向意识自身。意识不仅能够认识外在对象，还能够对意识自身进行反思，从而决定意识系统的元设置、元规则与元定理。基于此，一方面作为主体的人的行动是具有意向性的，且能够监控、调整、修正意识并赋能于意志以指向目标实现；另一方面主体能够通过意识对于自我的意识与行为做出价值判断，以存在为底线标准对真、善、美等事物进行追寻，并赋予意识、行为以价值意义。自我意识的这两个功能具有革命性，因为二者是人类理性、知识和创造力的基础与源泉，是作为个体的人与类存在自否定发生的前提条件。

2. 自否定的发生过程

自我意识向外朝向丰富的世界与无限的认识对象，向内则朝向其本身，自我意识的内外两个功能并非无关联的分隔，而是以自否定为原理“作用于万物，回归于自身”。

自我意识最初作为一种追求统一与确定的欲望而存在。在个体发展的早期以及人类历史的早期，自我意识与外在世界、意识本身是一种肯定性统一的关系，也就是对象与概念的统一，如“把知识的运动称作概念，把知识这一静态的统一体或自我称作对象，那么就会发现，不管是对我们还是对知识自身而言，对象都与概念相契合”[①]。在这种情况下，自我关联着外在事物、对事物的意识以及自我本身，它既是关联的内容，也是关联活动本身。在这一状态下，因对世界的认识是表层的、有限的，因此主体是平衡的、满足的、统一的、确定的，此时自我意识的自身统一对其来说是一种持存状态，但这种持存状态仅仅是一种现象，尚未能引起自我对于内在意识的深度反思与发展欲求。

自我意识经历了感性世界和知觉世界的自身反映，在本质上经历

① 〔德〕黑格尔：《精神现象学》，先刚译，人民出版社，2013，第111页。

了一个他者的自我回归过程，随着主体认识范畴的扩大，自我意识不再是被动、静态的持存状态，自我意识与外在认知世界的脱节导致其认识到他者与自身是一个有差别的环节，自我意识同样认为它自己与这个差别构成的统一体是另一个有差别的环节，认识对象在自我看来带有否定事物的标记。[①] 在这一状态下，自我在广袤的认识世界中是迷茫的、矛盾的、痛苦的，不平衡的紧张状态促使主体在不确定状态下形成自我的优先性，并可能做出否定、反叛、逃避甚至破坏的举动，但也正是在不确定中，自我开始向内反思自我，并逐渐形成创造、超越、发展的动势。

在自我意识充分积蓄了否定的动能之后，其开始形成一种双重化特性。一方面，意识的对象作为一种他者存在，在与主体生命遭遇之后，从一种独立的自在存在成了意识认识、改造的对象，因此它自身的独立性被扬弃，成了被认识、被改造、被创造的对象。同样，自我意识为实现统一性、确定性，通过内在反思的自我否定实现对自身知识、情感、意志、行为的改造、发展与超越，此时的否定不再是仅仅说"不"的盲目否定或初始反思，而是能够动态地处理矛盾，改造系统，由此，自我意识的双重性使其自否定过程朝内实现了自我的超越与发展，朝外实现了对于认识对象的改造，由此在自我与世界实现了螺旋上升式的发展。而自我与世界的关系也实现了从肯定性统一到绝对否定再到否定性统一的关系，这一过程是动态的、历史的、无限的、充满张力的。

3. 自否定的认识论原理

自否定的认识发生由主体—客体、主体之思—表象、自我—对象这三组具有同一性的意识内容组成，三组意识内容组成了循环发展的自否定链条，主客体在相互作用中实现双方的自否定发展（见图 2 – 1）。

---

① 〔德〕黑格尔：《精神现象学》，先刚译，人民出版社，2013，第 112 页。

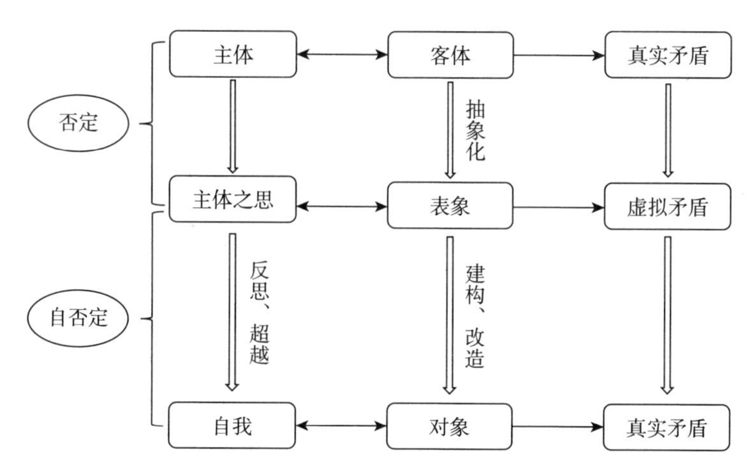

图 2－1　自否定的认识论发生原理

首先，主客体相互作用，具有内在否定的关系，产生一种“实在的”因果关系而产生真实矛盾，这是主体与客观存在的客体之间的现实性矛盾。其次，这种因果关系必须经过主体之“思”进行抽象化才能被主体所认知与加工，这一抽象化的目的在于以非实在的构想来透视实在。[①] 通过思维加工，客体成为一种被抽象化的意识中的客体映像，即表象，真实矛盾在这一阶段成为一种虚拟矛盾，现实因果关系成为思维中的因果关系，进而能够在思维中进行否定与肯定的加工与补偿，实现思维的平衡（equilibration）[②]，这一过程使主客体从现实的两个分立的存在物归属至同一存在物内，“表象”被动地供作“思”的对象，需要“思”来发现诸内容间的内在联系，“思”主动地指向给定的意识内容，以自己固有的把握能力作用于自己的对象即“表象”[③]，这一交互作用是主体内部的迁移发展。最后，当内部实现

① 〔德〕马克斯·韦伯：《社会科学方法论》，韩水法、莫茜译，商务印书馆，2017，第199页。

② 皮亚杰认为，平衡是有机体力图达到自身与环境之间和谐关系的先天取向，是一种持续性的驱力。人的去平衡是由肯定与否定之间的不完全补偿造成的，是一种机能上的不平衡。

③ 崔平：《解构“反思”》，《江海学刊》2002年第3期。

了平衡之后，主体的否定又转向了其内在，这一否定的目标有两个，一个是对客体的否定之否定，一个是对主体的否定之否定，主客体“都必须在内在否定中向前演进，实现二者之间的交互作用，即获得共同的存在属性”[①]。指向客体的否定之否定体现为对客体的发展、建构与改造，指向主体的否定体现为人的自我反思、自我批判与自我超越，最终，主体与客体在自否定运动中都实现了扬弃式的更新，通过对主体内部思维中虚拟矛盾的自否定，新一轮的自否定建立在新的具有自我意识的主体与“自我”所意旨的“对象”交互产生的新的真实矛盾基础之上，实现更高一层面自否定链条的循环发展。

二　历史逻辑：自否定作为人类认识的发展内因

学习作为一种建构、传承人类知识与经验的实践活动，经历了长期的历史发展过程，初始状态的人类以动物性学习为主导，其学习行为表现为“觅母”（meme）形式的模仿之学，即通过模仿实现个体对个体的经验复制。而真正的学习产生的节点在于人类的意识革命，人类意识革命的产生意味着人具有了自由意志，也产生了具有怀疑、逻辑、反思与创造能力的自由心智，由此，学习才能从一种无意识、复制的模仿行为转而成为一种具有自为性、选择性、意义性的实践活动。深度学习作为学习发展的理想形态，必须基于对人类学习的历史发展规律的探寻，人类学习活动的进化涉及两个重要因素在历史条件下的发展：一是学习的主体，即人在的历史条件下的进化与发展；一是学习的客体，以经验、知识为主体的学习对象在历史发展中的演进与增长。而这二者的发展以自否定为前提与规律，没有“否定词”，人类难以实现意识革命，实现人类的第一次启蒙；没有否定，人类百万年间的知识与经

① 崔平：《解构“反思”》，《江海学刊》2002年第3期。

验难以得到筛选、传递与超越，人类文明与知识的进化与发展也难以实现。深度学习的核心是将“学习如何可能”建筑于“人类获取知识与经验的实践如何可能”的基础上解答，只有历史地、具体地剖析人类实践的本质特征，才能解答人类学习的本质特征是什么的问题。

（一）否定词：人类意识革命开启之匙

人与动物的区别之一是能够在现实性之外创造出可能性，人们在突破现实世界，脱离生存危机的旋涡之后孜孜以求的是一种理想的可能世界，这是一个重要的历史演进，也是一次伟大的意识革命，这一次变革由语言开启，更具体地说，由“否定词”开启。

原始状态的人是一种以生存为最高目的的生命体，其身上体现的生物性多于社会性，现实性高于可能性，他们的生存状态、行为模式与动物相似。而使人类生存得到翻天覆地变化的第一次革命源于工具的使用，这一变革从现实性上开启人类从适应自然向改造自然的转变，从主体性上人类从原本受支配的客体转而成为具有一定能动性的主体，从思想性上开启了人类对因果关系的自觉意识，为意识革命的发生打开了重要的突破口。但单纯的工具使用并不能实现人类意识的革命性转变，因为不少动物也能够使用工具，甚至从中对因果关系产生一定的认识，如黑猩猩可以利用小木棒捉食白蚁，可以说，使用工具提高了人类生存的效率，扩大了人类生存的空间，但其不足以全面地开拓人类的思想世界。

语言作为人类意识革命的起源获得了普遍的共识。在人类发明语言之前，人与动物都具有包含指令与指称功能的信号系统，这一系统表达了一种肯定的、同一的逻辑关系，即只能表达必然性与实然性，而难以表达可能性与虚拟性。[①] 信号不等于语言，原始人类（包括动

① 赵汀阳：《第一个哲学词汇》，《哲学研究》2016 年第 10 期。

物）的不同语音、语调的表达是一种信息的传递，大多产生于危及生存的紧急状况下，是一种特定的刺激—反应的结果。而当人类的生存境况有所改善，短暂即时刺激下的“想”减少，而较为复杂情况下长时的“思”逐渐产生，这种“思”表现为一种在复杂境况下的面临多重选择的犹豫，这不再是一种下达与服从指令的过程，而是思考“除此之外如何更好?”这便超越了“是”的单一逻辑而开启一种多重逻辑的可能世界，在面临选择时，长时间的“思”催生了“否/或/非”的否定词，由此开启了一种虚构的想象世界，这种想象“有的是‘显性’的，有的是‘隐性’的，其联系有的是‘形’上的，有的是‘理’上的，有的是‘结构性’的，有的是‘功能性’的，因此想象大大拓展了创造的空间和自由度”①。有意识感知的一般情形就是否定性感知，怀特海（Whitehead）举例说，“感知到这块石头不是灰色的”说明概念新颖性充分进入了“灰色”的特性之中，这表现一种可能的选择。“因此，否定性的感知是意识的胜利，它最终上升到自由想象的顶点，在这种自由想象中，概念新颖性的东西在整个世界中四处探寻，在这个世界中它们不是被动地体现出来的。”② 可以说否定词是人类意识革命的开端，突破了给定的“是”的世界，而创造出新的可能世界。“我们是说话的动物，那么事实上，我们就是否定的动物，正如斯宾诺莎和黑格尔所说，任何语言决定都直接或间接地涉及否定。”③

否定词为人类社会的发展提供了可能性。语言是人类最为重要的社会现象，社会性是语言的本质特征之一。社会心理语言学派的奠基人索绪尔（F. de Saussure）提出，人类的言语活动包括言语和语言，

---

① 张敬威、于伟:《非逻辑思维与学生创造性思维的培养》,《教育研究》2018 年第 10 期。

② 〔英〕怀特海:《过程与实在——宇宙论研究》，李步楼译，商务印书馆，2011，第 251 页。

③ Laurence R. Horn, *A Natural History of Negation* (Chicago: University of Chicago Press, 2001), p. xiv.

"言语是个人在说话中的生理和心智的活动，而语言则是社会集团为了使个人有可以实现说话的这种功能所采用的一整套必不可少的社会规约"[①]。换句话说，言语是个人的，语言是社会的。语言是实现人类社会化的基础，而语言系统中的否定词则是实现人类社会发展的必要条件。否定词为突破信号系统中指令所代表的等级性提供了可能。形成语言之前的信号系统其重要的功能是表达一种指令，代表了原始人类社群中固有的等级关系，这种固有的等级性与狮群中的等级关系类似，代表着完全的命令与服从。而否定词的产生虽未能马上打破这种等级性，但否定词所代表的质疑、选择与创造的功能为沟通、合作、商榷提供了可能，在人类社会从封建走向民主的漫长历程中发挥了至关重要的作用，并影响着人与人之间的话语形式与互动关系。

（二）经验积淀：历史本体论下人类的认识规律

一方面，经验是客观事物在人脑中的反映，是人进行认识的开端，具有个体性与主观性；但另一方面，经验是知识的源头，与人的实践具有直接的关系。在人类历史中，经验相比于知识具有绵延的特征，在语言与文字产生之前便已存在，部分能够以本能与原型的形式存在于人的大脑组织结构之中，以基因的形式得以传递，而人类大部分经验，尤其是关乎人的生存与发展的经验经过人类有意识的筛选以教育的方式得以传递，而无论哪种方式，经验的积淀都遵循着自否定的规律，在历史维度上推动着人类认识的进化。

1. 认识的进化：自否定的生理机制

一切物质，由最简单的无生命的无机物质到较复杂的有机物质以及最高级最复杂的物质——人脑，都具有反映的属性，即具有回答或

① 吴国华：《语言的社会性与语言变异》，《外语学刊》2000 年第 4 期。

对外界影响做出反应的能力。[①] 虽然所有生物作为生命主体也有其对象意识，也能够“认识”。但人在作为认识世界的生命主体时，其特殊性在于人是能够认识到这种主体性的主体，因为在人里面我完全认识到我自己，即人具有一种反身性的自我意识。由此，人的认识活动是自觉自为的，具有自主性与目的性，而从认知的机制上，人的认知系统也是符合自否定规律的进化式发展。

传统的认知心理学建立在两个核心假设基础之上。第一，传统认知心理学家通常假设认知解构具有目的一般性，与认知加工的内容无关。如挑选食物与选择配偶所采用的认知加工装置是一样的，人在推理、学习、模仿、计算、形成概念、记忆等过程中采用相同的具有一般性的信息加工机制。第二，传统的认知心理学认为，人在进行信息加工时，其认知加工的适应性与功能性是不可知的，也是不需要研究的。而进化心理学对传统认知心理学的核心假设质疑与挑战，进化心理学认为，“一般性加工机制假说”不是适应性问题有效解决的方案，一般性机制能够产生无数种行为，生物体很难从无数种可能中选择出解决适应性问题的方案。而对于“功能不可知论”的假设，如果难以发现认知机制的功能，我们就难以了解人类是如何实现归类、推理、判断以及存储和提取信息的，而这些过程是学习的关键环节。因此，进化心理学提出了一套新的人的认知机制的假设：第一，人类的心理由一套在进化过程中发展起来的信息处理机制组成，并深深嵌入人类的神经系统；第二，这些机制及其发展程序是在远古进化环境中通过自然选择产生的适应器；第三，这些机制有许多具有专门功能，使它们能够产生适合解决特定适应性问题的行为，如择偶、学习和合作；第四，人类的心理是自然选择过程的结果，构建这些功能机制的过程

---

① 刘晓东：《儿童精神哲学》，南京师范大学出版社，1999，第 52 页。

必须涉及具体的处理内容。[①] 也就是说，人的认知机制在历史的发展中呈现一种自否定的发展规律，在最初，人的认知能力与动物相类似，但随着人在历史长河中的生存与繁衍，人类的认知机制经过了自然选择，实现了自否定下的“扬弃”，如人的注意与记忆的容量是有限的，因此对于外界的所有事物不能一一容纳，人会在无意识中优先注意和记忆与进化适合度有关的信息，如生存（食物、天敌和住所）和繁衍（择偶），并且在解决进化过程中反复出现的适应性自然问题中显现出超凡的能力。人的认知能力满足一种以自否定为原理的进化机制，能够指向人类在进化中反复出现的适应性问题，如儿童期很多特征是为以后复杂多变的社会生活做准备；儿童所拥有的条件性适应器，让它们能够灵活地应对外部环境，根据具体环境信息来选择不同的有效应对策略；等等。

2. 经验成先验：自否定的内衍

人类的本体是由历史的经验堆叠、积淀而形成的，对于人类经验的认识是认识论领域研究的重要议题，经验与知识、学习有着不可分割的密切关系。知识的先天论者主张以主动内省的形式发现遗传的知识，如柏拉图提出以“心灵的眼睛”将思维转向内在以经验到先天存在的观念的知识，指向以内省、推理为工具的学习。而经验论者则强调知识来源于感觉经验，学习是通过对外在事物的感觉经验获取观念的过程。西方哲学对经验的认识更强调知识的来源与经验的逻辑层面之关系，关注理性的形式、结构与成果。经验的另一重要维度则是历史维度，强调经验的历史积淀，这一积淀过程以自否定为规律来实现人类本体的发生与衍进。

原始自然人与动物相同，以非理性的适应性经验进行生存，而否

---

① 〔美〕戴维·巴斯：《进化心理学：心理的新科学》，张勇、蒋柯译，商务印书馆，2015，第415～416页。

定的产生标志着人类与自然的动物性的“告别”，开启了通往理性的道路，如爱因斯坦所说，“关于对自然界做严格因果解释的假设，并不是起源于人类精神，它是人类理智长期适应的结果”，“这种需要无疑是在文化发展过程中所得到的理性经验的产物”。[①] 人类历史的积淀所形成的意志，成了人类总体经验积累而转化为的人类的先验特质，如李泽厚所说“历史建理性，经验变先验”[②]，否定性由人类的历史经验积淀为人潜在的天性，也成为人类社会向前发展的重要推动力。

从人类本体来看，人是历史的产儿。经验是个体化的，而历史、语言将个体化经验转为具有客观社会性的公共产品。语言将我们混乱不清的、难以言状的感觉、情感、知觉转换为公共的社会生活中能够清楚准确呈现的东西。[③] 人类作为唯一具有社会历史经验的物种，其生存具有“先验理性”，这种“先验理性”实质是由人类通过实践获得的历史经验积淀而成的心理形式，并通过教育的方式传递给后代。一方面，这种历史积淀具有相对性、独特性，即“历史”是指事物在特定的时空、环境、条件下产生的。另一方面，其具有绝对性、累积性，于人类历史中积淀、继承、生成类的经验、意识、思维、文化。人是历史的产儿，同时具有这两个方面的内容。后一方面（历史的积累性、绝对性）正关乎人类的本体存在。人类通过不同地区、种族和文化传统的亿万同类成员的有限性、相对性和独特性，获得了其类存在的累积性、必然性和普遍性。因此，人类为个体成员成为历史的创造者提供了条件，正是在人类历史的这个基础上，每个人的创造力和独特性才得以可能，并不断发展和增强。因此，以人类历史为积淀的经验是一种“实用理性”，这种理性并非先验的、僵化不变的绝对的理性（rationality），而是历史建立起来的，与经验相关联的合理性

① 《爱因斯坦文集》（第一卷），许良英等编译，商务印书馆，1976，第234页。

② 李泽厚：《人类学历史本体论》，青岛出版社，2016，第386页。

③ 李泽厚：《人类学历史本体论》，青岛出版社，2016，第344页。

（reasonableness），即“历史理性”，或布迪厄所言的“内在性的外在化”（externalization of internality）之“惯习”，是一种体现在人身上的历史，也可称为人的“第二天性”。[①] 而这一历史的经验积淀满足一种以实践为表征、以自否定为规律的发展逻辑。人类在历史中以试误的形式对先前的经验不断地进行否定与超越，以此作为推动原则与创造原则实现经验的积淀与传递。

深度学习作为以经验认识为主要内容与基础的实践活动，必须对经验从历史维度进行认识，关注经验的生成逻辑与规律。以自否定为规律的经验积淀以时间的绵延为特征，即在自然意义上，时、空是混杂不清的，但从人的意义上，社会给时、空一种规范性的表达方式，如年月、钟表、舆图等，使人们的经验在生活、实践中协调一致。而在学习的实践活动中，经验的传递必须对历史经验的发生进行压缩，将其积淀的结果作为学习的主要内容，但由于其庞杂性与时空脱域性，人类所学习的经验成果必须是精简的、有选择性的。经验的历史积淀是以自否定为规律由简至繁的动态发展与积淀过程，而选择学习的经验必须经过由繁至简的抽象过程，对人类实践经验的继承、生成必须以自否定为原则，对繁杂的人类经验进行“扬弃”，选择最具实用性、关联性与超越性的人类经验。另外，人类经验的获取以归纳为特征，个体对于世界的认识也以归纳为本能，但在一般情况下，学习的过程是以演绎的方式进行的，是将复杂的人类经验压缩以便高效传递给学生，但这种演绎的方式不符合人类认识规律，其抽象性也不适应抽象能力尚未发展完全的儿童，因此，对重要经验的学习过程应适当地引入归纳的认识方式，将人类经验积淀的过程作为学习过程的重要参考，学生通过对经验的深度体验实现对学习的深度认知。

---

① 杨善华、谢立中主编《西方社会学理论》（下卷），北京大学出版社，2006，第167页。

（三）知识增长：科学发展的自否定之路

未来社会发展将充满未知的风险与不确定性，而深度学习的意义在于个人与组织在不确定或缺乏未来所需知识的情况下，通过创造做出更好的决策与行动，在这一过程中，学习不再是对大量事实信息的记忆，教学不再是对书本上间接知识的传递，而是建立一种动态的知识观，在学习中运用一种动态的、试验性的方式，与当下的知识与环境相连，作为深度学习新循环的开始。这种知识观以自否定为规律，以人的生命进化与知识进化为原理，以经验测验理论假设为具体方法，在漫长的历史中形成能够自我纠正的知识系统，并实现知识的建构与超越。

1. 知识与生命的创造进化

深度学习的核心是人，学习的问题究其根源是人的问题，无论是教育领域直接对人的学习的研究，还是人工智能领域机器对人脑的模拟，都需要建立在对人的生命的深刻理解的基础之上。学习科学的研究引入了多学科的理论与技术手段，但其研究的价值核心不能脱离人的本质，尽管“后现代主义者试图消解历史上一个个关于人自身的观念，但他们消解不了‘人的问题’”[①]。对人的研究也越来越趋向于自然科学、社会科学与历史科学的统一，其中，从生物学视角对人的特性与人的学习的认识是人性科学与学习科学的基础。达尔文的进化论是被广泛应用于生物学的综合理论，也是研究人的问题的生物学基本范式，具体从深度学习的研究来看，进化论也能够为人类知识的发展与人的创造提供解释范式。

创造进化论是柏格森（H. Bergson）在进化论基础上提出的进化理论，他将知识理论与生命理论在进化论的范式下相结合，并认为二

① 赵敦华主编《西方人学观念史》，北京出版社，2005，第504页。

者具有共同的追求，即人的超越与发展。柏格森把个体“努力”所产生的进化理解为“存在在于变化，变化在于成熟，成熟在于不断自我创造”的生命历程，他称之为“创造进化论”。[①]

人的创造与进化基于人对于自我的认识。人能够确定与把握的存在是自我（ego），而“我”总是从一种状态过渡到另一种状态，这种状态在引起自我的注意时是保持不变的，因此，每种自我状态看似是分割的，如同项链上的珠链相继串联在一起，但这种断续分割的自我状态实际上是一种象征，而非实质，生命自我状态的实质是一个连续体在绵延不断地展开，自我的发展必须是不断变化的，只有变化的自我才能够持续。因此，人的先有经验并非以一种断续的机制存在，也不能进行机械化的保存与删去，事实上，柏格森认为人的过去以一种彼此叠置的形式保存下来，并以整体的形态存在于人的生命历程之中，这不仅包含人自出生以来的历史，还包括人类历史积淀下的人的先天禀赋，人的生命发展便是在人的经验历史基础上不断变化的过程，“在一定范围内，我们在连续不断地创造着我们自己”[②]。因此，对于生命来说，进化意味着过去被真正地持续保留在当前里，意味着绵延，实际上进化是一个连接环节，进化意味着生命的永不停息的创造。在不确定的未来中，人能够确定与把握的实在是自我，自我的本能欲望是生存与持续，这也是人类的生存本能，因此，学习必须在满足自我的本能基础上，以自我的发展与持续作为重要目标。“人类学习的惊人潜能嵌入在生命实现的紧迫要求中，这一要求的发展过程既是生物性的也是遗传性的，它首要的是一种延续生存的潜能，并且由此在其实现过程中，它基本是与其他生命支持行为相一致的性驱力。”[③]

---

① 赵敦华：《创造进化的动力来自生命自身》，《中国社会科学报》2013 年 7 月 1 日。

② 〔法〕亨利·柏格森：《创造进化论》，肖聿译，译林出版社，2011，第 7 页。

③ 〔丹〕克努兹·伊列雷斯：《我们如何学习：全视角学习理论》，孙玫璐译，教育科学出版社，2014，第 82 页。

因此，自我的发展是学习的重要驱力，必须将学习建立在人的自我发展的生命特质基础上，将学习作为基本生命延续、发展、资质提升与性驱力的过程来分析，而自我作为重要的学习内容也应得到关注与重视。

进化是生存世界的根本实质，对于事实的思考与对于生命的思考是不可割裂的，从认识论上看，创造是科学与生命的共同本质。“绝对科学是纯智能的工作，智能本身就包含着一种以自然逻辑为形式的潜在几何性向（geomerrism），而随着智能深入无生命材料的内在性质，这种趋向也相应地得到释放。”[①] 在科学中，智能将生命体看作无生命体进行研究，这在科学中是必须的，但其只能获得一种象征性的真实，非物理的真实性，其仅仅能够实现以无生命体进行行动的目标。将一切经验都交给科学，是在将一切都交予纯粹的知解力，其结果导致了无生命体所构成的智能框架对生命体的奴役。因此，对于生命体，我们必须采用不同于绝对科学的视角去审视，并采取特殊的态度与行动。以往的自然科学，乃至人文科学，并不询问人本身，而是询问一种使得有关于人的知识成为可能的区域，看似研究人、服务于人的科学实则消解了人，或是将人从类的视角抽象，仅着眼于人的理性、抽象与无限性，试图在有限的、具体的人之上构建无限的、抽象的知识，这里所谈的人是失去“生命”的，其创造的知识是异化于人的，奴役人的。因此，创造必须与具体的、有生命的、绵延的人相联结，生命与创造是共时、共生的，二者不应割裂，也难以割裂，生命的自否定绵延也决定了创造的自否定规律，创造的否定辩证也以具体的、现实的、有限的人为前提和基础。

生命冲力是存在于生命自身之中的创造进化的内在冲动，这种内在冲动是存在于人类整体进化进程中的，是人的内在智能生成的真正

① 〔法〕亨利·柏格森：《创造进化论》，肖聿译，译林出版社，2011，第179页。

原因，“我们的智能（究其狭义上说），其作用就在于确保我们身体对其环境的良好适应，在于在外部事物中表现外部事物——总之，就是去思考材料”[1]。因此，柏格森认为，知识理论与生命理论是不可分割的，也就是说，知识理论与生命理论这两种探索必须相互结合，必须通过循环往复的过程，不断地相互推动。创造进化论便是将人的智能放置于生命总体进化之中，以构成、扩展、超越知识框架，一方面，如果生命力量不对知识加以批判，它就不得不接受知解力任意提出的概念，即只能将既有的知识框架嵌套在事实上，并将其看作终极真理。另一方面，如果知识力量没有认识到生命智能即人在总体进化中的地位，就难以生成并告诉我们构成生命的框架，进而我们也不能扩展、超越这些知识框架。进一步来看，这种进化论视角下的生命冲力是一种内在性的生命的努力，其实质就是人类不断地在自我否定与自我超越中进行创造，构建知识与生命的框架，这为深度学习的内源性发展提供了解释原则。

创造进化论在学习主体（学习者）与客体（知识）之间构建了一个以进化为基础的理论框架，学习者与知识之间相互推动，不可分割。在深度学习的范畴中，学习者与知识作为重要的要素体现着自否定的发展规律。一方面，学习者作为生命主体，其内在地具有不断绵延与创造自己生命的本能，而这种本能是在认识自我—否定自我—创造自我的生命循环中实现的，自我在不断自我否定与超越的创造性发展中实现进化，这一进化是个体的进化，也是人作为类生命的进化。而这一进化与动物的进化不同，人的进化不仅仅是生物意义上，更是文化、历史意义上的，其根源在于人具有智能，使生命进化的过程从自然自发的否定，即一种外在的否定，转而成为一种自觉自为的否定，即内在的自否定，知识从最初生命否定过程中产生的经验性的副产品

① 〔法〕亨利·柏格森：《创造进化论》，肖聿译，译林出版社，2011，“序”第1页。

逐渐成了自否定下推动人的发展与进化的驱动力量，在知识的推动下，人的进化一方面体现在人的内在思维与脑的发展上，另一方面体现在文化与社会层面上。作为进化中的生命体，学习者能够以进化的智能进一步建构新的知识框架，并扩展、超越旧有的知识框架，在这一层面上实现知识的自否定，在这一过程中，学习实现了生命与知识在相联结中的循环的创造进化。

2. 客观知识的自否定增长

知识是人类社会文化的传承，是历史实践活动中积淀的结晶，是人类所特有的文化产物，也是人类社会得以进化与传承的重要前提，知识的传递、增长与创造是人类学习活动得以展开的重要条件。“人类因内在地具有知识内涵的劳动而与动物区别开来，而实践活动中有意识的知识内涵越是增长就越是‘属人’的活动。”[①] 人、人类社会与知识的发展具有互构性关系，人类社会物质形态的变化构造了人类知识，而人类知识的创造与发展则是人与人类社会发展的关键动力，知识的演进逻辑与人类活动、与人类社会的发展逻辑相关联，随着技术手段与社会经济形态的演变，人类知识从“经验形态”发展到“原理形态”继而发展到信息技术支持的“交叠形态”。[②] 而从知识的学科属性来说，自然科学与人文、社会科学则指向不同的逻辑，科学知识倾向于将联系化约为一定的数量关系，注重工具理性，人文知识则关注于生命体之间的有机联系，具有更强的实践依赖性、灵活性与发展性，注重价值理性，在现代化与技术理性的人为割裂下，人文知识被边缘化，知识的“属人”属性被模糊。因此，人类知识的演进逻辑应探求科学知识与人文知识的通约逻辑，从历史性的视角探求“属人”的知识的增长逻辑。

---

① 韩震：《知识形态演进的历史逻辑》，《中国社会科学》2021 年第 6 期。
② 韩震：《知识形态演进的历史逻辑》，《中国社会科学》2021 年第 6 期。

认识论的中心问题是知识增长问题，而研究知识增长的最好方法是研究科学知识的增长。[①] 科学知识具有自反性，对确定性知识的越发寻求反而使知识越发远离确定性，“每一次知识创新，都酿生着知识毁灭”[②]。在20世纪60年代之前，科学哲学领域一直被逻辑实证主义所主宰，将科学知识认为是通过归纳法从经验获取的得到证实的真命题，而知识的发展就是这些命题或理论的积累，因此，逻辑实证主义只运用形式逻辑对已有的知识做静态的分析。[③] 20世纪60年代之后，多种新学说打破了逻辑实证主义的垄断，其中的重要代表便是波普尔所提出的批判理性主义。对于自然科学而言，“科学所依赖的不是证据的归纳积累，而是依赖方法论上的怀疑原则。一个特定的科学信条，它早晚都会被修正，或者会依据新的观念或发现，被全然抛弃”[④]。波普尔从爱因斯坦与康德处获得了其思想的两个来源——批判和唯理主义，波普尔独创性地将两者糅合为“批判理性主义”，基于此建立了猜想—反驳方法论，并据此提出著名的三个世界理论[⑤]。

---

① 〔英〕卡尔·波普尔：《科学发现的逻辑》，查汝强、邱仁宗、万木春译，中国美术学院出版社，2008，“序”第xi页。

② 刘超：《数字化与主体性：数字时代的知识生产》，《探索与争鸣》2021年第3期。

③ 〔英〕卡尔·波普尔：《猜想与反驳——科学知识的增长》，傅季重等译，上海译文出版社，2005，“序”第1页。

④ 〔英〕安东尼·吉登斯：《现代性与自我认同：现代晚期的自我与社会》，赵旭东、方文译，生活·读书·新知三联书店，1998，第23页。

⑤ 波普尔认为存在三个世界。第一世界是包括物理实体和物理状态的物理世界，简称世界1；第二世界是精神的或心理的世界，简称世界2；第三世界是思想内容的世界、客观知识世界，简称世界3。三个世界是相互关联、相互作用的，更具体地说，世界1与世界3以世界2为中介相互作用，世界2与世界1、世界3能够直接作用。世界3的思想内容具有客观性、抽象性与自主性。世界3的客观知识是由人所创造的，但部分是自主的，即能够独立存在且具有不可还原性，一旦生成，便具有了自己的生命与历史，具备固有的特性与规律。世界3的客体一方面是人的创造物，在实体化后能够被人所批判并改进，即直接受到世界2中人的意识、心理、经验的作用；另一方面，世界3的知识具有实体化的特性，能够触发人们的思想与行为，即以世界2为中介对世界1中物理世界产生影响。

批判理性主义基于与逻辑实证主义相对的一种科学知识观，即反归纳主义——证伪主义，其认为知识是一种假说①。波普尔认为，现代科学革命的发展是批判的历史过程，是不断推翻旧理论，产生新理论的过程，因此科学知识不是被发现的真理，而是假说。因此，科学的划分标准并非逻辑实证主义所提出的"可证实性"，而是"可证伪性"。"可证实性判据"所采用的归纳工具是无效的，只有采用演绎法的"可证伪性"，以定量的方式对"可证伪度"加以刻画才能有效地说明科学发现的可信度。

批判理性主义的核心观点认为知识是猜测性的，由此提出了科学知识的猜想—反驳方法论。波普尔提出，现有的科学知识不等于真理，知识的发展是通过被反驳、被否定而实现的，知识的增长满足进化论的解释原则。基于此，波普尔提出了有机体进化序列四段图式，如图 2-2 所示，其中，"P1"（problem 1）表示问题，"TS"（tentative solution）表示尝试性解决办法，"EE"（error elimination）表示排除错误，"P2"（problem 2）表示新问题。此外，"TS"可以有多种。从进化论的观点看，这一图式表示进化面临着生存问题。

P1 ⟶ TS ⟶ EE ⟶ P2

图 2-2　波普尔有机体进化序列四段图式

波普尔认为，这一图式不仅适用于生物学意义上的进化论，还可以将其运用到知识的增长问题上，进而形成了知识（理论）增长四段图式，如图 2-3 所示，其中"TT"（tentative theory）尝试性理论替代了原本的"TS"（tentative solution）。具体来看，对于某一问题，能够提出多种试探性的理论，这些理论都是猜测，进而对各试探性理论

① 波普尔将知识分为两种，主观意义的知识是由以一定方式行动、相信一定事物、说出一定事物的意向所组成的，比如精神气质、思维过程等。客观知识是由说出、写出、印出的各种陈述组成的，包括思想内容以及语言所表述的理论内容，指在公共意义上可以进行主观间互相检验的知识。波普尔所论述的"人类知识"只取知识的客观意义。

进行批判性检验，最终能够凸显出多个更具深度的新问题，新旧问题之间的深度差与预见度差表征出理论的成长或科学进步。最好的试探性理论是能引发出最深刻和最意外的子问题的理论。[①] 波普尔认为，知识的增长是达尔文式的选择，他将知识看作人类体外进化的器官，同生物进化一样，按照试错法进行，其四段图式描述了突现进化、通过选择、理性批判进而实现自我超越的过程。

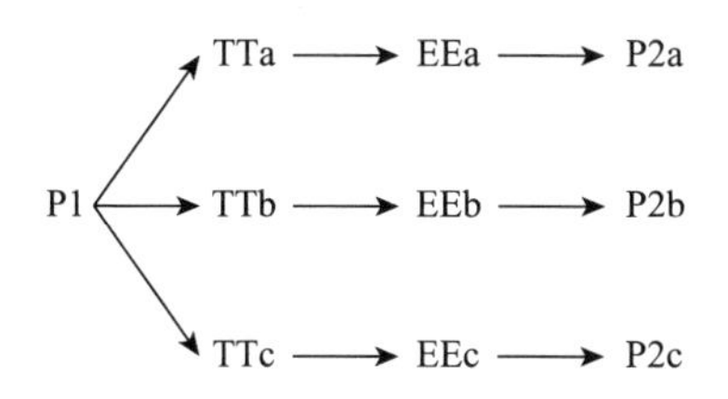

图 2－3 波普尔知识（理论）增长四段图式

波普尔提出，科学发现包含猜想和反驳两大环节。科学家首先根据问题大胆猜想，并努力按照可证伪度高的要求提出具有更多真性内容的假说，在这一环节不需要经验的参与，因此，这种科学发现往往有多个，这就需要排除错误得到正确的选择，这时才需要诉诸经验，通过经验检验证明其正确性的理论才能够被接受，但这一理论也不等于最终的真理，随着科学的发展与批驳可能在未来被证伪，而经验验证的过程就称为反驳。[②]

知识增长与认识发展满足一种连续的“波普尔圈”理论，在深度学习过程中表现为问题的循环学习圈、试验理论和问题消除，这三个过程是知识扩展与认识进步的过程，体现着以批判为核心的科学精神与自否定的发展规律。“科学进步的真正危险不在于科学会趋于终结，而在于诸如缺乏想象力（有时是缺乏真实兴趣的结果）、误信形式化

① 〔英〕卡尔·波普尔：《客观知识——一个进化论的研究》，舒炜光等译，上海译文出版社，1987，“序”第 9 页。

② 〔英〕卡尔·波普尔：《猜想与反驳——科学知识的增长》，傅季重等译，上海译文出版社，2005，“序”第 4 页。

和精确性或者以某种形式出现的独裁主义。"[①] 这一结论同样适用于以科学发展为重要依托的学习中，由此可见，深度学习的形成需要基于以下几方面：其一，学习者的兴趣、求知欲与想象能力；其二，知识的动态性与发展性；其三，学习主体的平等关系与批判意识。因此，"波普尔圈"要求学习的主体与客体之间必须建构一种以自否定为规律的迭代循环发展机制。首先，从意识层面，认为知识仅仅是假说的知识观消解了学习过程中的权威与独裁，为学习者养成以否定性为基础的批判意识提供了条件；其次，猜想—反驳的方法论要求对多个可能的假设做出经验的验证与反驳，并能够在一定意义上克服实践的不确定性和原则的不确定性，[②] 从个体意义上这种方法可能是效率不足的，但从长期的发展看其能够形成自否定的思维习惯与可信度高的知识系统；最后，"波普尔圈"的理论指向创造性的问题解决，能够解决在复杂变化的环境中具有不确定性的问题，不断在试错中改进与超越自身与知识框架，并能够在具有复杂性、不确定性与动态性的问题情境中选择最优的解决策略，培养更多的创造性学习者。

三　人的发展逻辑：自否定作为学习主体的生命特征

人是学习的出发点与最终归宿，个体的成长、人类的生存与进化逻辑决定着学习的本质与规律。在教育学话语中，学习主体的特定所指是人，即学习者，这一限定旨在将教育学中的学习活动区别于心理学、人工智能中的"学习"一词。在教育学话语中，学习是一种人在外界事物的作用下通过思维加工获取经验的过程，是一种认识世界的实践活动。因此，心理学所提出的以条件反射为原理的动物性调节活

---

① 〔英〕卡尔·波普尔：《猜想与反驳——科学知识的增长》，傅季重等译，上海译文出版社，2005，第 312 页。

② 〔澳〕大卫·N. 阿斯平：《哲学视角下的终身学习》，周芳、刘俊玮、王艳译，北京师范大学出版社，2016，第 219 页。

动以及人工智能中的机器学习不在这一范畴中。这些范畴中，学习的主体或满足动物性的自然生存规律，或满足人为设定的机器工作规律，其主体不具备自我意识或所谓的“智慧”，而因人的自我的个体性与独特性，以人作为主体的学习具有多样性与动态性，由此衍生出庞杂的关于学习的话语与理论，但归根结底，学习的本质与理论的正确性必须以人的发展为依据，即能够符合人的发展逻辑、促进人的完善。因此，学习的重要目的在于解决“培养什么样的人”这一问题。这一问题从社会学、心理学、哲学等层面有着不同的答案，但其本质特性是实现人的向善性，即使人成为人的过程，这一过程是人从“种生命”走向“类生命”的成就过程，是从“个体人”走向“社会人”的成就过程，是从“合规律性”走向“合目的性”的成就过程。使人成为人的过程指向两个相关联的维度的展开：一是人与世界互动关系的展开；一是人的本质生命特征的展开。学习的过程便是人在这两个维度上自我实现的过程。

（一）实践特征：人与世界的否定性统一关系

对于学习，研究者们一个公认的事实是，学习并非生发于学习者个体内部，学习总是嵌入在一个社会性情境之中，或者说，学习发生在人与世界的互动关系之中。人作为“类生命”，在与世界的互动中存在一般性，即“合规律性”与“合目的性”相统一，对人与世界一般性、本质性关系的探讨是探讨学习过程中人与环境互动关系的基础，作为世界观决定着学习过程的发生机制与基本原则。

自否定是人类发展的运动过程，也是作为类存在的人对个体的先验要求。通过自否定，人类从自然世界中脱离出来实现了人类世界及伦理社会的建构，这是作为“大自然隐蔽计划”之人类历史的最高任务①，

① 〔德〕康德：《历史理性批判文集》，何兆武译，商务印书馆，1990，第15页。

自由意志要从自然中独立出来，必须经过一个天人相分的过程，甚至异化为神的意志来凌驾于自然之上，然后再回归自然[①]。人类的生命是一个过程，经历了否定之否定，表现为三个环节：第一个环节是生命作为有机物在内部世界的运动；第二个环节是自身内部性的否定，即基于有机物对无机物的主宰而产生的差异；第三个环节为生命有机体在类存在中实现自身的普遍性与种族的延续。[②] 这是人类在自然界发展的过程，同时伦理社会形成也经历了类似的过程，社会是人同自然界完成了的本质的统一形式。原初人类的发展追求个体的发展与存续，表现为自然与人类矛盾，即自然主宰着人类；人类通过否定自然实现社群或社会的建立，这时的矛盾从自然与人的矛盾转向人与人的矛盾，体现为少数人（统治阶级）主宰多数人（被统治阶级）；通过自否定人类实现对自身的反思，从而确立新的伦理社会，即“共在”的社会，相互承认的社会，为族类的存续甚至自然的存续而发展的社会。历史决定了人类共同体的存在形式，因此，个体一出生，便无从选择地汇入“人类总体的历史长河（食衣住行的既定状况和环境）之中，是这个‘人类总体’所遗留下来的文明——文化将你抚育成人，从而你就欠债，就应准备随时献身于它，包括牺牲自己”[③]。此时的“‘人’作为人已超越了‘生命’的局限，要去追求高于生命、具有永恒意义的东西，已属‘超物之物’、‘超生命的生命体’，这才所以称之为‘人’”[④]。人的特征在于人能够超越种种给定性，实现自我所寻求的自我发展与自我确证，人总是存在于应然与实然的否定性进程之中。[⑤] 人的类生

---

① 邓晓芒：《对自由与必然关系的再考察》，《湖南科技大学学报》（社会科学版）2014 年第 4 期。

② 《黑格尔说否定与自由》，王运豪编译，华中科技大学出版社，2017，第 123 页。

③ 李泽厚：《人类学历史本体论》，青岛出版社，2016，第 25 页。

④ 高清海：《“人”的双重生命观：种生命与类生命》，《江海学刊》2001 年第 1 期。

⑤ 鲁洁：《实然与应然两重性：教育学的一种人性假设》，《华东师范大学学报》（教育科学版）1998 年第 4 期。

命特性要求否定性作为人类意识革命的开端与社会发展的推动力量不断发挥作用，否定性统一是人与世界的解释原则，维护着人类总体的生存与延续。因此，对于共同体中的个体来说，自否定成了对个体的先验要求，并不断积淀为个体的否定性天性。

自否定成为人，尤其是儿童潜在的天性。进化心理学认为，“进化形成的心理机制之所以表现为当前的这种形式，是因为它在进化历史中解决了某种反复出现的与生存和繁衍有关的特定问题”①。在人类生存繁衍的过程中，由否定性心理所产生的选择、警惕、排斥、拒绝等行为是人类经百万年无数次的生存危机后形成的先天性的心理机制。如人具有一种非习得性的害怕蛇的倾向和人类对未知的事物抱有警惕与好奇的矛盾状态等，这种否定性所生发出的心理机制都是由人类历史的经验积淀而成的，成为突变与自然选择下的人的本性。对于儿童来说，服从、顺应是其“动物性”天性，是“种生命”的体现，儿童的幼弱决定了其在外在世界中的不利地位，适应世界，与世界形成肯定性统一的关系是其“合规律性”的体现。而否定性是儿童的“人性”天性，是“类生命”的体现，人的能动性特质决定了儿童具有强烈的好奇心、探究的欲望，甚至破坏行为，这都是否定性作为天性的外在的表现形式，这种与世界的否定性统一关系是人的“合目的性”的体现。

（二）认识特性：潜藏于人的自否定精神特征

从认识论意义上，自否定是人在认识事物时的重要精神特质。由于人基于理性而产生的对世界多尺度的否定性统一的认知方式，使人在接触给定观念时，不是像动物一般被动接受、适应，而是从不同角度审慎思考这一观念，给予肯定或否定的回应。“被称为现实性、能力的东西，

① 〔美〕戴维·巴斯：《进化心理学：心理的新科学》，张勇、蒋柯译，商务印书馆，2015，第49页。

正是这种否定性、活动性、积极的作用。”[①] 否定“是一切活动——生命的和精神的自身运动——最内在的源泉，是辩证法的灵魂……并不是一种外在反思的行动，而是生命和精神最内在、最客观的环节，由于它，才有主体、个体、自由的主体”[②]。否定性从本体论意义上是人潜在的元人性，而自否定便是其从潜在到现实的过程，从认识论意义上，自否定作为现实化的行动表现在人的实践活动，尤其是学习活动中。

1. 人脑的可塑性是自否定发生的生理基础

人脑是世界上最复杂的物质系统，它所具有的学习功能是其他一切生物无法比拟的。在人类以往对于学习的研究中，由于研究方法与手段的局限，无论是古代东西方对学习的思辨，还是近现代流派纷呈的学习理论，都规避了对学习的器官——脑的探索，使对学习的研究仅仅停留在外显的行为即对内部心理机制的推测上。而随着脑科学的迅猛发展与相关研究方法、工具的介入，人们日益重视到脑、认知与学习之间的关系。[③]

一方面，脑的发育是根据每个人遗传基因中记录的程序进行的。这一过程既受各种基因的调控，也受经验因素的不断影响。因此，脑的发育也印证了人作为类存在的经验积淀过程，类的经验作为原型映刻在人的基因记忆之中，形塑着人脑的进化形态，为人的学习提供了具有普遍性的生理基础。另一方面，大脑具有对环境要求做出应变的高度发达的能力，这一应变过程被称为“可塑性”，可塑性包括建立、强化某些神经连接，削弱或消除一些连接。[④] 这一持续发展的过程是

① 〔德〕黑格尔：《哲学史讲演录》（第二卷），贺麟、王太庆译，商务印书馆，1978，第291页。

② 〔德〕黑格尔：《逻辑学》（下卷），杨一之译，商务印书馆，1976，第543页。

③ 〔美〕唐纳·科克、库尔特·W. 费希尔、杰拉尔丁·道森主编《人类行为、学习和脑发展：典型发展》，宋伟、梁丹丹主译，教育科学出版社，2014，“序”第1页。

④ 经济合作与发展组织编《理解脑——新的学习科学的诞生》，周加仙等译，教育科学出版社，2014，第2页。

脑基本功能的体现，反映了脑持续学习的能力。这意味着，发展是皮层活动的一个持续、普遍的特征，人的一生都是可以持续学习的。[①]人脑的可塑性为学习的发生提供了长期的、持续性的生理基础，自否定作为学习循环上升的发生规律从本体论意义上具有其合理性，从神经科学视域下人脑的特性看，自否定在学习中的发生具有其生理上的可能性，自否定不仅是哲学意义上学习的逻辑，也是生理意义上人脑发展的重要特性。

2. 自否定作为人的元人性

教育或学习，其本质谈论的是“人何以成人”的问题，而这一问题的谈论需要以对人的本质讨论作为出发点。在英文中，新出世的婴儿通常用“it”来指称，而非用指代人的“she”或“he”来指代，这一指称受复杂的宗教、哲学、经济与社会背景的影响，但仅仅从词语的使用上来分析，是否在一定程度上对刚刚从胚胎成为人的婴儿其作为人的本质有质疑，婴儿是否只是类人的动物。进一步看，很多研究者对于“狼孩是否是人”这一问题有所争议，从生物性上说，狼孩具有人所具备的生理特征，但从哲学、社会学意义上，狼孩作为人的合理性是受到质疑的。由此，人的本质为何？人在本体论意义上具有元人性吗？人是否先验地被赋予成为人的潜在形式？人是否先天地被规定了做人的可能？这些问题是涉及人何以为人的根本问题。[②]

元人性是本体论意义上的存在[③]，因此难以采用科学认知事实的

---

① 经济合作与发展组织编《理解脑——新的学习科学的诞生》，周加仙等译，教育科学出版社，2014，第29页。

② 金生鈜：《通过教育实现元人性——学与教的本体论意义》，《高等教育研究》2020年第4期。

③ 在本体论意义上，元人性是人的先验本质（the nature of human being），是潜在的、抽象的、普遍的人性，是赋予任何一个人的规定性。元人性是做人的先验资格，是人之所以为人的本有，人非它不能为人，非它不能成人。元人性是人的元点，是尚未实现的本有，是有待于绽放或实现的本质人性。参见金生鈜《通过教育实现元人性——学与教的本体论意义》，《高等教育研究》2020年第4期。

形式论证其存在。否定性通过人类历史的经验积淀，通过突变与自然选择成为人的元人性潜在地存在于人的内在生命之中，具有先验的普遍性。否定性其最初表现为前否定，前否定作为人的先验与天性具有盲目性与自我中心性。前否定是外在的、缺乏自我意识的否定，是对相互对立的存在事物的否定，表现为破坏、摧毁的力量，它容易产生一种非此即彼的判断。当前否定发生时，可能产生两种形式。第一种形式是以非 A 否定 A，它否定了由“是/等于”所代表的肯定的单一逻辑系统，开启了除 A 之外的多重逻辑系统，即开启了具有多种选择的可能世界，但这种形式的循环容易产生不确定性的蔓延，人在确定性中才能够获得安全感，当人面临着没有任何标准的无限选择时，反而失却了选择的能力，真正的否定性不是在有限之外寻求无限，是要在有限与无限的同一中确立自身；第二种形式是以 B 否定 A，这是一种以自身的规定否定他物的简单否定，内含着一种非此即彼的独断论的特征，只能够看到对立而不能看到统一。“人类自由的本质是这样一种能力或意志力，即否定任何客观数据或任何权威有决定行为过程的权力。这一权力属于人类个体。它被任性意志的策略所保证。……人们错误地运用了自由的否定力量。”[①] 前否定的两种形式都是外在的否定，具有盲目性与无限性，是一种主客二分的否定，具有自我中心性。但前否定又是必需的，它具有破旧立新的意义，是否定运动的静态起点，而自否定是一种动态的运动过程，人的成长与发展以前否定为起点，不断地向自否定运动发展，即不断地进行自我认识、自我批判、自我提升，而静态的前否定向动态的自否定发展的助推力量便是教育（Bildung），这里所说的“教育也并非仅仅是我们一般所谓的教、养之

① 〔美〕威尔弗莱德·维尔·艾克：《否认、否定以及否定力：从弗洛伊德、黑格尔、拉康、斯皮茨和索福克勒斯的视角出发》，刘春媛译，北京航空航天大学出版社，2017，第 48 页。

过程，它指的更是理念或绝对者的自我教育和构成的过程”[1]。

教育即生长，人的生长就是一种自否定。与动物相比，人既没有某些动物强壮，也没有某些动物敏捷，但人具有相较于其他动物的优势：第一，人具有学习的本能，能够学习到其他动物的能力；第二，一切动物的行为都要受到自然的支配，人虽也受到自然的支配，但人认为自己是自由的，可以接受也可以拒绝自然的支配。[2] 前者意味着人具有可完善性，为人的生长提供了可能性，后者意味着人具有否定性，即有能够进行自否定的自主意志，为人的生长提供了必要条件。正因如此，人是唯一能够展开教育活动的生命体，教育便是一种基于人的学习本能，满足人的自否定意志的实践活动。人的心智结构的发展过程也是人自身建构的过程。人通过其自我意识，既将自己作为主体，又将自己作为客体。[3] 人的生长是一个自我运动的过程，其根源是人的自否定，或内在差异的发生。“这种差异的内在发生体现为这样一种‘自己运动’，而‘自己运动’我们把它理解为自由。”[4] 当儿童脱离了刚刚降生的无意识状态，而产生自我意志时，其想要拥有自主权的意志与幼弱的身体便产生了内在的差异，因此，儿童这时便表现出对父母的反抗与拒绝，这是一种“来自本我的侵略性举动”[5]，人的生长便是源于自否定的意志所产生的对更好状态的欲求与现实状态之间的差异，二者之间的矛盾需要教育使其实现同一，人的生长是一个终身的过程，因此教育、学习也是一个贯穿终身的活动。

3. 自否定作为人的认识逻辑

人的认识逻辑是从单一逻辑到多重逻辑转变的过程，是从“是/等

---

① 贾红雨：《黑格尔的 Reflexion 原则》，《世界哲学》2017 年第 1 期。

② 〔法〕卢梭：《论人与人之间不平等的起因和基础》，李平沤译，商务印书馆，2016，第 52 ~ 61 页。

③ 鲁洁：《教育：人之自我建构的实践活动》，《教育研究》1998 年第 9 期。

④ 邓晓芒：《哲学史方法论十四讲》，生活 · 读书 · 新知三联书店，2019，第 199 页。

⑤ Rene A. Spitz, *No and Yes: On the Genesis of Human Communication* (New York: International Universities Press, 1957) p. 183.

于”的信号系统到“否/或/非”的逻辑系统转变的过程。“信号以‘是’的方式所供给的信息皆是肯定性的‘一’”[①]，而“否定”的概念超越了“是”的概念，开启了人多尺度的认识方式与无限的可能性。由于“是/等于”（例如 A = B）是具有确定性的单一逻辑系统，而“否定”（例如 A≠B）则是具有不确定性的（A = ?）多重逻辑系统，所以否定性不仅开启了逻辑的多重性，同时决定了逻辑无限的延展性，并开启了人类的意识革命[②]。否定词超越了“是”的逻辑关系，从而超越了一种一对一的指代对应关系，进而开启了一种不对称的思想空间，意识不再局限于有限的现实世界，而拓展至由无限的可能性组成的思想空间，意识具有无限自由的创造的想象能力，从而能够提出超越现实限制的任何思想问题。[③] 否定是人类理性在生存发展经验中长期适应的结果，从个体的经验发展为类的经验，并进而成为人具有普遍性的先验认识特性，尤其是在语言诞生后，“我们简简单单使用符号‘不’，这像个笨拙的权宜之计。人们以为，在思想中已经有了另外一码事儿”[④]。否定是人好奇、求知、创造的根源性精神，是人所特有的认识的精神特征。

人的“否定性”分为两种：一种是未经理性化的具有单一排他性的“否定性”，仅仅信奉一种观点或原则，对信奉观点以外的所有观点都排斥；另一种“否定性”是基于人的多尺度认识特征的“否定”，多尺度的认识方式指向超越对应的逻辑关系的逻辑多样性，其内质中出现了“否”“不”“非”的概念，基于多尺度认识原则的否

---

① 赵汀阳：《第一个哲学词汇》，《哲学研究》2016 年第 10 期。

② 赵汀阳提出：“对于人类意识而言，当否定词开启了无穷可能性，意识以此借力创造一个思想世界，自然万物在语言魔法中被再次世界化，被命名，被分类，被重新组织在语言的世界中，所以说否定词所发动的语言革命就是第二个创世事件，是人对世界的再度创世。”参见赵汀阳《第一个哲学词汇》，《哲学研究》2016 年第 10 期。

③ 赵汀阳：《第一个哲学词汇》，《哲学研究》2016 年第 10 期。

④ 〔奥〕维特根斯坦：《哲学研究》，陈嘉映译，商务印书馆，2016，第 159 页。

定是在多元视角分析下的理性否定。批判性思维中的“否定性”并非单纯的否定，而是对“可能性”与“多样性”逻辑的开启。人类的生命本性体现在标准的多元化与选择的多样化，保护人的生命本性就是保护人的否定性精神。人的精神生活状态可以分为两个极端，其一是在选择的多样性与不确定性中焦虑；其二是在确定性的规定中得到安逸。人的“合目的性”与“合规律性”特征要求人不断地在多元标准与不确定性中发展与反思，从而实现属人的意义。使人成为人的过程的重要方面便是实现人的否定性精神从排他的原初否定向自否定的转变，在于人的“否定性”特征于实践过程中的理性化程度，人的“多元性”反思的内化程度，而这一过程实现的重要途径便是以教和学使人理解并进入人类共同的精神成就中，进入人的生活世界中，在与世界的互动中认识自我和认识人性。[①]

四　学习的逻辑：自否定作为学习的驱动力

从前提逻辑的规定性来看，自否定作为最为简单而抽象的范畴是人类意识革命的起点，也是人的重要生命特征，它一方面承载着人与世界否定性统一的关系，另一方面推动着个体的自我超越与发展。自否定在历史中作为人、知识增长与经验积淀的前提与规律推动着人及其认知内容的创造进化；在人的发展中作为人与世界的存在关系与人的本质生命特征，推动着作为“类生命”的人与作为个体的人的超越与发展，因此，从学习的主体与客体层面上，自否定是其发展的前提与规律。随着自否定在历史与人的发展中价值的逐渐凸显，也随着学习研究者们对于自否定潜在与显性作用的认识深入，越来越多的学习

① 金生鈜：《通过教育实现元人性——学与教的本体论意义》，《高等教育研究》2020 年第 4 期。

理论关注到自否定在学习活动中，尤其是作为学习的动力机制的前提价值。正是自否定作为历史与人的发展的前提与规律决定了以人作为主体、以历史为时间维度、以知识与经验为主要对象的学习活动不仅需要以自否定为前提、规律，还必须以自否定作为学习者的需要，使"人的本质力量得到新的证明，人的本质得到新的充实"[①]，基于此，以自否定作为学习主客体交互下学习活动发生的持续推动力。

（一）反思内省：自否定在早期学习理论中的内隐体现

早期关于学习的观点主要集中在哲学与心理学领域。在这一阶段，研究者们对学习的认识是单一维度的，如将学习作为一种通过内省自身从而将经验转化为观念的过程，或是将学习作为一种刺激—反应的外显行动。在这一过程中，研究者们还未能认识到自否定在学习中的重要性，而研究者们对于学习的认识，即学习理论的发展却恰恰在无意识中体现了一个肯定—否定—否定之否定的发展过程。这一过程中学习理论的关注点从以内省为特征的意志主义、构造主义转向以刺激—反应为原理的行为主义，而随着二者缺陷的逐渐显现与矛盾的不断调和，学习的内在调节机制与外在行为变化均被作为学习的主要表现得到重视，这一过程是自否定规律作用与学习理论发展的过程，也是自否定本身在学习研究中被发现的过程，其本质是基于对历史与人的本质与前提认识的不断深入，从而实现了自否定在学习理论发展中作用的逐渐凸显。

从哲学视角，一些哲学家从认识论视角探讨了人是如何获取知识的，很多哲学家关注到思维的反思性作用。柏拉图提出具有理性的人能够通过"心灵的眼睛"经验到观念的知识，柏拉图认为我们将思维转向内在并反思先天存在于我们之中的东西，真正的知识来自内省或

① 马克思：《1844 年经济学哲学手稿》，人民出版社，2018，第 117 页。

自我分析。[①] 笛卡尔认为，我可以怀疑一切，但除了一件事，就是"我怀疑"这一事实，由此提出"我思，故我在"的经典论断。人的心理与身体相互分离，心理为人所独有，并且决定着身体的行动，心理具有天赋观念，而其中十分重要的便是关于自我的概念。[②] 心理学的早期学派对内省作为思维工具这一观点具有争议。意志主义的冯特（Wilhelm Wundt）认为人类可以选择性地注意他们想要的任何一种思维原则，使得那些元素被清晰知觉到，冯特将这种选择性注意称为统觉，思维的元素也可以被有意安排成许多组合，这一过程称为创造性综合。基于冯特的意志主义，爱德华·铁钦纳（Edward Bradford Titchener）开创了构造主义，与意志主义相同的是，构造主义也关注对人类意识的系统研究，并使用内省作为工具分析思维的元素。[③] 而以威廉·詹姆斯（William James）为代表的机能主义与以华生为代表的行为主义则反对将内省技术作为意识的研究工具，而更为关注环境、行为与意识的关系。

以机能为主导的学习理论主要强调机体与环境的关系，深受进化论思想的影响，认为学习是有机体适应环境的活动。桑代克（Thorndike）认为，学习的基本形式是试误学习，表现为刺激（S）与反应（R）之间的联结关系，而不受思维或推理的调节，因此他认为学习是哺乳动物都具有的本能性的活动。斯金纳（Burrhus Frederic Skinner）认为学习是一种强化刺激反应，并将全部的注意力放在R型条件作用上，提出了程序教学法，其发明的教学机器可以看作最早的人机互联的学习方式，由此而产生的个性规划教学系统与计算机辅助教

① 〔美〕B. R. 赫根汉、马修·H. 奥尔森：《学习理论导论》（第七版），郭本禹等译，上海教育出版社，2011，第25页。

② 〔美〕B. R. 赫根汉、马修·H. 奥尔森：《学习理论导论》（第七版），郭本禹等译，上海教育出版社，2011，第27~28页。

③ 〔美〕B. R. 赫根汉、马修·H. 奥尔森：《学习理论导论》（第七版），郭本禹等译，上海教育出版社，2011，第35页。

学都具有程序教学的自定步调与即时反馈的特征。但有研究者认为这种教学程序是机械的、非人道的，忽视了人与人之间的自然的互动关系，且将课程分为细致与可测量的教学目标是不现实的，真正的教学目标是不可被轻易细化与测量的，如批判性思维能力、价值观、学会学习等。[①]

强调刺激—反应的机能主义的学习理论也并非只关注外部条件对学习者行为的刺激，霍巴特·莫勒（O. Hobart Mowrer）根据外部刺激对于学习的作用提出，刺激—反应的原则也适用于内部刺激，他认为所有的学习都是符号学习，某些外部或内部的符号诱发了有机体不同的情绪，而产生习得期待，进而产生学习行为，事实上，这一主张创建了一种实质为认知主义的学习理论。以联想为主导的学习理论关注条件作用与行为的内部联结，相比于工具性条件刺激，以联想为主导的学习理论倾向于经典条件作用，即无条件刺激不经意地、自动地引发行为，这更类似于人的学习发生。其中，有研究者从联想主义的视角关注了惊奇的发展，认为惊奇是对首次出现的无条件刺激的反应，人只有在惊奇时才会主动加工事物，而只有主动加工某事时才对其进行学习。[②] 因此，联结主义关注学习的驱动力，提出要有一种持久的刺激情境使学习者一直处于一种不安或兴奋的状态，这种持久的、使人不安的刺激就是“驱力”，在持续性的刺激之下形成的条件作用而产生的反应便形成了人具有意向性的行为，如学习。总的来看，以机能或联想为主导的学习理论关注有机体刺激与反应之间的关系，从生理角度以动物为实验对象进行研究，但随着研究的深入，刺激—反应的简单行为模型已经不足以解释人类复杂的学习行为，研究者

① R. L. Meek, “The Traditional in Non-Traditional Learning Methods,” *Journal of Personalized Instruction* 2 (1977): 114 - 119.

② B. Schwartz, E. A. Wasserman, S. J. Robbins, *Psychology of Learning and Behavior* (New York: Norton, 2002).

们不可避免地关注到驱力、意向、情绪、期待等内在因素，虽然有研究者仍将其解释为接近律的结果，但其学习理论的发展从这一角度正不断调和与认知主义的矛盾，即人的学习行为并非全无意识的刺激—反应，中间关系着内部驱力、情绪、意向等具有自我性质的内在因素。

以认知为主导的学习理论主要强调学习的认知性质，柏拉图、笛卡尔、康德等人关于认知的认识是这一理论的基础，认知主义理论更关注学习的内在作用过程，而不仅仅是外显行为结果。第一，认知主义学习理论认为内省法应用来研究整体的、有意义的经验，而非如构造主义将经验划分为分子性的认知元素。格式塔学派认为，“场”是一种动态的、相互关联的系统，被知觉到的环境可以被看作场，人也可以被看作一个场，学习就是由场与场之间相互作用而产生的，勒温（Kurt Lewin）认为个体必须意识到经验，才能够产生学习行为，因此，学习必须是一个有意识的内省过程。[①] 第二，认知主义学习理论认为真正的学习必须发生在学习者自身内部。如韦特海默（Max Wertheimer）认为，通过机械记忆的学习，学习者学习到事实或规律，但不能真正理解它们，这种学习是容易遗忘与僵化的，应用情境十分有限，而真正的学习必须能够使学生看到问题的性质，这种学习必须发生于学习者内部而非外部强加。第三，认知主义学习理论认为，人的学习是一种自我调节的机制，是一个平衡化的过程，自我意识是人的学习的充要条件，自我性是学习动因的核心特征。认知主义的研究者认为，学习是一个使组织上的不平衡状态变得平衡的自我调节过程，如格式塔论者认为未得到解决的问题使学生心中产生模糊性或组织上的不平衡性，这是一种令人不快的情形，这种不平衡

① 〔美〕B. R. 赫根汉、马修·H. 奥尔森：《学习理论导论》（第七版），郭本禹等译，上海教育出版社，2011，第219页。

或模糊性是一种内在强化物，促使学生通过学习解决问题，降低模糊性，实现平衡。[①] 皮亚杰认为，智力背后的发展推动力是平衡，平衡是组织个人经验以保证最大程度适应环境的先天倾向，是一种朝向平衡的持续性驱力，随着儿童的成熟与认知结构的发展，这种平衡过程越来越趋向于内隐，即逐渐减少对物理环境的依赖而增加对于认知结构的利用，呈现一种内化的形式。人的平衡其实质是由有机体的肯定与否定的相互补偿协调来实现调节的。[②] 班杜拉（Albert Bandura）也认为，人类的行为主要是自我调节的行为，人的行动是具有动因的，即对影响将来事件的活动能够进行有意识的计划和有目的执行。其关注到人类心理的生成性、创造性、前摄性与反省性，而不仅仅是反应性，因此，提出人的动因具有意向性、预见性、自我反应与自我反省四个核心特征。[③]

文化历史理论认为，人类的发展之所以具有独特性，核心在于人类文化的独特性，人类在文化发展互动中形成了独特的心理结构。基于此，维果茨基提出人类心理发展的源泉和决定因素是文化，文化在历史上不断发展，是人类社会生活和社会活动的产物，人们通过社会互动来构建自己的意识。因此，“人的心理活动的变化，与他的实践活动过程的变化是同样的”[④]，人的心理结构在外部互动活动中形成并反映在内在意识中。因此，可以说，活动是人们独特的心理过程结构（或意识）的客观来源。列昂节夫（Leontiev）也认为，“有机体的适应是……一种对它们周围环境性质的反思……它在它们的客观联结与关

---

① 〔美〕B. R. 赫根汉、马修·H. 奥尔森：《学习理论导论》（第七版），郭本禹等译，上海教育出版社，2011，第 236 页。

② 〔瑞士〕皮亚杰：《可能性与必然性》，熊哲宏主译，华东师范大学出版社，2005，第 4 页。

③ Albert Bandura, “Social Cognitive Theory: An Agentic Perspective,” *Annual Review of Psycho-logy* 52 (2001): 1–26.

④ 《维果茨基教育论著选》，余震球译，人民教育出版社，2004，第 2 页。

系中……获得了……环境的情感性质的反思形式。这也是一种精神的、客体反思的特殊反思形式”[①]。文化历史理论认为，人的心理活动，尤其是学习活动，其发生与发展机制与历史的发展逻辑相关联，人在实践活动中建构了自我意识，学习的逻辑与历史的逻辑相符合，在这一理论话语下，自否定也是学习的前提。

经典学习理论主要分为以机能为主导、以认知为主导以及以文化为主导的学习理论，这三种主要的学习理论分别以行为、认知与文化为逻辑视角审视学习，虽然在研究起点上存在明显的差异，但随着对学习这一复杂行为更加深入与细致的研究，不同的学习理论呈现出相互关联甚至交融的现象，在对学习的某些特征上有较为一致的认知。例如，第一，无论是对认知对象进行结构元素的划分还是进行整体性的认知，研究者们都不否认将内省法作为一种学习与认知的重要方法。第二，研究者们认为学习是一种自我调节的机制，一方面实现机体与环境的平衡，这一环境既是生理环境，也是社会文化环境；另一方面，自我调节也涉及有机体内部的自身调节，它既可以是横向的认知调节，也可以是纵向的自我与未来期望的发展性对话。第三，随着研究的深入，研究者们聚焦于人的学习，关注人类学习的特殊性与人的多维度的整全发展。在学习行为研究之初，尤其是以机能为主导的研究，集中于以动物为实验研究对象，但随着研究的深入以及与人类行为的对比，研究者们更加关注人类行为的特殊性。人类的学习行为并非无意识的刺激—反应机制，而是涉及学习的意向性、情绪、期望等。现在的学习理论主要涉及学习的三个维度，分别为内容维度，包含知识、理解和技能等；动机维度，包含动力、情绪和意志；互动维度，包含活动、对话和合作。这三个维度代表着人类学习的独特性，

① A. N. Leontiev, *Problems of the Development of the Mind* (Moscow: Progress Publishers, 1981), p. 45.

指向人的整全发展。由此可见，在早期的学习理论中，自否定以一种内隐的形式存在于学习研究之中。

（二）聚焦自我：自否定在当代学习理论主题中的凸显

在近年来的学习理论中，自否定以一些更加直接的方式显现在某些关于学习的主题性概念之中，如平衡化、反思、批判性思维、元学习（元认知）、自反性等。

自否定以学习中的反思为外在形式。反思是很多现代学习理论中的关键要素，反思可以分为“事后再考虑”（afterthought）与“镜式反映”（mirroring）两种。梅齐洛（Mezirow）认为，当先前所学被运用于后来的情境时，或检验、修正已获得的理解时，事后反思便会发生，[①] 学习者与环境互动产生的新冲动可能不能直接发生，这种认知不调而产生的滞后性促使了事后反思的发生。这种“事后再考虑”，相比于即时的顺应学习，涉及更加深入的思考与认知加工过程。而“镜式反映”可以被界定为自反性，即一种将某事反映在学习者自我之中的经验或理解，自我的意义处于中心地位。[②] 齐厄（Thomas Ziehe）认为自反性是“联系自我的机会”[③]，提出“称为‘现代的’人在今天意味着能够为自己确定和正式提出目标，这些目标能够让一个人具有战略性，能够在其自我反思中加以运用”[④]。吉登斯也认为，现代性的重要特征是大规模的自反性假设，是对反思的反思，现代性建构于

---

① Jack Mezirow, “How Critical Reflection Triggers Transformative Learning,” in Jack Mezirow, ed., *Fostering Critical Reflection in Adulthood* (San Francisco, CA: Jossey-Bass, 1990).

② 〔丹〕克努兹·伊列雷斯：《我们如何学习：全视角学习理论》，孙玫璐译，教育科学出版社，2014，第72~73页。

③ Thomas Ziehe, “Vorwärts in Die 50er Jahre?” in Dieter Baacke, Wilhelm Heitmeyer, eds., *Neue Widersprüche: Jugendliche in Den 80er Jahren* (Munich: Juventa, 1985), p. 200.

④ Thomas Ziehe, “Om Prisen På Selv-Relationel Viden: Afmystificeringseffekter for Pædagogik Skole og Identitetsdannelse,” in Jens Christian Jacobsen et al., *Refeksine Lœreprocesser* (Copehagen: Politisk Revy, 1997), p. 29.

反思性的应用性知识之上。[①] 他们都认为自反性不仅是一种智能现象，还是经验性与情感性的，是自我理解与身份认同的塑造，而自否定是反思的本质。黑格尔认为，否定是一种“无形式的抽象”[②]，它是运动与发展的内在灵魂与解释原则，但这种内在的灵魂必须以具体的形式为承载，这种具体性的形式在哲学上表现为反思，因此他提出“本质的否定性即是反思”[③]。反思是对意识的意识，是人类所特有的思维功能，既是人猿揖别，也是人机之分。[④] 从个体的思维到人类的意识发展都来自自否定的灵魂，质疑、反思、批判与元认知等活动都是否定在思维过程与心理过程中的表现形式。从哲学层面看，思维是反思，它发生于纯粹的内在领域是精神的内在活动，有研究者认为思或反思由表象、思、客体、主体、对象、我六个意识内容组成，“表象”“客体”“思”“主体”“对象”“我”中，都存在着内在否定的关系，都在内在否定过程中向前演进，实现主体与客体交互作用，获得共同的存在属性，到此，反思才是可能的。[⑤] 因此，从哲学层面看，内在否定或者说自否定是反思的充要条件。杜威认为，人的思维的重要因素是产生一种困惑、犹豫、怀疑的状态，是某种变化挑战了学习者原有的信念，变得捉摸不定。[⑥] 因此，杜威提出了保持怀疑心态，进行系统与持续探索的反省性思维，这也被很多研究者认为是批判性思维研究的产生标志。

元认知理论中的自否定体现。元认知最早以一种内省性思维或反省思维的方式存在，它的概念最早由弗莱维尔于 1976 年提出，标志

---

① Anthony Giddens, *The Consequences of Modernity* (Stanford, CA: Stanford University Press, 1990), p. 39.

② 〔德〕黑格尔：《逻辑学》（上卷），杨一之译，商务印书馆，1966，第 106 页。

③ 〔德〕黑格尔：《逻辑学》（下卷），杨一之译，商务印书馆，1976，第 6 页。

④ 赵汀阳：《第一个哲学词汇》，《哲学研究》2016 年第 10 期。

⑤ 崔平：《解构“反思”》，《江海学刊》2002 年第 3 期。

⑥ 〔美〕约翰·杜威：《我们如何思维》，伍中友译，新华出版社，2015，第 11～12 页。

着元认知被纳入认知心理学领域，弗莱维尔认为，元认知是“个人关于自己的认知过程及结果或其他相关事情的知识”，也是“为完成某一具体目标或任务，依据认知对象对认知过程进行主动的监测以及连续的调节和协调”。[①] 因此，它既是关于认知的知识，也是对认知的认知。其后的研究者也基本遵循这两个角度对元认知进行定义，比如，尤森（Yussen）认为，“宽泛地讲，元认知可认为是反映认知本身的知识体系或理解过程”[②]。米勒（Miller）认为，“元认知指关于心智运作的任一方面的知识，以及对这种运作的导向过程”[③]，这是从元认知是关于认知的知识角度来看。还有研究者认为元认知是对思维的思维，是对认知的认知，强调对于自身认知的监控、反省、控制，如斯滕伯格（Sternberg）[④] 便是从这一角度来进行定义。

平衡化理论中的自否定体现。平衡化理论体现了自否定的原则，能够为学习的发生提供内发性冲力。进化论的思想对于皮亚杰的理论具有重要的影响，但皮亚杰并非拉马克式的进化论者，而是在认识论视角受到柏格森哲学进化论思想的影响，柏格森认为，生命体具有一种生命冲力（élan vital），体现在个体、代际克服困难生生不息地递相传送以达到生命的最重要的、最完美的组织原则，相对于达尔文式的传统进化论，柏格森更关注进化论的生命哲学意义或内在的精神哲学意蕴，由此可以窥见皮亚杰对于认知的内部发生的重视有其缘由。在此立场之上，皮亚杰提出了他的平衡化理论，即任何一种进化系统

① J. H. Flavell, “Metacognitive Aspects of Problem Solving,” in L. B. Resnick, ed. *The Nature of Intelligence* (Hillsdale, NJ: Erlbaum, 1976), p. 232.

② S. R. Yussen, “The Role of Metacognition in Contemporary Theories of Cognitive Development,” in D. L. Forrest-Pressley, G. E. Mackinnon, and T. G. Waller, eds., *Metacognition, Cognition, and Human Performance* (New York: Academic Press, 1985), p. 253.

③ P. H. Miller, “Metacognition and Attention,” in D. L. Forrest-Pressley, G. E. Mackinnon, and T. G. Waller, eds., *Metacognition, Cognition, and Human Performance* (New York: Academic Press, 1985), p. 181.

④ R. J. Sternberg, *Encyclopedia of Human Intelligence* (London: Macmillan Publishing House, 1994), p. 725.

都是趋于平衡的，但在环境的影响之下，原有的平衡会逐渐趋向不平衡的状态，这种不平衡可能是破坏性的，也可能成为建构新的平衡过程中的一种动力。[①] 可见，所谓的生命冲力就来自不平衡状态与平衡状态的相互转化之中，从平衡到不平衡再到平衡的状态是一个肯定、否定、否定之否定的螺旋上升过程。无论是从微观个体的认知发展视角还是从宏观的科学史演进视角看，认识的发展都是通过不断的否定追求理想的平衡状态，其过程实现对知识广度的拓展与深度的挖掘。因此，对于深度学习，平衡化理论为其提供发生动机的解释性原则，深度学习的内发性动机必然来自认知的不平衡状态，或者有研究者将其定义为认知冲突，这种不平衡为主体提供了学习的冲力，同时这种以否定为特征的状态与过程是深度学习发生的必要条件。

平衡化是肯定性与否定性之间的相互补偿，这是深度学习发生的必经过程。不同于许多学者将对立、矛盾、冲突看作所有发展中的知识的来源，皮亚杰对于矛盾与平衡的关系做了前提性的辨析，他认为，人的去平衡是由肯定与否定之间的不完全补偿造成的，这是一种机能上的不平衡，完全依据动作或思维的内容，而矛盾是结构性的，需要以形式化运算为思维的最低限度。从对儿童的临床试验与观察来看，儿童在判断问题时首先考虑的是肯定方面而不是否定，由此便会在心理认知上产生一种不平衡的状态，但儿童在初始阶段是很难意识到这种不平衡并予以补偿的，只有通过一次次的操作，从经验中获取补偿性的规则，而只有在不平衡状态中主体能够有所觉察，并能够质疑同一性的真实性时，结构性的矛盾才得以产生。因此，对于学习的过程来说，平衡化过程在发生的时间序列上更早，其认知发生条件更低，而矛盾则是一种思维发展更高级的逻辑形态，要求认知的形式

---

① 〔瑞士〕皮亚杰：《可能性与必然性》，熊哲宏主译，华东师范大学出版社，2005，第2页。

化、可逆化与自我认知能力的形成。对于深度学习来说，从去平衡化到矛盾的过程应是学习完整的、层层深入的发展过程，感知或认知的自发倾向是对现实的肯定，但缺乏否定的补偿其会呈现紊乱的状态，在肯定与否定的张力作用下，学习的初始认知从不稳定状态，随着自我反思意识的产生与发展，个体便能够意识到矛盾状态，并对知识结构进行调节以实现对矛盾的超越，进而达到平衡的状态，这体现了深度学习的递进性。

自我概念是学习理论的核心。[①] 个体的自我概念在儿童早期便产生，“婴儿在一岁后期的主体交互性发展围绕着自我和他人的新关系展开，这两者在婴儿看来是独立分开却相互作用的，在一岁半左右，一个更为牢固的对客观自我的表达开始出现”[②]。在学习过程中，个体对通过之前的经验对学习问题做出反应而获得的意义进行整合，最后，自我得以形成，其整合了社会定义中的过去、现在和将来，是一种形而上的个人传记。自传性是一种通过自反性学习的全面框架，在突破了外在传统理念导向的框架之后，将个体的自我理解和身份认同结合在一起，用于解释学习过程中自我的存在性与连续性。

可以发现，在现代对于学习理论的研究中，反思、批判性思维、元认知、平衡等相关的概念是重要的研究概念，这些概念存在着相同之处，即都强调思维的自我认识、内在性、反身性，强调保持怀疑的状态，强调通过这些方式实现自身与对象的发展，而这些都是自否定的内核，或者说，我们可将这些学习理论中不同赋名的概念都追溯到同一个内在灵魂，即自否定。总的来说，自否定是深度学习的内在灵魂，而反思、批判性思维、元认知等都是承载自否定灵魂的外在表现

---

① 〔英〕彼得·贾维斯：《成人教育与终身学习的理论与实践》，上海高教电子音像出版社，2014，第6页。

② K. Nelson, *Young Minds in Social World* (Cambridge, MA: Harvard University Press, 2007), p. 105.

形式。

逻辑的开端，应该是一个最简单、最抽象的规定，它“不能是一个具体物，不能是在本身以内包含着一种关系那样的东西……”[①]。从自否定与深度学习的关系来看：其一，自否定作为一种最简单、最基本、最抽象的范畴，它能够被用来说明深度学习所强调的关键要素，如学习者的精神特质、实践特征、学习动机、思维的形式、知识发展规律等；其二，自否定与深度学习相互规定，它贯穿于学习的始终，通过学习从一种抽象上升为具体的运动，它同时又在学习的不断推进中实现自身、发展自身、超越自身；其三，自否定以“胚芽”的形态内在地隐含着所有学习活动中后继规定的内容，从历史的发展、人的发展与学习理论的发展历程中可见一斑；其四，自否定在学习活动中承担着以人为核心的一定的社会关系，它体现了一种人与自我、人与他人、人与世界的否定性统一关系，而这三种关系又构成了学习这一认识世界、改变世界的探求性活动的三种关系；其五，从历史与逻辑相统一的视角来看，自否定贯穿于人类的学习进程之中，贯穿于人类经验积淀、知识增长的历史中，也体现于学习理论发展的历史中。

① 〔德〕黑格尔：《逻辑学》（上卷），杨一之译，商务印书馆，1966，第61页。

第三章 基于自否定的深度学习理论建构

基于自否定的深度学习从人这一主体视角出发，关注“自否定”这一人特有的生命特质，将其作为深度学习的前提。基于自否定的深度学习模型从横向上以内容维度、动机维度与互动维度为构成，从纵向上以学习过程中参与的主客体自否定发展五阶段为历程，构筑了一个系统的、多维的、持续的理论架构，从认知、情感、互动多重维度透视深度学习，强调知、情、意、行的共同作用，指向人的整全发展与自我的否定性超越。本章建构深度学习整体性理论框架，强调通过学习实现认知、情感与互动上的自否定，进而促使学习者基于自否定在“三维度五阶段”实现深度学习。

一 基于自否定的深度学习的概念界定与特征

近年来，对于深度学习，研究者们在概念界定上难以绕过将其与“浅层学习”比较，也着力于将之作为一种新的、更加理想化的学习形态进行定义。接下来，在本研究中，对于深度学习的定义主要以自否定为其前提进行分析，并联系“负概念”“相近概念”“上位概念”等对基于自否定的深度学习这一概念的独特性及其特征进行论证。

（一）基于自否定的深度学习概念界定方式

对基于自否定的深度学习概念的界定首先需要将这一概念分解为

“自否定”与“深度学习”两部分，自否定作为深度学习的限定词决定了本研究中的深度学习与以往研究中的深度学习有所不同。对于“深度学习”本体的界定根据以往对于深度学习的研究从其“负概念”即浅层学习、表层学习入手进行阐释，是以往深度学习研究者们所常用的方式。但深度学习相对于发现学习、理解学习、有意义学习等的独特性，以及基于自否定的深度学习与以往研究中的深度学习相比有何不同仍需进一步探讨与辨析。

在逻辑学中，界定概念时既可从“正概念”入手，也可从“负概念”入手。如亚里士多德从剖析“不自由”即“奴性”的状态来阐释对于“自由”的认识。[①] 因此，也可从负概念角度对基于自否定的深度学习进行界定。在教育领域中，深度学习的对立概念或负概念被认为是浅层学习。这一对相对立的概念最初见于1976年马顿等人的研究中。他们通过对于大学生在散文阅读中不同程度学习的实证研究，提出深度学习与浅层学习是两种不同的学习方式，他们认为在浅层学习中，学生被要求采用死记硬背的方式再现学习的符号，而不是掌握字符串所指的内容的含义。相反，深度学习作为一种深加工的形式，致力于理解作者想要表达的内容、问题或原理，能够获得更高质量的学习结果。[②] 基于此，比格斯[③]、贝蒂（Beattie）等[④]研究者在马顿等人研究的基础之上通过实证研究进一步探讨了深度学习与浅层学习二者不同的学习过程，论证了浅层学习是一种灌输式的、无意义的学习，深度学习需要学习动机、情感、认知策略等多方面因素的参与，相对于浅层学习，

---

① 上官剑：《有序之道：论人的“整全”及其教育》，《高等教育研究》2020年第12期。

② Ference Marton, R. Säljö, “On Qualitative Differences in Learning: I-Outcome and Process,” *British Journal of Educational Psychology* 46 (1976): 4 – 11.

③ John Biggs, “Individual Differences in Study Processes and the Quality of Learning Outcomes,” *Higher Education* 8 (1979): 381 – 394.

④ Vivien Beattie, B. Collins, B. McInnes, “Deep and Surface Learning: A Simple or Simplistic Dichotomy?” *Accounting Education* 6 (1997): 1 – 12.

深度学习无疑大大提高了学习质量。总的来看，通过这一方式对深度学习的概念进行界定是深度学习研究中较为普遍的方式，有研究者将深度学习与浅层学习的区别总结为表 3-1。[①]

表 3-1 深度学习与浅层学习比较

	深度学习	浅层学习
记忆方式	强调理解基础上的记忆	机械记忆
知识体系	在新知识和原有知识之间建立联系，掌握复杂概念、深层知识等非结构化知识	零散的、孤立的、当下所学的知识，且都是概念、原理等结构化的浅层知识
关注焦点	关注解决问题所需的核心论点和概念	关注解决问题所需的公式和外在线索
投入程度	主动学习	被动学习
反思状态	逐步加深理解、批判性思维、自我反思	学习过程中缺少反思
迁移能力	能把所学知识迁移应用到实践中	不能灵活运用所学知识
思维层次	高阶思维	低阶思维
学习动机	学习是因为自身需求	学习是因为外在压力

从概念辨析的角度，本研究需要探究深度学习与发现学习、理解学习、有意义学习等名词有何区别与联系。具体来看，发现学习是由布鲁纳提出的，是与接受学习相对的一种方法，要求学生根据教育者提供的事实材料和问题，主动思考、自行探究、发现并掌握知识、技能。有意义学习主要是奥苏贝尔（David Pawl Ausubel）提出的与机械学习相对的学习方式，指符号所代表的新知识与学习者认知结构中已有的适当概念建立非人为的、实质性联系的过程。能够发现，这些学习理论或学习方式具有强调学习者主动参与、建构认知联系等特征，这与深度学习的特征有相似之处，但这些并非深度学习。从范畴看，深度学习是一种新的学习形态，而非心理学层面某种特定的学习方式

① 张浩、吴秀娟：《深度学习的内涵及认知理论基础探析》，《中国电化教育》2012 年第 10 期。

或学习理论，其范畴更大，指代更广。心理学层面的学习理论较难从实质上改变教育实践，其关注点更多聚焦于解释心理过程与知识架构，而对于获得能力的学习过程的研究不够。因此，深度学习作为一种新的学习形态，不局限于某种特定的学习理论或学习方式，其强调的是一种理想化的、高质量的学习结果，到达这一结果的途径并非唯一，而是多元的，而实现这一结果的学习过程需要明确四个部分：一是需要获得的能力；二是追求和实现这些能力所需的学习过程；三是开始和维持这些学习过程的原则与指南；四是能够监测并完善学习过程的评估方法。以往心理学所提及的学习方式或学习理论多是关注其中某个组成部分，而深度学习的实现则涉及整体性的学习过程，并在这一过程中力图消除“研究—实践”的鸿沟。

此外，本研究以自否定作为深度学习的限定词，这一概念与以往研究中的深度学习定义有所区别。

其一，在初期对于深度学习的研究中，研究者们主要将深度学习与浅层学习相对比，强调传统的量化学习结果的局限性，提出学习质量的重要性。在马顿的研究中，深度学习与对学习内容的深度加工等同，主要关注学生对于学习内容的理解程度。其后，研究者们逐步关注到超越知识内容的学习，包括学习者的学习动机、高阶思维能力、价值观、社会性等，但随着研究者们将越来越多的目标囊括进深度学习的培养目标之中，深度学习的定义也逐渐庞杂、烦琐，造成了名词的叠加、话语的重复等问题，其关键原因在于研究者们对深度学习的前提与本质缺乏认识。本研究将自否定作为深度学习的重要前提，基于自否定的深度学习便是将自否定作为深度学习培养的众多目标能力的前提性概念，基于自否定对众多名词进行统合，并在学习过程中通过自否定的唤醒与培养实现深度学习的目标。

其二，基于自否定的深度学习在价值上更丰富，在目标上更深入。以往关于深度学习的研究较多基于目标分类理论，关注学习者的认知、情感与社会性能力的培养。但具体地看，以往很多学习理论也不乏此见，这种对深度学习的定义“全”而不“深”，就能力谈能力，就教学谈教学的方法也只能是理论与形式上的“浅尝辄止”。本研究中基于自否定的深度学习从本体论、认识论、历史观的维度对人的学习本质与前提进行探究，并从中推论出自否定作为深度学习的前提与规律，从这一层面，深度学习之“深”不仅在于学习者个体层面的认知、情感、社会互动之“深”，更在于个体人与类存在的人其学习价值于生命发展层面之“深”，在于人类知识增长与经验积淀之“深”。因此，在定义上基于自否定的深度学习之深在于其价值之深远，其目标之深刻，即实现个体的内在自我超越与人的类生命的创造进化。

（二）基于自否定的深度学习概念及特征

基于自否定的深度学习的定义以对学习的概念认识为基础，学习是当代教育学、心理学、学习科学等多个学科领域的核心议题之一。诸多研究者认为“学习是行为或行为潜能相对持久的变化，它是经验的结果，而且不能归因于由疾病、疲劳、药物等引发的暂时性机体状态”①，是“发生于生命有机体中的任何导向持久性能力改变的过程”②。施良方将学习定义为“学习者因经验而引起的行为、能力和心理倾向的比较持久的变化。这些变化不是因成熟、疾病或药物引起的，而且也不一定表现出外显的行为”③。瞿葆奎、郑金洲认为学习是教育学的逻辑起点，学习论中的学习是从广义出发，指代个体后天获取经验的所有过程，包括如心理学所提出的动物性调节活动。教育学

① 〔美〕R. 基斯·索耶主编《剑桥学习科学手册》，徐晓东等译，教育科学出版社，2010，第6页。

② 〔丹〕克努兹·伊列雷斯：《我们如何学习：全视角学习理论》，孙玫璐译，教育科学出版社，2014，第3页。

③ 施良方：《学习论——学习心理学的理论与原理》，人民教育出版社，2000，第5页。

中的学习概念相较而言更为偏狭，它以思维为支撑，是人在与外界事物的作用下通过思维加工获取经验等的过程，是一种认识世界的活动。[①] 桑新民则从教育哲学的角度提出学习的本质是人类个体和人类整体的自我意识与自我超越。[②]

总的来看，学习这一定义主要有以下几个特征。

第一，学习以有机生命体为主体，在广义上包括动物与人，在狭义上主要指的是以人为主体的活动。在教育学、心理学的话语中，人是具有主体性的学习者。而近年来，人工智能领域的机器学习也使用了“学习”这一词，其核心在于基于以往的数据和经验优化计算机程序的性能标准,[③] 其主体是无生命的机器，在本研究中，学习的主体主要为具有主体性的人。

第二，学习必然产生某种变化，这种变化有可能是外显可观察到的行为变化，也可能是内隐的思维、情感和心理倾向等方面的变化。

第三，学习产生的变化是相对持久的，也就是说，这种变化既不是短暂的，如由疾病、疲劳、药物、成熟所引起的，也不是固定的。

第四，学习是人与世界互动下的经验积淀和实践活动，由遗传所决定的非习得性的反射行为不能称为学习。

对于深度学习的定义，以往研究从负概念的视角明确其不是以灌输、机械记忆与无意义学习为特征的浅层学习，而是与之相对的以主动、理解、迁移、反思为特征的深加工式的学习。对于基于自否定的深度学习，通过与相关概念以及以往研究的比较与辨析能够发现，第一，基于自否定的深度学习以自否定作为深度学习的限定词，意为自否定是实现深度学习的前提，以往研究中要求深度学习培养的高阶思

---

① 瞿葆奎、郑金洲：《教育学逻辑起点：昨天的观点与今天的认识（一）》，《上海教育科研》1998 年第 3 期。

② 桑新民：《学习究竟是什么？——多学科视野中的学习研究论纲》，《开放教育研究》2005 年第 1 期。

③ 陈海虹等主编《机器学习原理及应用》，电子科技大学出版社，2017，第 2 页。

维、迁移能力、社会性情感、价值观等认知、情感、互动等维度的素养都能够被自否定所统合与实现。第二，基于自否定的深度学习之“深”体现在两个层面：一是学习过程本身之“深刻性”，即学习主体在学习过程中，以适宜的学习方法对学习内容实现深入理解、迁移与应用，并在这一过程中实现对自我的否定与超越，实现学习主体、客体双重的创造性发展；二是学习活动价值的“深远性”，在这一层面上，基于自否定的深度学习不仅是此在（Dasein）意义下学习者与学习内容的否定与超越，更是此在共同体的历史性的自我否定与超越，作为学习客体的经验、知识与作为此在的人息息相关，是人实现历史性的载体与材料，在这一意义上，基于自否定的深度学习从主体和客体的角度看在历史性上均具有“深远性”，即实现人与其互动世界的本体性超越与发展。第三，基于自否定的深度学习跳出就学习谈学习、就教学谈教学的窠臼，从更加宏观的视角对深度学习的本质作以前提性的认识与反思，从历史与人的逻辑进行推论，从而推演得到自否定作为深度学习的前提，并以此对深度学习的本质特征进行探究。

本研究将基于自否定的深度学习定义为以自否定驱动学习者主动、深入地参与到学习过程中，在与外部世界的互动中培养适应性能力，实现人的认知、情感、社会性的自我认识、自我否定、自我超越的生命实践活动。基于自否定的深度学习定义具有以下特征。

第一，深度学习以人为主体，将学习活动看作以人的自否定为前提的生命实践活动。基于自否定的深度学习从学习的本体入手，以人的本质考察学习的本质。在广义上，学习这一概念不仅仅适用于人，心理学研究中以动物作为学习的主体，计算机技术中将机器作为学习的主体，都应用了学习这一定义。但与动物或与机器相比，人的独特性在于人具有主体意识，人的认知与实践活动是以人为主体有意识的、有指向性的发生活动。从这一层面上，需要明确两个问题。其一，从微观意义上，在深度学习中学习的主体是谁，教师与学生在深度学习中发挥什么样的作用？其二，从宏观意义上，基于自否定的深度学习何以成为凸显人的本质的一种生命实践活动？对于第一个问题，在以往的学习研究中，教师与学生谁为主体、谁为主导是热门议题，从教师主体到学生主体，再到教师主导、学生主体，再到主体间性的提出，这一问题一直有所争议。在本研究中，学习的主体性问题可以分解为两个层面，意识层面与实践层面。在意识层面，深度学习的众多研究者的共识在于学习者必须主动参与到学习过程之中，也就说，在动机层面上学习必须以学习者为意识主体，深度学习的发生必须以学习者内在动机的产生为条件，具体地说，学习者内在的动机产生于个体的自否定意识，即个体对自身状态的不满足，由此产生的自否定催生了个体学习的内在动机。而在实践层面，教师与学生具有主体间性，即学习主体具有交互性，学习者并非原子式的个体，而是与其他主体（学习者与教师）共在，并因时、因势调整主体间互动形态。可以确定的是，学习者在这一过程中必须主动地、深入地投入学习之中。对于第二个问题，需从宏观的人学意义上探究深度学习本质。对深度学习主体的研究必须跳出角色的标签限制，如学生、学习者、教师等，而是从人作为主体这一视角对人的本质进行认识。“人是具有主观能动性，且能形成自我意识、对自身发展具有策划能力的发展主体；人不仅是发展的主体，而且是影响自身发展的关键性因素，在一定程度上，人决定自我的命运……人对自身发展的影响通过自己的实践实现。”[①] 深度学习之深便在于人的主体性在学习过程中的绽开，在这一实践过程中，知识理论与生命理论的探索是循环往复、相互推动的，因此，深度学习之“深”在于其是一种触及生命的实践

---

① 叶澜：《“生命·实践”教育学派——在回归与突破中生成》，《教育学报》2013年第5期。

活动，而非单纯的认知心理活动。

第二，深度学习以自否定及其外显形式作为学习的重要机制。自否定是元人性，是人潜在的生命特征。学习活动一方面以人潜在的自否定特征为前提，而自否定的唤醒与作用则需要在学习过程通过教育的引领展开。因此，自否定不仅是学习活动的静态前提，更是学习作为一种生命实践活动展开的动态机制与向标。“目的是直接的、静止的、不动的东西；不动的东西自身却能引起运动，所以它是主体。它引起运动的力量，抽象地说，就是自为存在或纯粹的否定性。”[①] 而自否定是一种内在的精神性活动，具有抽象性与内隐性，因此，在具体的学习过程中，自否定表现为具体的外显形式，如其中具有代表性的形式之一便是反思。一般认为，与新手相比，专家学习的重要特点就是他们更擅长规划和检查自己的工作，而这两者都是反思性活动。正如前文已述，反思活动正是人的自否定的外在表现形式，否定是人类意识革命的开端，由此形成的人的反思思维是人猿揖别，也是人与智能机器思维的本质区别之一。[②] 反思意味着我思“我思”，即对自我全部的思维过程进行思考，高质量的反思一定是源于自否定的，即不断地进行自我对话与拷问，而反思的质量在一定程度上决定了学习的质量与层次。

第三，基于自否定的深度学习以人的认知、情感与社会性的整全发展以及人的自我实现与自我超越的持续性发展为原则与目标。人工智能领域的深度学习与浅层学习的区别在于知识获取与应用这一单一维度的量性区分，但教育领域的深度学习强调以人为主体，除指向人的知识获取与理解之外，还指向人的非知识性素养的形成，如情感、价值观、社会性素养等方面的发展，与浅层学习有多维度的质性区

---

① 〔德〕黑格尔：《精神现象学》，贺麟、王玖兴译，商务印书馆，1979，第15页。

② 赵汀阳：《第一个哲学词汇》，《哲学研究》2016年第10期。

分。在以往很多心理学的理论之中，对于学习过程的关注大都有所侧重，如皮亚杰特别关注认知与内容，弗洛伊德与其他精神分析导向的视角则更多聚焦于动机维度，而也有研究者对于学习的不同维度进行了一定程度上的平衡，如埃蒂安·温格（Etienne Wenger）将学习嵌入在意义、实践、共同体和身份认同四种条件之间。[①] 彼得·贾维斯（Peter Jarvis）从人的存在出发，构建了内容维度、动机维度与行动维度的整体性学习模型，并将学习过程分为非学习、非反思性学习和反思性学习三种类型。[②] 罗伯特·凯根（Robert Kegan）则从“建构—发展”的视角将学习作为贯穿生命历程的过程，并认为学习涉及逻辑—认知、社会—认知和交互个人—情感三个领域。[③] 克努兹·伊列雷斯（Knud Illeris）则从整体性视角建构了内容维度、动机维度与互动维度的全视角学习理论。[④] 学习理论发展的趋势也是深度学习走向完善的方向，越来越多的深度学习研究者关注到学习的多重维度。一些基于目标分类理论的研究将深度学习划分为多个维度，虽关注了“分”却忽略了“合”，如何以整体性为视角将学习的维度统合于人的整全发展上，是本研究关注的重要内容。当然，“人的整全发展”这一目标不仅仅是深度学习所追求的，全面发展教育、核心素养教育都指向整全的人的发展。事实上，基于自否定的深度学习更本质特征在于指向人的自我否定与自我超越。人的知识与非知识性能力的发展是人在自我否定与自我超越的过程中的进阶性目标与长期性成果，基于自否定的深度学习指向一种循环上升、持久的过程，这一过程一方面指向学习本体的终身

---

① Etienne Wenger, *Communities of Practice: Learning, Meaning and Identity* (Cambridge, MA: Cambridge University Press, 1998), p. 5.

② Peter Jarvis, *Adult Learning in the Social Context* (New York: Croom Helm, 1987), p. 133.

③ 〔丹〕克努兹·伊列雷斯：《我们如何学习：全视角学习理论》，孙玫璐译，教育科学出版社，2014，第156~159页。

④ 〔丹〕克努兹·伊列雷斯：《我们如何学习：全视角学习理论》，孙玫璐译，教育科学出版社，2014，第26~30页。

性，另一方面指向作为个体学习者的人与作为“类生命”的人的不停歇的自我生成与自为超越。因此，在这一意义上，以自否定为驱动促进学习者的内在持续性发展与知识等学习客体的创造性发展是实现深度学习的重要目标，也是评估深度学习质量的重要标准。

二　基于自否定的深度学习多维理论架构

近年来，研究者们越来越认识到学习发生于两个不同的过程之中。一是个体与其所处环境的互动过程，产生知觉或导向；二是个体心理获得过程，受个体互动所蕴含冲动的影响。人的生理属性与社会属性共同决定了人类学习发生于两个过程发展及互动之中。自否定作为个体的元人性与类存在的发展规律，是人类学习发生过程的重要前提性要素。基于自否定的深度学习以自否定为“拱心石”，从内容维度、动机维度及互动维度架构起学习的互动过程与心理获得过程，并将三重维度互构，以实现培养具有适应性能力，以自否定圆满其人性——整全的人的目的。

（一）基于自否定的深度学习的培养目标

基于自否定的深度学习向外关注个体与环境的互动过程，这要求学习者的培养必须满足人的生存要求与社会的生产要求，在不断变化的社会环境中，培养应境脉[①]而适应、应环境而创造的具有适应性能力的学习者是深度学习的外切性目标。基于自否定的深度学习向内关注个体心智与精神的发展过程，这是实现外显性目标的内部动力与实

---

① “关注真实境脉中的学习”是国际学习科学领域研究的重要趋势之一，“境脉”是指学习者在一生的学习历程中所影响他的外部环境，随着学习者的成长而发生动态、持续性的变化，并塑造着学习者的学习方式与认知过程。参见 National Academies of Sciences，Engineering，and Medicine，*How People Learn Ⅱ: Learners, Contexts, and Cultures*（Washington，DC：The National Academies Press，2018），p. 29。

现机制，基于此，要求深度学习能够唤醒人自否定的元人性，并不断引导学习者通过自否定调整、发展自我，以实现外显性目标与内生性目标的双重达成。

1. 适应性能力——深度学习的外显性目标

在教育与学习领域中，许多学者认同一个观点，即不同学科学习和教学的重要目标是适应性能力的培养。适应性能力也被称为适应性专长，指将有意义条件下习得的知识和技能巧妙且具有创造性地应用于不同情境的能力。而与适应性能力相对的概念是常规性能力，即能够迅速准确地完成（而较少去理解它们）具有典型性的任务与作业的能力。① 这一结论是通过对专家的学习行为发生以及对潜藏在专家行为下的技巧和知识的本质研究而得出的。相对于新手来说，专家的学习过程是一种较为典型的深度学习，如在注意力、模式识别等方面专家的能力都远远超过新手。而学习作为一种复杂的认知与实践活动，简单的熟能生巧式的能力还不能将学习者们转变为具有适应性能力的专家。有研究者将专家分为常规型专家与适应型专家。常规型专家能够借助其学习能力、练习及技巧形成自我的核心能力，并以越来越高的效率将其应用于生活之中。而适应型专家则倾向于运用自己的学习能力来探索新的领域，获取新的知识与技能来满足内在的学习需求与兴趣。② 适应性能力体现于两个过程：一是创造、发明的过程；二是通过有效率的学习获得能力的过程（见图3－1）。

适应性能力是一种具有迁移性、批判性与创造性的能力，相比于常规性能力，适应性能力是一种为未来做准备的能力，是学生作为终

① G. Hatano, K. Inagaki, "Two Courses of Expertise," in H. Stevenson, H. Azuma, and K. Hakuta, eds., *Child Development and Education in Japan* (New York: Freeman, 1986), pp. 262－272.

② 〔美〕R. 基斯·索耶主编《剑桥学习科学手册》，徐晓东等译，教育科学出版社，2010，第31页。

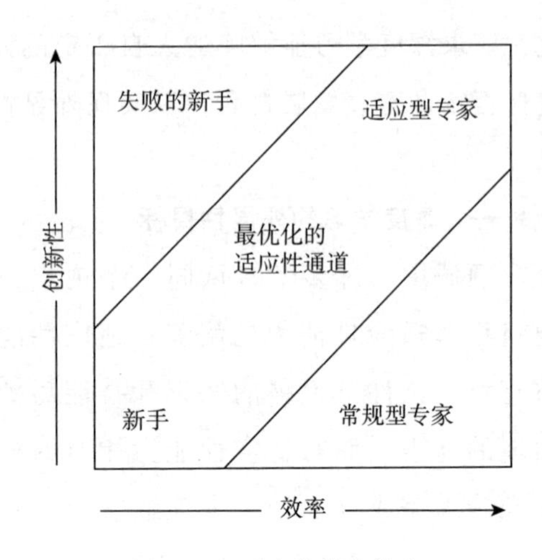

图 3-1 适应性能力维度

身学习者，为“应对目前还不存在的工作，使用还未发明出的技术，并解决我们闻所未闻的问题”[①] 做好准备。所谓“适应”，便是有机体面对新的环境能够主动应对并进行自我调节，学习者在适应环境的过程中，能够重组自己的观念与行为，进而主动进行学习。[②] 因此，适应性能力是一种自我调节以实现平衡化的能力，在新的、陌生的环境中，学习者首先会产生一种不适应的失衡状态，为摆脱这一状态，学习者主动与外界环境产生交互，从而对旧有的观念与行为方式进行自我否定与再造，进而重新达到一种新的平衡状态，在这一过程中所需的能力便是适应性能力。因此，适应性能力是一种动态的、前进的能力，或者说是由一些能力组成的“能力核”，而不能以精确的具体形态来锚定。但研究者们能够初步确定培养适应性能力所需的理论知识，包括结构良好的、灵活的特定领域的知识基础，启发式方法，元知识（一方面包括对于自身认知功能的认识，另一方面包括用于促进

① Linda Darling-Hammond et al., *Powerful Learning: What We Know about Teaching for Understanding* (San Francisco: Jossey Bass, 2008).

② 荆其诚、傅小兰主编《心·坐标：当代心理学大家》，北京大学出版社，2009，第166页。

学习的关于个人动机与情感的知识），自律能力，积极的信念。[①] 由此能够发现，适应性能力的重要组成部分便是对于个人学习与思考的自我调节能力。

2. 自否定的唤醒与引导——深度学习的内生性目标

自否定不仅是学习的前提，还是人性建构与生成的特性。自否定具有目的性，单纯的前否定是一种盲目的、机械的否定，而自否定则以人为主体，指向确定性的目的，由此，自否定为学习提供人性的目标指向，也为人的培养提供来自生命本能的力量。

自否定是需要教育的唤醒与引导的，而学习作为教育中的核心活动一方面以自否定作为基础与前提，另一方面也需要以自否定作为重要的目标，实现人在内在精神与外在行为相互作用下的持续发展。学习作为一种特殊的实践活动，其发展遵循着以内在生命冲力为主动力的循环上升机制，而这一螺旋形模式的实现是在自否定与学习联结、互动之下形成的。一方面，自否定是学习发生的潜在基础，作为元人性为学习的发生提供生物学上的积淀与人性基础。人的可塑性、未完成性决定了人具有学习的可能性，而人具有主体性的自我意识决定了人对于自身状态的元认知与价值衡量，并由此产生对现有状态的不满足，从而通过自我否定与自我发展实现对前一状态的前进式的超越。这一过程最具代表性的行为便是学习，这也是学习发生的人性机制。从这一层面看，自否定促使了人类学习活动的发生。另一方面，自否定在人生命的最初并非一种实质性的存在形态，而是一种作为先验潜在的、尚未实现的“本有”，是有待于绽放的或实现的本质人性。[②] 而学习则是这种元人性潜在与实在相统一的存在性行动。自否定是人

① Erik De Corte，“Learning from Instruction：The Case of Mathematics，” *Learning Inquiry* 1 (2007)：19 – 30.

② 金生鈜：《通过教育实现元人性——学与教的本体论意义》，《高等教育研究》2020 年第 4 期。

潜在的精神特质，通过学习使人面向他人、面向自我、面向世界，从而在三组关系的相互回应中实现对自否定的唤醒与引导。通过学习人面向外在世界的知识、经验、观念、价值、能力、意义等构成人生活形式的内容，从而为自身去思考、批判、想象、创造提供材料，从而创生自我的意义世界并改造旧有的形式内容，从而实现学习主体与客体自否定的同一。通过学习人面向自我，以反思唤醒主体精神与自由意志，使人的行动从自在走向自为，从而使自否定从集体无意识的原型中突围，成为主体有意识地发展自我的前提与途径，从而不断实现人性的变革与超越。

由此可见，自否定与学习是相互联结、互为推动、不可分割的，而学习活动的最终目标是整合的人的实现，“学习和人之为人之间的联系意味着每个人都是自我塑造的‘历史’，‘人性’的说法只是代表我们共同的无法逃避的事业——通过我们共同的无法逃避的事业——通过学习成为人”①。

（二）以知识、能力、价值为表征的内容维度

所有的学习都有其内容，不仅包括实体性的认知事物，还可能有更为普遍的文化获得的特征，或者与方法论有关，如“学会学习”的特征，甚至包含一些重要的个性素质。② 学习的内容维度之所指在于“学什么”的问题，相对于以往的学习内容，基于自否定的深度学习在这一维度上指向三个相关联的内容系统，从主体性的视角考察掌握内容的学习主体的发展逻辑，学习者通过深度学习能够形成以自否定为特征的学习内容结构，这一结构由知识 、能力以及以自我为核心

① 〔英〕迈克尔·奥克肖特：《人文学习之声》，孙磊译，上海译文出版社，2012，第6～7页。

② 〔丹〕克努兹·伊列雷斯：《我们如何学习：全视角学习理论》，孙玫璐译，教育科学出版社，2014，第53页。

的价值获得组成。

内容维度关乎“学习什么”的问题。在传统的学习研究与学习理论中，有一种将学习的内容维度理解为知识与技能的狭隘倾向，基于自否定的深度学习则突破固定的内容设置，以一种更广泛的视角来关注内容维度的特征性，以此为原则更具灵活性与开放性地选择深度学习应该“学什么”，尤其是将与自我相联结的事物作为学习的重要内容纳入其中。第一，知识与技能的选择以未来性与发展性为原则。知识与技能依旧是深度学习的基础性内容，但人工智能等技术的进步与现代社会的急剧变化正不断挑战着传统学习中知识与技能的价值，学习内容的选择必须基于未来性与发展性的原则，层层筛选出最具基础性、最具价值性的知识与技能。第二，将具有整体性特征的能力作为深度学习内容维度的重要发展目标。相对于“硬资质”的知识与技能，深度学习更为关注“软性资质”的能力培养，相对于素质的个体性概念表达，能力更倾向于从整体出发，是一种功能性、敏感性与社会性的表达。[①] 能力更类似于一种动态调节器，如近来强调的“学会学习”的能力就调节着自我与学习对象的互动关系，以满足更多的需要与可能性。第三，将具有自否定性的自我作为深度学习的重要学习内容。浅层学习可能在外在规定下的被动情况下发生，但深度学习的必要条件是学习者能够从内部“思考”或经验他自己，即能够实现自我的省觉。关于自我的学习内容不是隐含在有关“我是谁”和“我从哪里来”的静态问题中，而是内含在诸如“什么对我来说可能会更好”和“我想到哪里去”这样的问题中，是具有自否定特征发展问题，显示着黑格尔所说的不安息的“痛苦”（Qual）[②] 的生命冲动。

---

① 〔丹〕克努兹·伊列雷斯：《我们如何学习：全视角学习理论》，孙玫璐译，教育科学出版社，2014，第 145 页。

② 〔德〕黑格尔：《哲学史讲演录》（第四卷），贺麟、王太庆等译，上海人民出版社，2013，第 42～43 页。

基于自否定的深度学习在内容维度上由知识系统、能力系统与价值系统所构成，三个系统之间形成关联的逻辑系统，如图 3-2 所示。第一，知识系统是学习内容的基础，在进入教育场域之前，儿童便在经验世界中积淀了前拥知识，在接受教育之后，知识通过不断的累积、同化、顺应等方式构建、修改、重组其结构，形成开放性、动态性、进化性的知识体系，具有这一特征的知识体系既内在于人的认知系统之中，也外在于人的精神世界作为具有自主性的客观实存而存在。第二，学习者建立了复杂的知识结构不代表其掌握了生存与生活的一般能力，更难确定其知识能够演化为未来复杂世界中的重要能力，因此，深度学习的另一重要内容是以转换性为特征的能力系统。能力系统在逻辑上以学习者的知识系统为基础，“一个人即使拥有最高的智力、最大的工作记忆的容量和最高的脑工作效率，也无法解决对他们来说没有相关知识储备的问题”[①]。在主体拥有充足的知识储备与复杂的知识结构的基础上，深度学习的内容维度进一步关注其转换性能力的培养，涉及自我与世界的价值转换、不同问题情境下的知识转换以及批判与创造能力转换，转换性能力作为中介促使着学习者从知识主体向价值主体转变，促使着学生从当下的学习者向未来世界的创造者发展。第三，基于自否定的深度学习在内容维度的创新之处在于以“自我”作为重要的学习内容。在这里，自我不仅是学习的施动者，是促进学习发生的动力系统，而且是以反身性为特征，作为学习的主体与客体而存在，自我在相对于他人、相对于非我客体、相对于生活的转换之中对自身的发展历程实现自我觉察、自我反映、自我否定与自我超越，从而将以自反性为特征的自我认同纳入学习的内容维度之中，并将其作为逻辑上更高维度的内容

---

① 〔德〕汉纳·杜蒙、〔英〕戴维·艾斯坦斯、〔法〕弗朗西斯科·贝纳维德主编《学习的本质：以研究启迪实践》，杨刚等译，教育科学出版社，2020，第 65 页。

目标。

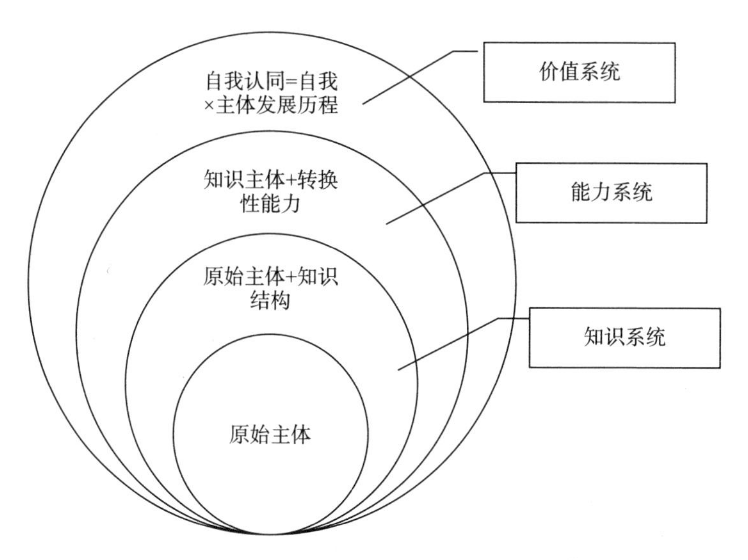

图 3-2　内容维度的逻辑系统

1. 以进化性为特征的知识系统

知识是学习内容维度的核心，学习作为一项永恒性的主题在于其指向真理与智慧探寻，而知识便是关于真理的内容。对于知识的认识，我们难以绕开几个问题：什么是知识？知识的类型与本质特征是什么？我们能够知道什么？我们能否完全知道任何事物？我们如何获得知识？这些问题，至今仍未得到确证。但能够确定的是，学习必然以知识为重要乃至核心的对象，本研究从知识论取径，对深度学习中知识内容进行价值研判与选择。

在教育领域，一个长久存在的问题是“什么知识最有价值?”，这一问题从价值层面对学习中的内容维度做出了规定。人类知识的庞杂性决定了学习内容不能囊括所有的知识内容，而特定社会的意识形态、话语权力也为教育实践中何种知识能够进入学习领域设置了基准。因此，在学习领域内，学习知识的范畴是被限定的，关联着知识的本体论、认识论与价值论。这一规定性首先要求深度学习的知识内容必然符合知识的本质属性，其次对于知识的来源进行规定，最后对知识的一般发生过程做出规定，综合三个维度的规定，在知识层面上为基于自否定的深度学习划定较为明晰的范畴。

从本体论层面看，基于自否定的深度学习的知识以动态的进化为其本质属性，深度学习所指向的知识应体现知识的本质特征。其一，明证性。“知识本体为何”被称为“泰阿泰德”问题，知识虽作为真的或正确的信念而存在，但反之并非必然，知识的确立必须经历明证之过程，由此，知识的问题转化为了真理的问题，而真理之真无法被完全地证实，可见，知识的“真”是一个程度上的问题。[①] 虽然知识的“真”不具有其绝对性，但具有明证性，这一明证性要求知识满足可接受的知识标准，主体处于积极的认知状态。[②] 也就是说，知识必须与人的认知相关联，必须通过人的积极认知以证实其合理性，知识以具有认知力的人为主体，以充足的证据为依据，以逻辑的合理性为依托，从而使“真意见”通过明证成为知识。基于此，深度学习的知识在本体性意义上也具有明证性的特征，这一明证性并非指知识作为结果论意义上的绝对真理，而是指过程意义上拥有充分明证的过程，因此，从这一意义上，深度学习以知识为内容维度的重要对象，其获取也必须凸显乃至还原知识明证之过程。

其二，客观性。从知识广义的范畴看，可以将其分为两类：一类是主观意义上的知识（主观知识），由主体的行为、话语、信念的影响而组成；一类是客观意义上的知识（客观知识），是思想与话语实体化，成为一种能够被主观间相互验证，非私人意义上的知识。[③] 在

---

① 〔英〕罗素：《人类的知识——其范围与限度》，张金言译，商务印书馆，1983，第195页。

② 〔美〕路易斯·P. 波伊曼：《知识论导论（第2版）——我们能知道什么?》，洪汉鼎译，中国人民大学出版社，2008，第16页。

③ 〔英〕卡尔·波普尔：《客观知识——一个进化论的研究》，舒炜光等译，上海译文出版社，1987，“序”第5页。

以往很多的知识论中，理所当然地认为只存在一种知识，即某些认识主体所具有的知识，但事实上，主体主导下真正的、无歧义的、纯粹的主观知识并不存在，我们几乎所有的主观知识都依赖于语言表述的理论，人类直觉的自我意识与自我的知识是人类所特有的世界 3 的发展结果之一。客观知识所构成的世界 3 是人的创造，而部分客观知识在生成后便独立存在且不可还原，具有自主性，从而反身地影响并直接或间接地作用于以人为实存中心的世界 1、世界 2。正是基于知识的客观性与世界 3 中部分客观知识的实存性，并辅之以载体，知识才能够在人类的历史进程中得以传递，客观知识的历史与人类之历史相互联结、相互推动，而将二者紧密联系在一起的重要实践形式便是人类的学习活动，人类的学习活动将以物理实体为代表的世界 1，以心理、精神为代表的世界 2 与以思想内容、客观知识为代表的世界 3 统合，以世界 1 的实在性为逻辑起点，以世界 3 的知识发展为驱动，以世界 2 人的主观领悟发展为中介改变物理世界，由此将哲学层面本体论上的多元作为现实世界的解释原则。深度学习需要建立在知识的客观性基础之上，即客观知识、教学知识与学习知识之间基于客观性而达成相对的一致，并构成相互作用的推动机制，实现客观知识与学习者的双重发展。

其三，进化性。波普尔认为，进化的图式不仅能够应用在生物演进的历程之中，也能够应用在知识论层面上。他提出，知识是猜测性的，知识的增长是达尔文式的选择。“我们可以把神话、观念和理论都看成是人类活动的一些最典型产品。它们和工具一样，是我们在体外进化的‘器官’。它们是人体外的人造物。因此，我们要特地把称为‘人类知识’的东西算进这些典型产品之中。”[①] 人与知识的相互

① 〔英〕卡尔·波普尔：《客观知识——一个进化论的研究》，舒炜光等译，上海译文出版社，1987，第 297 页。

作用以自否定为本性，而自否定规定了人与知识的进化形式，知识作为人外化的产物，是人类在生活世界中展开出去的他物而又收回于自身的环节，知识与人此二者在互构中展开而又收回于更丰富的自我之中，实现知识与人的双重进化。

从认识论层面看，基于自否定的深度学习的知识源于学习主体与环境相互作用下的建构。对人类知识来源的探讨关系着“人何以为人”的问题，在西方学术界将其归结到人与自然的关系问题上，被称为“自然—使然”（nature-nurtrure）问题。[①] 在哲学界，知识的来源更多表现为唯理论与经验论的古老争论，并影响着教育与学习对于知识的认识与实践。唯理论承继着柏拉图对于知识与学习的认识，柏拉图认为，一切知识都是先天知识——我们不依赖感觉经验而具有的知识，而学习便是回忆，由此，以莱布尼茨、笛卡尔等为代表的理性主义认为知识的终极源泉是对清晰明确的概念的理智直觉，每个人都拥有知识的源泉，即他自身的理智能够用以区分真理与谬误。而以洛克、培根等为代表的经验论者则认为知识来源于观察，感性经验是知识的唯一源泉，休谟更是提出“我们不可能思考任何我们事先没有通过外部或内部感觉感到过的事物”[②]。康德在休谟的启发下将唯理论与经验论进行调和，提出了“先验架构”——感知所得到的经验材料与“先验自我”所产生的时空直观和知性范畴两者的结合必然会导致具有普遍必然性的认识。[③] 由此，康德将先天知识与后天知识相统合，并提出了先天综合知识的概念，“我们的一切知识都是从经验开始的，这是不能质疑的。……但是，虽然我们的一切知识都是从经验开始，我们却不能由此推出一切知识都是从经验产生出来。因为很有可能，

① 吴道平：《自然？使然？——皮亚杰与乔姆斯基的一场辩论》，《读书》1995年第12期。

② 〔英〕卡尔·波普尔：《猜想与反驳——科学知识的增长》，傅季重等译，上海译文出版社，1986，第3页。

③ 李其维：《破解“智慧胚胎学”之谜——皮亚杰的发生认识论》，湖北教育出版社，2001，第51页。

甚至我们的经验知识也是由我们通过印象所得的东西和我们自己的认识能力从自身提供出来的东西这两者组合而成的”[1]。

哲学层面上对知识起源的认知直接影响教育领域的理论与实践，对于知识的不同认识直接决定对学习的价值与功用的判断，而这一争论在教育界也是颇为激烈的，如乔姆斯基与皮亚杰于 1975 年在法国进行的一场辩论，其主题是从人的语言机制和语言习得的角度，来讨论人类知识的来源，以回答“人何以为人”这一问题。而这一问题的实质便在于对知识起源的分歧而导致的对学习认识的差异。乔姆斯基主张人类抽象的语言核心知识生来便有，由基因决定，学习的作用在于使其在环境中“成长”为具体的语言知识。[2] 皮亚杰则认为，“先天主义”与“建构主义”并无根本矛盾，知识的先天与后天成分并无明确界限，也无绝对对立，而应探讨先天之部分何以成熟。这一争论限定于人的语言能力这一特殊领域，而在广义的知识获得层面上，皮亚杰的理论更凸显其辩证性与价值性。在知识的来源问题上，皮亚杰对康德的先验范畴的思想进行了继承与发展，对知识从何而来从两个范畴[3]进行了发生学的认识。皮亚杰认为，人的知识是主体与环境相互作用下外在统整，进而对主体内部进行协调的过程，即是一个使然—自为之过程。在这一层面上，知识的获得既肯定学习者主体性，又承认学习活动对人的知识图式之建构价值。

从知识的发生来看，知识的一般发生过程围绕着自我与世界的同一而展开。知识的发生是认识主体发现、解释、改造认识客体的过程，而知识发生要求有一个最高的、明确无误的、可以凭借其独特性

① Immanuel Kant, *Critique of Pure Reason* (New York: St. Martin’s Press, 1969), p. 41.

② 吴道平:《自然？使然？——皮亚杰与乔姆斯基的一场辩论》,《读书》1995 年第 12 期。

③ 物理范畴是联结认识主体与外部世界的桥梁，认识主体与外部世界打交道所获得的感觉经验最终被统整为知识，是以物理范畴的先验规定性为基础的；逻辑数学范畴不直接与外部世界交互，它从主体的内部协调中经反身抽象而产生，借其逻辑的动态运行过程来统合感觉经验，完成知识发生的整个过程。

质逐步研究推进的出发点，而这一出发点是自我。费希特认为，自我的本原行动是一切知识的基本依据，其知识学的自我学说虽具有纯粹的唯心主义色彩，但丰富的辩证法思想为知识的发生提供了具有发展性、能动性特征的理论参照。自我设定自己本身的行动是一切知识的基础，其中蕴含发展性与能动性的辩证理论能够成为知识发生有力的解释原则。自我在知识学中的发展符合以下命题步骤。

第一，对一切知识的认识必须从其绝对第一的、无条件的原理出发，而这一不可规定的、最简单的逻辑起点便是“A = A”这一具有同一性质的命题，这一命题无须证明而明确无误，这一命题可推导出“我是我”这一命题。也就是说，当我们在使用“自我”这一名词或概念时，无论是否自觉，自我的存在便被自己所设定，认识事物的前提是对自我进行设定，这种设定是不自觉的，但认识主体即人的存在必然是认识活动的基础，是知识发生第一个绝对无条件的基本原理，也是一切肯定判断的基础。

第二，自我设定非我。这一命题表现为“ - A≠A”。自我设定本身，即“A = A”的命题的正确性在形式上是无异议的，但其在内容上却是无意义的同一性肯定判断，而自我设定非我（ - A≠A）的命题在形式上也是无条件的，但在内容上是有条件的，即 - A 以 A 的存在为条件，因此，否定性范畴以自我无条件地设定非我为基础，并由此产生否定判断。

第三，“自我在自身中设定一个可分割的非我与一个可分割的自我相对立”①。前面两个阶段设置了自我和非我，所以在同一个绝对自我中设置的既是自我又是非我，因此出现了矛盾，要解决这一矛盾，必须明确自我和非我所设置的自我，这一规定便是对二者进行分割，在绝对自我中实现对立统一。

① 〔德〕费希特：《全部知识学的基础》，王玖兴译，商务印书馆，1986，第 ix 页。

由此，三个命题实现了正—反—合的发展过程，全部知识学按照这一步骤找出自我及其必然行动中所包含的矛盾，逐步加以解决，在解决旧矛盾，产生新矛盾的循环中发展前进，由此形成知识学严密统一的逻辑体系。这一过程中产生了理论自我与实践自我。理论自我在创造世界的同时发展自身，经历感觉、直观、想象力、知性、判断力、理性的螺旋式发展过程，而实践自我则为实现自我无限纯粹的活动不断努力，超越对自我的限制，以一种自我超越的冲力通过认识与实践活动不断改造世界、发展自身。

由此可见，知识的发生源于以自我为逻辑起点的认知活动。最初的自我是无自觉、无意识的自我，这种自我由于其同一性设定只有因果性，而不具备矛盾性，因此是被动的，在这一情况下，知识以累积、同化的形式进入人的认知图式与生命历程之中，逐渐建立起自身的知识体系。在人类实践活动的逐步发展与历史积淀中，自我与外部环境不再总是同一的，由此自我设定了非我，由于自我已具有一定程度的知识积淀，其业已建立具有个体性的目的性，但在实践中与其相关联的客体，即非我并非完全与自我的目的性相符合，自我又被非我所限制，因此，自我生发出超越非我限制的冲动，即否定的冲动，这种否定是对业已存在的东西的否定，是“$-A \neq A$”的单一逻辑的具体否定，在这一情势下的自我是矛盾的，是被渴望与强制所拉扯的，而为使自我再次达到同一必须对这一矛盾进行扬弃，需要对自我进行自觉性的反思，将对超越非我限制的冲动化为一种从事规定的、从事改变的冲动，其规定与改变的是自我之外的东西。[①] 在这一情况下，人的认知图式的改变不再是仅仅在原有图式上附加，而是进行必要的破坏、重组与重构，从而获得超越式的发展，而人在内在重构的同时也对外在实在进行改变与创造，使自我与世界实现以“人的尺度”为

---

① 〔德〕费希特：《全部知识学的基础》，王玖兴译，商务印书馆，1986，第235页。

衡量标准的“合目的性”的同一。

2. 以转换性为特征的能力系统

近10年来，世界发生的变革性事件呈指数级增长，可以预见未来世界的变化将会更加剧烈，也更加难以预测。对于未来的预测不再是某个最大可能性发展下的线性趋势，而是多重可能性覆叠而产生的不确定性未来，培养学生是为了他们的未来而非我们的过去，而多种可能性交织下的未来要求学习者具有一种转换的能力，即改变我们认为理所当然的参考框架（意义视角、智力习惯、心智背景），使学习者有包容性、鉴别力，有能够灵活应对变化并进行反思的能力。

从本体层面看，转换性能力主要是学习者以自我为驱动而掌握的应对不确定性的灵活动态的方法性能力，这一能力也是21世纪全球教育所关注并致力于培养的关键能力，许多国家与组织制定了21世纪能力培养框架（见表3－2）[①]，从中可以发现各国或组织所关注的核心能力虽在表达上有所不同，但都以转换性为共有的核心特征。第一，个人与群体之间的转换能力。21世纪信息化与全球化的进一步发展必然加强个人与群体的关联，无论是虚拟的网络联系还是现实的活动联系，个体需要在更具异质性的社会环境中生存与实践，这要求个体与群体之间具有一种转换的能力。一方面具备包容性，能够在高异质性群体中融合、互动、交流、实践。另一方面未来世界也可能是一致化的世界，直接的、自动化的技术手段可能削弱自我的“内心”向度，可能使自我屈从于产生出更多和更大的同类现实生活的强大能力。因此，自我需要具备从群体中抽身而出的能力，而不被整体的压制力量所同化。对此，深度学习需要使学生感受自我与群体、社会交

① 邓莉：《美国21世纪技能教育改革研究》，博士学位论文，华东师范大学，2018，第50～51页。

表 3－2　主要国家和国际组织的 21 世纪能力培养框架

OECD	欧盟	美国 P21	ATC21S	加拿大 C21	新加坡教育部	日本国立教育政策研究所
互动地使用工具： ・互动地使用语言、符号与文本 ・互动地使用知识与信息 ・互动地使用技术	・母语交流 ・外语交流 ・数学能力与基本的科学技术能力	学习与创新技能（4C 技能）： ・批判性思维和问题解决 ・交流 ・合作 ・创造力和创新	思维方式： ・创造力和创新 ・批判性思维、问题解决、决策 ・学会学习、元认知	・创造力、创新和企业家精神 ・批判性思维 ・合作 ・交流	核心价值观： ・尊重自我和他人 ・责任感 ・正直 ・关心他人 ・顺应力	实践力： ・自律地活动 ・人际关系形成 ・参与社会 ・为可持续的未来负责
在社会异质群体中互动： ・与他人建立良好的关系 ・团队合作 ・管理与解决冲突	・自信地、批判地使用信息技术的能力 ・学会学习（追求和组织自己的学习） ・主动意识与创业精神（将观念转化为行动；创造力、创新和冒险精神）	信息、媒介与技术技能： ・信息素养 ・媒介素养 ・ICT 素养	工作方式： ・交流 ・合作	・个人品质（终身学习者、领导力、责任感、自我导向等）	社会和情感能力： ・自我意识 ・自我管理 ・社会意识 ・关系管理 ・负责任地决策	思考力： ・发现和解决问题以及创造力 ・有逻辑的、批判性思维 ・元认知、适应性学习
自主行动： ・在复杂的大环境中行动 ・形成并执行个人计划或生活规划 ・保护及维护权利、利益、限制与需求	・社会与公民能力（积极民主参与） ・文化意识与表达（以不同媒体形式表达观点、经验和情感） 生活与职业技能： ・灵活性与适应能力 ・主动性与自我导向 ・社交与跨文化交流能力 ・生产力和工作胜任力 ・领导力与责任感	工作工具： ・信息素养 ・ICT 素养	・文化和公民道德 ・计算机和数字技术 在世界中生活： ・地方和全球公民 ・生活和职业 ・个人和社会责任感（包含文化意识和能力）	适应全球化社会的能力： ・公民素养、全球意识和跨文化技能 ・批判性思维和创新思维 ・交流、合作和信息技能	基础能力： ・语言技能 ・数学技能 ・信息技能	

互中的“度”，寻求达到平衡的微妙支点，以使学习者能够在自我、群体、社会中实现融洽而又自洽的转换。第二，知识与实践的转换能力。在传统的教授主义学习中，学习内容以知识为主体，并以累积、附加的形式进入学生的记忆系统与认知图式中，这种学习中的知识是单一表现形式的抽象内容，而当学习者面对其他情境时，很难唤起并应用他在学校或其他教育情境中学习的内容。因此，在21世纪，社会的急速变化造就了更多不确定的实践情境，教育者不能将全部情境及相关解决策略在教学中教授，因此，学习者必须具备一种更广泛的适应性能力，实现抽象知识与具体实践的转换。第三，批判与创造的转换能力。转换性能力是面向未来的能力，是指导学习者通向可能生活的能力，而通向可能生活建立在三种权利获得的基础之上。这三种权利首先表现为否决权，即能够对已有的生活进行反思与质疑；其次表现为选择权，即在消极否定的基础上能够积极主动地进行“选择”；最后表现为创造权，即能够意识到自己在时空中的存续性与自决性，并在创造性的生活中追求自由。因此，转换性能力意味着学习者实现从单纯否定到批判建构的转换，在建构自我的同时对世界进行积极的、批判的、现实性的改造。

转换性能力以批判性思维（critical thinking）为必要条件。“critical”一词最早可追溯至希腊语“kritikos”与拉丁文“criticus”，有判断或裁决能力之意，“think”在古英语中有“想象”“判断”之意。在心理学中，“critical”意为批判的、危机的、关键的，表示一种具有公正性与批判性的评论或是怀疑、找岔子的评论特征。[1] 在哲学中，有时批判性思维被同义于非形式逻辑。[2] 在西方哲学界有很多对于“批判”概念的解读，康德关注理性与知识的条件和局限性，黑格尔

① 〔美〕阿瑟·S. 雷伯：《心理学词典》，李伯黍等译，上海译文出版社，1996，第190页。

② 〔英〕尼古拉斯·布宁、余纪元编著《西方哲学英汉对照辞典》，人民出版社，2001，第218页。

强调“批判”反思的意义，法兰克福学派认为“批判”就是批判思想，而教育学当中将“批判”作为一种积极思考、自主分析的思维过程。[①] 批判性思维不同于一般的反思，其是具有多元性与建构性的“否定性”思维方式。“否定性”分为两种：一种是未经理性化的具有单一排他性的“否定性”，仅仅信奉一种观点或原则，对信奉观点以外的所有观点都排斥；另一种“否定性”是基于人的多尺度认识特征的“否定”，多尺度的认识方式超越对应的逻辑关系，具有逻辑多样性，其内质中出现了“否”“不”“非”的概念，基于多尺度认识原则的否定是在多元视角分析下的理性否定。批判性思维中的“否定性”并非单纯的否定，而是开启“可能性”与“多样性”逻辑的基础，所以“否定性”是批判性思维发展的第一步。人类的生命本性体现在标准的多元化与选择的多样化，保护人的生命本性就是保护人的否定性精神。

人的精神生活状态有两个极端：其一是在选择的多样性与不确定性中焦虑；其二是在确定性的规定中得到安逸。人的“合目的性”与“合规律性”特征要求人不断地在多元标准与不确定性中发展与反思，从而达到属人的意义。保罗（R. W. Paul）等将批判性思维的心智结构分为“无批判性的人”与“有批判性的人”，将有“有批判性的人”依据批判性的强弱做出了“强势”（strong sense）与“弱势”（weak sense）区分，其判断标准是批判性是否融入人的性格。[②]“无批判性的人”的概念过于绝对，否定性作为人的重要属性，完全丧失的批判性与纯粹的单一排他性并不存在，而“强势”与“弱势”的批判性思维之区别则在于人的“合规律性”与“合目的性”的融合程度，人的“否定性”特征在于实践过程中的理性化程度，人的

① 赵亚夫：《批判性思维决定历史教学的质量》，《课程·教材·教法》2013年第2期。
② 〔美〕理查德·保罗、琳达·埃尔德：《批判性思维工具》（原书第3版），侯玉波、姜佟琳等译，机械工业出版社，2013，第11～13页。

“多元性”反思的内化程度。转换性能力是基于人的批判性思维而形成的多元建构能力，通过否定而开启的应对不确定未来选择的迁移性、创造性能力，因此在深度学习中，培养转换性能力的关键在于培养批判性思维。深度学习的重要内容在于一个人能否不断提出自己的问题与推理、质疑他人的假设与推断，质疑设定背景的境脉及与之关联的事务。[1]

3. 以自反性为特征的价值系统

当下学习者未来的生存环境以晚期现代性为特征，在这一时代下，远距离外所发生的事变对近距离事件以及自我的影响越来越普遍。伴随着电子媒介的发展，社会关系也由于数字在场的发展而超越了距离与物理空间载体的限制，自我发展与社会体系之间相互渗透，自我认同在自我与社会交互影响与多元选择的情境中愈加重要。因此，在面向未来的深度学习中，自我不再是促进认知与能力发展的辅助性动力系统，而成为学习的重要内容之一，即将以自反性为特征的自我理解与身份认同的塑造作为学习的重要内容维度，并以此指向基于自否定的深度学习的自我实现的目标。

自反性作为“一个联系自我的机会”[2]，是晚期现代性下深度学习的必然要求。自反性（reflexivity）这一概念由“自我”与“反思”两个概念组成。一般来说，反思有两种含义：一种是指“事后回想”(afterthought)，即在回顾中重新考虑或加深对某件事情的思考；另一种是指“镜像反映”（mirroring)，即以自我为意义，经验是以个人身份为视角被认识的。而后者常被界定为自反性。自我常常出现于哲学与心理学概念之中，是一种行为的天赋倾向，自我通过与环境互动而

① 〔丹〕克努兹·伊列雷斯：《我们如何学习：全视角学习理论》，孙玫璐译，教育科学出版社，2014，第68页。

② Thomas Ziehe，“Vorwärts in Die 50er Jahre?” in Dieter Baacke，Wilhelm Heitmeyer，eds.，*Neue Widersprüche: Jugendliche in Den 80er Jahren*（Munich：Juventa，1985），p. 200.

进入“组织化的、一致的概念完型中，这一完型由‘我’以及‘我’对于他人、对于生活多种侧面特征的认识，以及这些认识所附带的价值观组成”①。也就是说，自我原初表现为个体潜在的天赋倾向，而其后在与“非我客体”的互动中从无意识的状态进入一种自知自觉的活动状态，自我将非我尤其是他人当作认识对象，通过观察、倾听、互动来获取有关自我理解的洞察，从而积极地、外部性地对外界进行反映。而正由于自我涉及个体与社会关系的反映，社会学家关注到了自反性在现代化与后现代化社会中的意义，并从文化视角看到自我在晚期现代社会中的应有之义，即自我理解与身份认同需要以反思为特征。齐厄将自反性描述为“认识的主体用一个摄像机拍摄的自己，并对此进行观察与评价，基于此，现代的人能够为自己确定目标，这些目标又使主体在自我发展中具有前瞻性与策略性，并在其自我反思的过程中进行运用”②。而吉登斯的自反性则是从宏观视角观照自反性作为社会制度推动力的意义，是指“多数社会活动以及人与自然的现实关系依据新的知识信息而对之做出的阶段性修正的那种敏感性”③。因此，自反性作为一种自我参照，要求晚期现代社会中的人在不断变化的世界中监控自我、反思自我、发展自我，同时在普遍的存在性焦虑下形成自我认同，在充满不确定性的社会中获取本体性安全。将具有自反性的价值系统纳入深度学习的内容维度则要求学习聚焦于自我与自我功能的发展，学习关于自身、认识自己、理解自己的反映、倾向、偏好、优势和弱势，并形成自我认同，这是晚期现代性下深度学

---

① C. Rogers, “A Theory of Therapy Personality, and Interpersonal Relationships, as Developed in the Client-Centered Framework,” in Sigmund Koch, ed., *Psychology: A Study of a Science* (New York: McGraw-Hill, 1959), p. 200.

② Thowas Ziehe, “Om Prisen På Selv-Relationel Viden: Afmystificeringseffekter for Pædagogik Skole og Identitetsdannelse,” in Jens Christian Jacobsen et al., *Refeksive Læreprocesser* (Copenhagen: Politisk Revy, 1997), p. 39.

③ 〔英〕安东尼·吉登斯：《现代性与自我认同：现代晚期的自我与社会》，赵旭东、方文译，生活·读书·新知三联书店，1998，第22页。

习日益显露其紧迫性的内容领域。[①]

深度学习的重要内容便是培养学生在学习过程中的自反性，尤其是学生在学习中自我观察、自定义务、自我监督、自我命令、自我分析的能力。而深度学习另一个重要内容维度便是培养自我认同。自我认同是个人依据其个人经历所形成的，作为反思性理解的自我，它包括人的概念（personhood）的认知组分。要成为一个“人”，而不仅仅是反思的行为者，还必须关注自我的概念与稳定的自我认同，把握个人经验的连续性，并在某种意义上与他人交流。自我认同不仅仅涉及学习的内容维度，也同时指向学习的动机与互动维度。从内容上看，自我认同的形成要求学习以个人经历为主要内容，并要求个人经历持续性地吸纳发生在外部世界中的事件，把它们纳入关涉自我的、正在进行的“故事”中，形成自传性的全面框架。[②] 深度学习需要学习者以自传形式形成自我认同的框架以更深入、更系统、更全面地重构自我，感受到自身作为“活生生”的自我与整全的人而存在。

（三）以情感、动机、意志为要素的动机维度

学习的动机维度主要关注我们通常以情感、动机、意志等名词来表达的那些内容，在传统的学习理论与实践中，对于内容维度的关注远多于对于动机维度的关注，多是将情感、动机、意志等作为知识与技能获取的辅助性驱动力，服务于学习的内容维度。而基于自否定的深度学习从整体性视角关注学习的内容维度、动机维度、互动维度的相互作用关系，并将三者作为学习的过程与目标予以同等程度的理论研究与实践观照。事实上，学习过程的出现源自动机与情感领域，

---

① 〔丹〕克努兹·伊列雷斯：《我们如何学习：全视角学习理论》，孙玫璐译，教育科学出版社，2014，第78页。

② Peter Alheit et al., *The Biographical Approach in European Adult Education*（Wien：Verband Wiener Volksbildung，1995），p. 65.

“智力如要发挥功能，必须由一种情感的力量来驱动。如果一个问题不能让人感兴趣，那么他将永远无法解决问题。所有的事务的推动力在于兴趣，在于情感动机”[①]。

动机维度主要关注深度学习的动机、意志、情感、价值观等。深度学习之“深”在于“要触及学生的心灵深处，与人的理性、情感、价值观密切相连，它要培养的是社会历史进程中的人”[②]。第一，深度学习过程的出现源自动机与情绪领域。学习者通过集体无意识与情感体验所累积的躯体标记（somatic marker）能够形成一种敏锐的感受力，能够在学习中敏捷地先于理性帮助思考，做出抉择，能够更为自如地面对迅速变化的环境。“从演化的角度看，在大脑的演进历程中，情感引起的躯体标识机制比人类高级思维更早地形成，情感过程不仅先于理性过程，并且在一定程度上塑造了理性过程。”[③] 第二，深度学习之“深”在于人的学习的意向性，人工智能在未来能够通过学习形成高阶思维与高阶认知，但不能实现自主性的持续发展，原因在于其不具有自否定的情感动机，正由于人具有自否定的信念、成长的愿望、自我完善的意向，才能够追求持续性的进步与发展，这也是人类能够实现进步与发展的情感根源。第三，深度学习在情感维度上指向主体性的价值追求。学习源自人的生命实现的紧迫要求，最终的价值指向也不应是外在于人的他物，而应是自否定规定下作为学习者的个体与类的超越性发展，即主体进化的自我。

1. 以自我关心为基础的动机系统

大多关于学习与教学的理论关注到“动机”对于学习活动的促进作用，但一般理论多将其作为外在的辅助性驱动要素而研究，将其作

---

① Hans Furth, *Knowledge as Desire* (New York: Columbia University Press, 1987), pp. 3 - 4.

② 刘月霞、郭华主编《深度学习：走向核心素养（理论普及读本）》，教育科学出版社，2018，第 36 页。

③ 费多益：《认知视野中的情感依赖与理性、推理》，《中国社会科学》2012 年第 8 期。

为学习获取特定领域知识与形成重要能力的驱动力与重要手段，而未将其作为因子纳入学习复杂、动态的过程之中。基于自否定的深度学习将动机因素纳入学习发生机制中，并关注学习过程中动机与认知的动态交互原理。

深度学习动机由学习者追求“完善”的自我需要所驱动。需要是人类行为动力的源泉，主体为满足自身的各种需要，必须为此做出足够的努力，而学生的学习行为也源于主体需求的推动。人类最初的动机来自本能的驱使，即生存与繁衍的需要，这是一种动物性的本能，即“为达到对自身或种族生存的目标，同时避免与此相反的目标的指引的目的性行动”[①]。进化心理学进一步将其解释为人类与动物原始本能的需求在于确保其基因在后代中得以留存。而人虽属于动物，但与动物又有本质性的不同，人不满足于动物生命的本能性活动，“动物和自己的生命活动是直接同一的。动物不把自己同自己的生命活动区别开来。它就是自己的生命活动。人则使自己的生命活动本身变成自己意志的和自己意识的对象。他具有有意识的生命活动”[②]。正因如此，动物的生存活动只能遵循其“种”的物的尺度，而人则能够超越种的尺度，存在“类”的尺度，即自我尺度。[③] 因此，人的动机并不局限于“种生命”的生存与繁衍，从开始找寻动物与人的“差别”的内容开始，人便不满足于本能的生理需求，而追求具有价值与创造意义的“类生命”。人的生命活动既是依据“物的尺度”的“合规律性”活动，还是依据“人的尺度”的“合目的性”活动。从这一角度看，人的需要高于本能性的驱动，还包括超越生存的价值需要、创造需要、真理需要等。由此，人类不再受到自然的绝对控制与主宰，

① Emil Carl Wilm, *The Theories of Instinct: A Study in the History of Psychology* (New Haven: Yale University Press, 1925), p. 40.

② 马克思：《1844年经济学哲学手稿》，人民出版社，2018，第53页。

③ 高清海：《“人”的双重生命观：种生命与类生命》，《江海学刊》2001年第1期。

而把生命变为了“自我规定”的自由存在。因此，当生存需求与价值需求出现矛盾时，人具有自主选择的权利与能力，人的学习活动在一定程度上也是超越人的本能需求而满足并促进人的价值需求的生命活动。一方面，基于自否定的深度学习应能够引导人走出本能生命的局限，对于人的本能生命进行规范与引导；另一方面，基于自否定的深度学习应力图帮助人确立高尚的价值追求目标，推动实现“人之为人”的教育目标。

深度学习的动机以观照自我为基础。人的“类生命”的创生基于人的自我意识的产生，即人能够反身性地意识到生命活动的自为性，生命活动从自然所主宰的本能驱动变为由自我意志所支配的对象，由此，“类生命”的本质是自我，人的生命活动的基础也是自我。而人的自我具有“自否定”的矛盾本性，当我指称我时，自我便是认识的主体与客体，人的自我实现便是“主体我”否定原本的“客体我”的否定，并以此走向更加完善的我。因此，自我实现的原动力便是自我否定，人的永不停滞的自我否定、自我超越、自我发展是人历史存在的本性。

深度学习之深在动机维度上表现为，学习动机推动学习行为这一连锁过程的持续性、稳定性与指向性，而以这三个特征为指标的学习动机必须自我认知为中心。第一，内在自我所驱动的直接学习动机能够为学习活动提供更具持续性的驱动力。一般的学习理论主要应用“外部动机”与“内部动机”的分类，但我们认为，动机主要产生于人的需要，而需要不存在内外部之分，因此有研究者将学习动机分为“直接动机过程”与“间接动机过程”①。直接动机过程能够使学习者的需要在学习过程之中得到满足，而不再需要其他中介，间接动机过程则以学习过程以外的附加物为中介，虽能推动学习活动的产生，但

① 陈平：《论学习动力》，《课程·教材·教法》2001年第7期。

会削弱甚至阻碍直接动机，且当学习者获取附加物后便会终止学习活动，只有当新的奖励、评价等产生时，才会重新开始学习活动。而学习直接动机基于人的自我意识而产生，这种动机内在于人的生命潜能之中，并在合适的情境下被激发，其本质是人对于不完满的自我而产生自我否定所衍生的，如人的好奇心、求知欲、自我效能感、自我概念等。它们与学习活动形成了具有持续性的循环关系，即直接动机的激发促进学习行为，学习行为的良性结果也能够增强学习的直接动机，从而为学习活动提供具有持续性、稳定性的驱动机制。第二，深度学习的动机维度具有指向性，即指向学习者的自我实现的本质。深度学习之深不仅仅在于学习者知识理解与掌握之深入，也不仅仅在于学习者能力之精熟，其深更着重于学习的价值指向，即学习能够触及学习者的生命本质，而这一目标是仅凭学习的内容维度难以实现的。事实上，并非所有的学习活动都能够在初始激发起学习者的探究兴趣，学习者可能在学习活动中感受到枯燥、苦闷、压抑甚至痛苦，因此，深度学习需要激发学习者的自否定的生命本性，人与自我的矛盾本性才是生命的本质属性，而这种矛盾属性的解决必然经历痛苦的过程，而其指向的则是学习者的创造与超越，这是深度学习在质上的超越，即从学习的认知到生命的超越。

深度学习的动机以差异的产生与消解为机制。原初的人类动机由本能所驱使，而随着人类的发展，学习、认知与社会因素也在不断改变人类的生物性表达，因此，人类实践的动机是复杂的、交互的，学习的动机也是由需要所驱动产生的，其中涉及内在的生物性因素与外在的环境因素。基于自否定的深度学习动机前提在于学习者是未完成的人，学习者并非生来便具有完全发展的能力，因此需要通过学习满足其成长与发展的需求，即人之为人的需要。基于此，学习者内部会形成个体现状与个体所期待的发展理想状态之间的差异，这一差异使学习者内部形成一种紧张状态，由此驱动学习者通过以学习为主的发展性活动缩小差异从而消解紧张状态。而在这一过程中，个体所期待的理想状态受到外界环境的影响，在不同环境的作用下，个体会调整其期望形态，从而产生不同的动机取向，如长期处于受威胁的环境之中，学习者可能将差异当作威胁，从而产生一种自我取向，即只学习环境中对其生存立即有用的内容，而当学习者长期处于安全且被支持的环境下，其则可能将差异看作应积极面对的挑战，从而形成掌握取向，即尽可能多地学习掌握广泛的内容。

基于自否定的深度学习从动机维度上倾向于激发学习者的惊异与好奇，从而促使学习者通过不断探究实现创造与超越。例如，深度学习的重要动机是学习者的好奇心，而人的好奇心由惊异所引起，当学习者认知到在某些方面偏离标准或原有认知受到新刺激时，这种对立、差异会唤醒其探究的动机，差异越大，唤醒水平越高。[①] 此外，人类还显现出对复杂性的偏好，人类的学习行为倾向于系统化地指向更复杂的刺激水平，倾向于对新颖性和挑战做出系统的反应，并在此过程中通过学习发展其能力并逐步实现创造。深度学习需要顺应学习者的这一倾向激发人潜在的创造性，实现深度学习于知识、能力及生命本质的深度超越。

2. 以驱动性为特征的情感系统

心理学家与脑科学研究者们认为，情绪与感受是一种调节机制，它们接收来自身体与环境的冲动，激发对这些冲动的无意识和有意识的反应，这些反应的形式有活动、思想以及学习。[②] 可以说，情感是主导人的心智变量最为基础性的前提条件，自否定作为一种情绪特征驱动着人的学习行为发生，这一驱力既是个体心理层面的，也是类存在层面的、遗传性的。在深度学习过程中，情感与认知必然是相互联

---

① 〔美〕弗兰肯：《人类动机》，郭本禹等译，陕西师范大学出版社，2005，第 310 页。

② 〔丹〕克努兹·伊列雷斯《我们如何学习：全视角学习理论》，孙玫璐译，教育科学出版社，2014，第 97 页。

系、相互依赖的，如皮亚杰所说："所有图式，不管它是什么，都同时是情感的和认知的。"[①] 情感生活和认知生活同是一个不断适应的过程，二者不是平行的关系，而且是相互依存的，情感表达了由认知结构而产生兴趣和行动的价值。情感生活的"适应"表现在将以前的情感不断同化到现在的情境中——这种同化促生了相对稳定的情感模式，并在不断变化的情境中持续建构新的图式。也就是说，情感也同认知一般具有图式，并满足同化、顺应所作用的平衡化机制，以此机制驱动着人的认知结构的发展与作用的发挥。

情感是理性认知的前提与基础，与人类高级的认知功能相伴而生。情感是人对客观事物是否符合自身需要而产生的态度体验，从古至今，情感对于理性等高级认知功能的作用一直受到哲学家与心理学家的关注并引发争议，但具有共识性的观点认为，情感与人的认识与思维相伴而存在。柏拉图描述人的灵魂犹如双驾战车，御车者便是理智。而驾车的两匹马，一匹代表情感，颇为温顺，而另一匹则代表欲望，它桀骜不驯，总力图将战车带入歧途。理智竭其所能，驾驭这两匹马。[②] 因此，在他看来，人的情感与欲望不断挣脱理性的控制，是人类灵魂的潜在威胁。在大多数唯理论者看来，情绪与情感容易侵扰理性等认知功能，由此，他们多将其作为人的较低级的动物本性而力图予以剥离，使人的理性成为一项独立的心智活动而免除情绪与情感的不确定影响。而斯宾诺莎则认为，情感为身体感触，能够使身体活动的力量或增或减，相对应的观念亦随之增进或减退，顺畅或阻碍。[③] 休谟同样认为，情绪、情感为原始存在，是行为的动力，理性则为其复本，属于观念之范畴，也就是说，只有在情绪、情感的推动下，那

① 转引自〔丹〕克努兹·伊列雷斯《我们如何学习：全视角学习理论》，孙玫璐译，教育科学出版社，2014，第83页。

② 《柏拉图全集》（第2卷），王晓朝译，人民出版社，2003，第160~168页。

③ 〔荷兰〕斯宾诺莎：《伦理学》，贺麟译，商务印书馆，1997，第98页。

些理性原则才能在一定程度上发挥效用。[①] 在这一意义上，情感是理性及推理产生的前提，“理性是、并且也应该是情感的奴隶”[②]。

从神经基础来看，情感是推理的重要组成部分，并协助人的认知与推理过程，甚至在某些情况下代替推理。美国的神经科学家达马西奥（Antonio Damasio）对有决策障碍与情绪障碍的神经病患者进行研究后发现，尽管这些病人的注意力、智力、记忆与语言的功能都完好无损，但其情绪功能的丧失导致其难以做出哪怕最简单的决策。这一研究发现，从人的神经网络来看，情感所依赖的重要神经网络不仅包括边缘系统，还包括脑的前额叶皮层，更重要的是还包括对来自身体的信号进行映射和整合的脑区。[③] 从人性的角度看，情感是遗传基因控制下的适应性行为，在个体发展过程中，与外界环境相互作用而产生的行为反应，它的产生经常是无意识的，且是无时无处不在的。在学习中，情感对于认知尤其是推理能力的发展以及理性的培养是不可或缺的，尤其是在深度学习中，学习者深度参与的重要衡量标准便是情感的投入程度，积极的、正向的情感投入一方面对学习者的认知活动具有促进作用，另一方面情感投入本身也是深度学习所要达到的重要目标，是实现整全的人的培养的重要维度。

情感在学习活动中具有预示与驱动的功能，在良好状态下，情感能够在理性与推理介入之前指出可能方向。达马西奥在研究中发现，人的情绪符合“躯体标识器假设”（somatic-maker hypothesis），即人在运用理性推理方法解决问题之前，当某个不利的反应情境浮现在脑海中，主体会产生一种不愉快的情绪感受，它迫使注意集中在某个行为选择可能产生的负面结果上，并自动发出警报信号，这种“标识”

---

① 费多益：《认知视野中的情感依赖与理性、推理》，《中国社会科学》2012 年第 8 期。

② 〔英〕休谟：《人性论》，关文运译，商务印书馆，1996，第 453 页。

③ 〔美〕安东尼奥· R. 达马西奥：《笛卡尔的错误：情绪、推理和人脑》，毛彩凤译，教育科学出版社，2007，第 4 页。

信号可以为决策者减少选择项，用于之后的推理与最终决策，能够大大提高决策的精确性与效率。“躯体标识器”可能与人类进化下的“集体无意识”、个体先前的情感经验、价值判断有关，并以情绪、情感的形式表现出来。在学习过程中，情绪的这一机制的作用表现为对学习行为筛选与预示，如个体在面对多个可能的问题解决策略，尤其是与价值判断相关的问题时，情感可能在学习中的理性认知介入之前做出可能的方向判断，甚至做出具有明确性的偏好选择，虽然这种选择看似是“非理性”的，但其促进了可以理性获得的结果，具有“合理性”。在未来，学习者的重要任务便是在变动不居的外在世界中，在面临导向无数可能的多种决策中做出选择与判断，这一决策决定了个体乃至群体的发展方向，而情感在这一过程中可以成为未来行动的先兆性提示。[①] 在很多时候，情感能够为行为指明方向，尤其是在进行道德判断，制定未来的规划，或是面临不确定的选择时，情感及其背后的生理机制能够帮助人克服畏惧，提升主体的逻辑判断能力，主导兴趣的偏好与倾向，协助主体做出更好的抉择与更完善的计划。[②] 此外，情感对于学习行为的方向具有重要的预示与调节作用，情绪的出现表示个体已经察觉到了现实朝某一方向偏离了预定标准的信号，同时这一信号也需要被解释以促使现状得以改变。人的自否定不仅主导着认知的逻辑，更重要的是主导着人的情感欲求，通过自否定，人在认识自我的过程中不断否定过去与当前的自我，并制定新的发展目标，学习者通过这些与目标相关的情绪的不断变化判断自身与目标之间的距离，并选择和完善达到目标的策略。也就是说，自否定的情感、情绪对于深度学习活动具有预示、唤醒与调节的作用。当然，学习者的情感、情绪并不一定全是积极的，学习中的消极情绪，

① 费多益：《认知视野中的情感依赖与理性、推理》，《中国社会科学》2012 年第 8 期。

② 〔美〕安东尼奥 · R. 达马西奥：《笛卡尔的错误：情绪、推理和人脑》，毛彩凤译，教育科学出版社，2007，第 2 页。

如焦虑、担忧、紧张等也可能对学习活动产生消极影响，但情感与情绪对于教育者来说具有诊断性的价值，其有助于解释潜在的认知、投入与关注，是评估深度学习的重要方面。

3. 以自我控制为特征的意志系统

意志是人自觉地确定目的并支配其行动，以实现预定的目的的心理过程，是人区别于动物的自觉能动性的体现。[①] 意志的发展与人的自我发展相关联，尤其表现为人的自我能力的发展。深度学习所要求的学习活动具有充分的深度、充分的广度与充分的持续性，而这一目标的实现不仅仅是学习中知识掌握与能力培养的结果，其过程需要以自控能力为核心的意志活动作为学习行为的价值支撑与持续性保障。

拥有自决的理性意志是深度学习的重要价值目标，是人之为人的重要特质。意志是一种由意向性所支配的赋能于现实行动的重要力量。这种力量源于意念（意向），待到念动并决定行动，便成为“意向”，此时已经发生了“趋而赴之”的力量，这力量持续下去，行为结果出现，可称之为意志力。[②] 在学习活动中，意志发展的方向性决定了学习的价值指向，意志的持续性决定了学习的深刻性，因此，意志不仅仅是深度学习的促进因素，也是深度学习应趋向的重要价值目标之一，而为达到这一目标，意志活动需要经由两个重要阶段，即学习意向性的确立与学习行为的持续。意向性是人的意识的重要特征，是意识的内核。“意向性（Intentionality）一词来源于拉丁文 in-tendere，意思是‘指向’。意向性是心灵代表或呈现事物、属性或状态的能力。”[③] 它是心灵以多种形式指向、关涉世界，并使我们的主观状态与世界的

---

① 方富熹、方格：《儿童发展心理学》，人民教育出版社，2004，第 250 页。

② 贾馥茗：《教育的本质——什么是真正的教育》，世界图书出版公司，2006，第 19 页。

③ 刘铁芳：《教育意向性的唤起与“兴”作为教育的技艺——一种教育现象学的探究》，《高等教育研究》2011 年第 10 期。

其他部分相联系的一般性名称。[①] 意向性是生发于人的心灵而最终又以心灵的成长为归宿的意志倾向，对学习者积极的意向性的唤醒是深度学习真实发生的前提，只有当学习者的个体自我意识积极地朝向了所学之物，才能富有兴趣地、充满好奇地、凝神聚精地投入学习活动之中，深刻、真实的学习活动才得以发生。积极的意向性的凝聚还指向超脱于认知的学习的意义性，深度学习所希望培育并非单纯的认识的主体，或是熟谙于知识训练的认知主体，而是指向渴求意义的人以及具有活力的生命主体。因此，在深度学习中，稳定、积极、深刻的意向性确立是唤起学习者生命意义、延展学习活动价值意义的必然要求，自否定作为人实现创造的原动力是实现持续、深刻学习的重要本体性与内生性力量。在意向性确立之后，学习活动需要实现“意”与“行”的统一，即促使学习者以学习的行动践行意向性，并给予行为结果积极的意义反馈，教育者尤其需要保证学习者的身体、生命自由，以实现学习者自我意志的建构与发展。

以自控能力为核心的意志系统的成熟能够促进与调节学习者的学习行为。从个体意志活动的产生来看，意志是在个体中发生较迟的一种心理机能，它随着对言语与随意运动的掌握而产生，其发展与认知、情绪的发展紧密相连。第一，意志活动的萌发基于随意动作的发生与言语调节技能的获得，通过这两种机能的发展，儿童逐步意识到“自我”的存在以及自我意识对于行为的支配作用，由此从一个生物性的个体向一个能够提出目标并能使自己的行为服从于既定目标的有意志的社会性个体迈出重要一步，在生命的第二、三年，儿童的自主性、独立性与自我控制的意志行为开始出现。[②] 第二，童年早期的儿童其意志活动具有不稳定性，其自控能力更多受到个体的自制力、克

---

① 〔美〕约翰·R. 塞尔：《意向性——论心灵哲学》，刘叶涛译，上海世纪出版集团，2007，第1~5页。

② 方富熹、方格：《儿童发展心理学》，人民教育出版社，2004，第252~255页。

制的动机强度以及克制所引起的紧张程度的影响，但从总体上看，随着个体的成熟与良好教育的引导，儿童的自控能力呈现不断提高的态势。第三，进入正式学习阶段，成为学习者的儿童在意志活动上具有质的发展，主要表现为自控能力的迅速发展，意志的调节作用从以对外部行为动作的控制为主转向以对内部的心理过程控制为主。意志的作用表现在几种倾向或几种紧张状态发生冲突的时候，如在学习者面对完成学习任务与玩乐两种具有冲突性的选择时，意识在此时能够发生作用，并主要体现在决策制定与决策执行阶段，在这一阶段形成较稳定的与学习紧密相关的坚持与自制的意志品质。第四，成熟的学习者其意志活动特征主要表现为决策的自主性、目标的深刻性、计划的合理性、意志的复杂性、意志的果断性、行为的坚持性与自制性。[①]在学习过程中，意志活动发挥着行为决策与行为调节的作用。一方面，意志在学习者处于紧张、冲突的境况下促使学习者倾向于选择更加高等级的意向行为，如学习者克服生理需要而选择将注意集中于学习活动之中，这一决策的实现是学习活动得以持续与深入的重要条件。另一方面，意志作为学习者行为的调节与控制力量与其认知能力、道德准则、价值观念等相互关联，影响着学习目标的广度，指向整全的人的发展。

（四）以世界、自我、他人为对象的互动维度

多元交互的实践活动是贯穿深度学习全过程的行为要素，交互的主客体涉及三组关系：人与客体之间的交互关系，主要表现为教育者、学习者与学习客体（如学习资料）之间的关系；人与他人之间的交互关系，表现为教育者与学习者之间的交往互动；人与自我之间的交互关系，表现为学习者的自我认识、自我治理与自我超越等。佐藤

① 方富熹、方格：《儿童发展心理学》，人民教育出版社，2004，第562~565页。

学把“学习”界定为“从既知世界到未知世界之旅”——“同客观世界的相遇和对话，同他者的相遇与对话，同自己的相遇与对话”的三位一体的对话性实践。[①] 深度学习的互动维度主要包括以学习者为核心的自我互动、人际发展关系中的互动以及学习者在社会历史性发展结构中的互动。第一，深度学习要求学习者通过自反构建具有自传性的发展框架。深度学习中的自反性是通过内部的自我对话实现自我理解与身份认同的塑造，这一过程中自否定并非将自身进行碎片化的解构，而是勾勒出具有连续性的发展轮廓，形成具有自传性质的深度学习与自我发展的全面框架。第二，深度学习需要共同体作为学习的群体环境，这一共同体的互动不仅仅提供内容维度的要素，也是学习者情感维度的归属与依托。第三，基于自否定的深度学习一定是通过学习者自身的自我导向与教学的目标导向整合进入社会过程，深度学习的过程必然是社会化的过程，也是不断把握自我意识与社会责任的过程，基于自否定的深度学习指向去构建一种超越狭隘自我的“关系理性”，即“超越实体化、单子化个人的社会关系中，去理解‘个体’的存在规定、生存意义和根据的理性”[②]。在基于自否定的深度学习中，“我就是我们，而我们就是我”[③]，自否定的“自我”是个体的自我，也是类的自我。

深度学习的主客体互动以自否定为原理。自否定作为深度学习的前提性概念，从哲学视角为深度学习的发生提供解释原则。自否定以人的自我意识的产生为前提，人是唯一能通过自我意识形成反身性认识的生命体，这种反身性认识既是人的个体特征，也是人的类特性，自否定推动着深度学习中个体与社会调用知识的动力系统，它既是主

① 〔日〕佐藤学：《培育作为专家的教师：教师教育改革的宏观设计》，转引自钟启泉《深度学习：课堂转型的标识》，《全球教育展望》2021 年第 1 期。

② 贺来：《“关系理性”与真实的“共同体”》，《中国社会科学》2015 年第 6 期。

③ 〔德〕黑格尔：《精神现象学》（上卷），贺麟、王玖兴译，商务印书馆，1979，第 122 页。

体的自否定，也推进着客体的自否定。自否定使人能够剖离自己，产生自我认识的欲求，人的认知方式与学习本能又为人的自我认识提供基本条件，经过作为类存在的人的历史本体性的积淀，人类逐渐从与动物相差无几的状态脱胎为如今的具有智能的类生命，这一过程无不彰显着自否定对于人类认识与学习的革命性意义。

1. 与材料互动下自我意识的觉醒

学习者与学习对象的良性互动以客体的具体性为前提。在传统的教授主义学习下，学习内容潜在地遵循了自然科学的"假设—演绎"的逻辑，背后潜藏的是否定人的自由意识和行动自主性的"工具理性"。[①] 传统的教学内容以抽象为特质，致力于将人类的具体经验还原为观念，并将被压缩的观念以抽象形式传授给学习者。"将具体的存在还原为一种理念的问题是，它扭曲了它所支持的人类生活。思想变得比拥有它的人更伟大。思想变得比具体的东西更真实；它成为解释的来源，或者更糟的是，成为行动的来源。在理念变得比具体的人更'真实'的情况下，为前者牺牲后者变得越来越有可能和合理。"[②]

学习内容的过度抽象化可能会造成如下几个问题。第一，文化资本的特权问题。"学者、理论家、知识分子相信他们能够凭借信息的挖掘、富有想象力的解释以及令人信服的争辩而获得特权知识。"[③] 传统课程教学中的知识内容由具有优势文化资本的阶级、课程专家所选择，并由其将具体经验转换为抽象观念成为学习乃至选拔的内容，而这种由具体到抽象的简化忽略了个体的经验，仅仅聚焦于所谓构成社会的结构关系，统一的抽象内容也对不同文化阶层的学习者造成了区

① 汪霞：《课程研究：从现代到后现代》，博士学位论文，华东师范大学，2002，第101页。

② W. F. Pinar, *Autobiography, Politics and Sexuality* (New York: Peter Lang Publishing, 1994), p. 104.

③ 〔美〕威廉·派纳：《自传、政治与性别：1972—1992课程理论论文集》，陈雨亭、王红宇译，教育科学出版社，2007，第163页。

隔，从而导致部分学习者与学习内容的互动障碍。第二，学习内容的非人性化问题。对于学习内容过度抽象化的追求剥夺了现实的多重性、丰富性与生动性，扭曲了学习的生活性意义，破坏了人的经验的独特性，压抑了学习者的个性。由此，学习的过程变为“无人”（personless）的过程。

抽象性的学习内容设置也是不符合人的认知逻辑的，与人的逻辑相悖必不能激发其二者的良性互动关系。人类认知的第一个过程是归纳而非演绎，演绎是结果为必然的推理，在学习中表现为从已知到已知的过程，而归纳则是从已知推未知的过程，是形成创造性能力的根本，从本质上说，归纳就是“从经验过的东西推断未曾经验过的东西，从事物的过去和现在推断事物的未来，或者从事物的现在推断事物的过去”[①]，因此，归纳必定是从个别到一般，从具体到抽象的过程。基于此，深度学习所要求的互动必须以学习者的经验为基础，与学习者相互动的客体必定是以具体性为特质，不再局限于教育者所压缩的世界中，而是于活生生的具体经验中学习，由此才能实现真实性、独特性、人性化的学习过程，并构建学习者主体在“生活世界”中的生命存在。

学习者与客观对象的深入互动以主体的自我意识觉醒为标志。深度学习的相关研究普遍认为，学习过程是个体内部经验与学习客体及外在环境相互作用下的经验改造与意义建构，学习的发生对于每个学习者来说都是独特的、完整的、活生生的，如同世界上不存在两片相同的树叶，人的学习发生过程也是不可复制的，尤其是学习者的深入学习过程。“普遍事物的知识常常是有趣的和有用的，但是人类生活中最重要的不是有关个体普遍存在的知识。因为关于普遍事

① 王瑾等：《中小学数学中的归纳推理：教育价值、教材设计与教学实施——数学教育热点问题系列访谈之六》，《课程·教材·教法》2011 年第 2 期。

物的知识逃脱不掉肤浅。人类生活中深刻的东西只能在独一无二的领域中找到。”[1] 学习者与客体的互动的深入不在于其个别性，而在于互动过程中对于学习者主体性与个体性的强调，因此，基于自否定的深度学习需要在学习者与客体之间构建以自传性为特征的互动模式。

传统的教授式学习或将学习者的自我置于边缘地位，或使自我瓦解在学习材料之中（如顺从的教师与学生，具有百科全书式的记忆但缺乏自己的观点），或使自我向内退转成为孤立隔离的学生，在这些情况下，虽然自我是完整的，但其不能也不愿与材料相融合而掌握材料，更妄论与材料进行深入互动。究其根源在于学习过程中“工具理性”主导下的知识与自我的隔阂，使自我迷失在客体的浪潮之中。对此，基于自否定的深度学习要求自我与材料形成具有自传性质的互动模式，个体与学习内容之间存在两个“连续体”：一为文本和读者的生理机制形成的“物理连续体”（physical continuum）；二为文本、读者对文本的即时反应以及读者的“履历情境”（biographic situation）形成的“生活连续体”（lived continuum）。[2] 前者展示的是一种表面的联系，后者则是一种内在的联系，且后者是更为重要的联系，学习者的个体解放通过“生活连续体”来实现，因此，学习者与学习材料的互动需要转向学习者自身的认知、情感与反应，即学习者的“履历情境”，而学习材料则作为一种工具与手段融入学习者的“履历情境”之中，从而服从于主体生成、自我觉醒与个性解放。

2. 与自我互动中同一性的建立

自我同一性建立以自我在本体论上的存在为前提。当自我从日常用语进入哲学的解释范畴，其存在性受到了质疑，自我一度在对其本体性的探讨中失落，在“无我论”与“碎片化自我论”中其要么被

① 〔美〕威廉·派纳：《自传、政治与性别：1972—1992 课程理论论文集》，陈雨亭、王红宇译，教育科学出版社，2007，第 98 页。

② 张华、石伟平、马庆发：《课程流派研究》，山东教育出版社，2000，第 281 页。

看作语言游戏下产生的意识幻觉，要么成为碎片性的、待解释的怪物，[①] 如不能将自我从本体性质疑的泥沼中解救出来，自我的否定活动便成了假命题，自我的互动形式更无从谈起，因此，基于自否定的深度学习在自我的互动维度上需要对具有同一性、连续性的自我存在进行确证。第一，人的意识是自我论的，它因第一人称呈现模式而存在。个体的每一个意向体验与认知活动都是基于第一人称视角下的自身意识而产生的，且我们熟知自身主体性的方式与认识非我客体的方式截然不同，自我是一个特殊的存在。第二，自我的存在能够从自身经验的时空存续上得到确证。一方面，从个体的信息加工过程来看，脑科学证实了认知对象的外表、声音、动态等通过不同途径历时性地进入主体的不同脑区进行加工，并几乎在瞬间将其进行统合与反应，而这些庞杂的信息都统一于一个接收者与加工者，这便是自我。另一方面，具有复杂性、综合性的认知活动通常是长时间的，而非瞬间的反应或短时间的认知，如科学家的认识成果大多汇聚大量的经验，经过长期乃至毕生的研究，这要求存在一个具有跨时同一性的自我以统合具有长期历时性的经验，并在经验积淀的基础上产生具有深度的认知。[②] 第三，意行统一的行为活动确证其背后具有自决性的自我存在。“只要存在有意的行为发生以及在时间过程中的随意进行，就可断言，其后一定有作为决定者、施动者、调控者的主体。这种主体既可称作‘自我’，又可称作‘自主体’（agent），即专门负责行为的自我。”[③] 相比于动物行为，人的行为具有自决性、自控制与自调适的特性，也就是说，人能够明确自我是行为的施动者并对行为有反身性的认识，并基于自身经验与自由意志对行为做出判断与调整，人类行为的这种“合目的性”正是以自我的存在及同一性为前提的。深度学习之深体现

① 高新民：《自我的“困难问题”与模块自我论》，《中国社会科学》2020 年第 10 期。
② 高新民：《自我的“困难问题”与模块自我论》，《中国社会科学》2020 年第 10 期。
③ 高新民：《自我的“困难问题”与模块自我论》，《中国社会科学》2020 年第 10 期。

在意识的自身指向性，这是意识的高阶表征与高阶思维的指向，要求学习者有一种反思的自身知觉，能够反身地思考并概念化自身的心理状态，这是“唯有具备一种心灵理论的生物才得以享有有意识的或拥有伴随现象感受的心理状态”[①]，也是深度学习在心灵维度的重要指涉。

基于自否定的深度学习与自我的互动以反思为关键形式。学习者自我意识的存在是前反思性的，或可称其为“先验”的。主体在进行某项一般意义上的意识活动，如阅读一本书时，其注意并非集中于阅读这项活动上，而是集中于所阅读的内容，而当某人打断这一阅读活动并询问主体在做什么，主体才会有意识地集中于自身的阅读互动之上，但自身意识并非此刻才生成，而是始终存在，即自身意识是隐性的、绵延的。因此，当学习者进行以学习材料为对象的认知活动时，自我意识是前反思的，是一种投身其中的非对象化的自我熟识，而反思则是一种超然的对象化的自我觉知，它通常引入了一种在观察者与被观察者之间的现象学意义上的区分，而后者通常以前者为前提。在一般的学习研究中，当学习中的主体投身于学习的事务或对象，并达到了结果的标准时，便默认为达到了学习的目标。而在基于自否定的深度学习理论中，渗透着前反思的自身意识并非完全的自我领会，毋宁说是一种前领会，在此基础上，后续的反思才得以发生。因此，深度学习中以自我的互动、以自我投身于外在世界的前反思为自我的构成性方面，并基于此实现真正反思的自我觉知。另外，自我在学习活动中通过规定的反思实现自我建构。深度学习的重要目标在于自我的形成，而自我在规定的反思下进行着自身的建构。反思对于客体来说是用思维去追溯其后的根据或本质，而对自我来说则是从对象上返回自我，是自我意识。反思要求在自身中分离出他物并在他物中回溯自身，

① 〔丹〕扎哈维：《主体性和自身性：对第一人称视角的探究》，蔡文菁译，上海译文出版社，2008，第24页。

而进行规定的反思则是主体在自我否定、自我扬弃中通过对规定的反思实现自身的建构与持续性的存在。在深度学习中，进行规定的反思意味着不仅透视现象背后的本质，还对本质的规定进行批判性的分析，并在这一过程中反思自身，进而实现对自我的否定与超越。

深度学习中与自我互动的目标在于自我认同感的实现。自我认同意味着一种相对稳定的、持久的与具有边界的认同感，但这种自我认同感在晚期现代社会、技术化的时代与传统的学校教育中越来越难获得。晚期现代社会集体与社群的瓦解造成了人的自我同一性的认识危机，技术化时代对技术与效率的追求忽视了人的情感体验与精神需要，导致人的意义感的失落，传统的学校教育对知识而非认识的偏重导致人们倾向于一种关注结果的计算性的思维而非沉思与反思。在这种情况下，自我认同在学习的自我维度的价值性意义愈加凸显，对于自我认同感的建构也日益紧迫。[①] 在自我的形成中，建构与解构的情况都可能存在，二者取决于现存自我结构的特点，但其本质都倾向于相对稳定的自我认同感的建构，这种自我认同感可能建构为“私人的”或心理的自我，或是扩展为“公共的”或社会的与政治的自我，但过度社会化的个体、过度决意的自我、依赖于资本主义团体性的个性膨胀的自我（ego）需要寻求解构，并重构一个并非凝固的、心理或社会上并非固定的自我，能够根据不断调整的现实、未来与过去的观点感知与加工新信息。[②]

3. 与他人互动下共在的生成

人在本质上以共在的方式而存在，这一本质决定了深度学习中共同体建立的价值。“人能群”，也就是说，从本质上看，人是合作的物种，这是在其类生命中的天性所致。从道德情感角度，人能够从与他

---

① William. Earle, *Autobiographical Consciousness* (Chicago: Quadrangle, 1972), p. 55.

② 〔美〕威廉·派纳：《自传、政治与性别：1972—1992 课程理论论文集》，陈雨亭、王红宇译，教育科学出版社，2007，第 165 ~ 166 页。

人的合作中获得情感的满足。人们能够在与志趣相投的人的合作中得到快乐，或将其作为一种义务性行为，如人们倾向于惩罚盗用他人合作成果的人，对自身的“搭便车”行为感到愧疚等，这种社会偏好是直接的、未经推理的，是在道德情感中生发的。究其原因，在社会生物学上，合作行为是人经自然选择而形成的，从心理上是进化而积淀的原型。早期的人类环境塑造了一种“人与人的依赖关系”，原始的人类祖先为更好地生存，倾向于在获取与分享食物上合作，以更低的成本获得更大的生存可能。而后，随着长期而复杂的社会化系统的逐渐形成，社会引导个体逐渐内化能够导向合作行为的规范，合作成了类存在的人在历史积淀下的心理原型，也作为社会外在的群体性规范而存在。合作既是人的偏好、信念与约束，也存在于人类的基因、文化与制度之中。而从微观层面看，合作的具体形式难以完全通过基因编码得到进化性的传递，这一中间过程很难把握。每一代都需要通过学习获得有价值的信息，而合作作为一种社会偏好与个体的情感趋向也在学习活动中被关注并予以传递。

在与他人互动中，深度学习追求一种心灵上的“深度交流”。深度学习的重要目标之一在于触及人的生命内在并指向人的自我实现。这要求学习作为一种生命活动以达到学习者在共在中的生命实践。一方面，人的此在是一种共在，自我一定是在与他人的互动中得到觉知与实现。人作为一种“此在”一定总是与其所处世界的其他的人、其他的事与物同时在场，不断地与其他存在照面而共同处于一种流变的活动过程之中，此所谓“共在”。[①]“此在就是相互并存的存在，与他人一道存在：与他人在此拥有这同一个世界。”[②] 自我必不能出现于一种真空的环境下，孤立的、隔绝的、失去他者的自我，认识它的唯一

① 易小明：《共在的伦理之维——兼及共在作为社会财富共享的一种依据》，《齐鲁学刊》2020 年第 6 期。

② 《海德格尔选集》，孙周兴选编，上海三联书店，1996，第 13 页。

途径是同情，事实上，自我的重要认知方式是在与他者互动中、从类比中得到的推断。在学习过程中，并非所有的感知都能够亲身体验，因此，重要的学习方式便是通过旁观并通过理性的类比推断与感性的共情体验从而获得关于学习的感知，而这一过程不仅涉及学习者的认知，还涉及学习者心灵的通达。“生命并不能通过完全逗留于自身之内而把握其自身。它必须给予自身以形式；因为正是通过这一形式的‘他者性’，生命才获得了它的‘可见性’，如果不是它的现实性的话。”[①] 另外，深度学习所要求的互动基于主体之间经验与情感的相互连通，是触及心灵的、深刻的互动。在深度学习中，学习主体包括教育者与学习者，二者之间的相遇不是一次缺乏任何心理属性的行为与身体上的外在的相遇，而是在身体姿态与行为中被表达，并被学习者识见、接受，二者相互之间给予反馈，实现互动情感在主体之间的流动，而这一过程以共在为前提，以主体之间的通达性为条件。

学习过程中的深度合作以共同体的形式存在。学习共同体并非学习集体，而是显示“人与人”关系的概念，“共同体”不是“地域性、血缘性的共同体，而是意味着由叙事、言词与祈愿的情结构成的富有想象力的共同体”[②]。学习共同体在人与人的关系上不是致力于形成具有抽象性与同质性的抽象集体，而是以共同体形式作为纽带，力图将具体的人放置于共同体的环境之中，关注的并非个体或群体的存在形式，而是个体与他者在共同体中活跃的关联关系。在传统的教授主义学习过程中，学习通常以集体的形式呈现，由以教师为主导的具有同质性的叙事、同样的言辞与同一化的祈愿所联结，其力图构建一种同质化的集体，这一过程是消解个体差异的过程，是将具体的人抽

① Ernst Cassirer, *The Philosophy of Symbolic Forms* (London: Yale University Press, 1998), p. 46.

② 〔日〕佐藤学：《学校的挑战：创建学习共同体》，钟启泉译，华东师范大学出版社，2010，第 214 页。

象为统一的集体形象的过程，甚至是学习者自我消亡的过程。而深度学习所要求的学习共同体则类似于佐藤学所提出的“交响乐式”的共同体，即以每个学习者的自立、亲和与多样性为前提而构建的自我参与其中的共同体。

三　基于自否定的深度学习整全模型建构

在以往学习理论的发展中，大多数的学习理论家尤其是心理学家们仅仅关注学习的某一维度，如皮亚杰主要关注学习的认知或内容维度，维果茨基从文化历史理论的层面关注社会互动维度，以弗洛伊德为代表的精神分析学派则聚焦于动机维度。在对学习的各要素维度充分研究的基础之上，也有某些研究者以更加系统的、平衡的、整体的视角将三重维度整合起来建立学习模型，如彼得·贾维斯的学习模型、克努兹·伊列雷斯的学习模型等。这些模型多关注到了学习的内外部过程及三重维度的整合，并在模型中隐含着学习的批判性、矛盾下的发展性与主客体的创造与超越性，但并未有研究者对学习的此类发生发展特性从“自否定”这一前提下进行探讨与模型构建。基于此，本研究在以往整全性、发展性、延续性的学习模型基础之上构筑了“基于自否定的深度学习模型”，在主体上从学习的人、学习的对象及所处世界出发，从学习的发生看，在横向上以自否定为前提的内容维度、动机维度、互动维度为深度学习的构成要素，从纵向历时性上以自否定为推动力与发展机制构建了包含肯定的顺应阶段、前否定阶段、逻辑的肯定阶段、理性的否定阶段、自我的超越阶段五个具有进阶性的深度学习发生阶段的模型。

（一）模型构建的理论基础

随着对学习研究的越发深入，越来越多的研究者从整全的视角关注到了学习的认知、情感与互动，并认为学习必须纳入这三重维度才是真实、深刻的，不同研究者从心理学、哲学、社会学等视角建构了整全性的学习模型，不同模型的侧重维度有所不同。

1. 学习是对经验的反思——“体验学习圈”模型

美国凯斯西储大学教授大卫·库伯（David Kolb）作为体验学习专家，其提出的“体验学习圈”模型得到了广泛的关注与应用。体验学习主要针对传统学校教育中对于科学与理性的过度崇拜所导致的学习过程被理性主义与行为主义扭曲的问题，从而提出将学习者导入学习情境中进行体验，并认为无体验之学习如同无水之源。体验学习理论具有几个显著特质：一是体验学习是过程而非结果，学习源于体验，个体在持续的体验中不断获得并修正自身观念；二是体验学习是以辩证方法解决冲突的过程，学习是充满矛盾冲突的过程，学习过程需不断平衡抽象与具体、内在与外延、体验与内省等的矛盾关系；三是体验学习是适应世界的完整过程，体验充斥于个体广泛的生活世界与成长的各阶段中，其发生的时空具有广泛性；四是体验学习是个体与环境的持续交互过程，而非局限于书本、课堂与教师；五是体验学习是知识创造过程，即在个人知识与社会知识的相互转换间实现知识生产。

库伯以约翰·杜威（John Dewey）、库特·勒温（Kurt Lewin）和让·皮亚杰（Jean Piaget）等人的学习理论为基础，创造性地提出四阶段“体验学习圈”模型，包括具体体验（concrete experience）、反思观察（reflective observation）、抽象概括（abstract conceptualization）和行动应用（active experimentation）[①]，将体验学习理论科学化、程序化。

---

① 〔美〕D. A. 库伯：《体验学习——让体验成为学习和发展的源泉》，王灿明、朱水萍等译，华东师范大学出版社，2008，第26页。

库伯基于三种学习理论建构中的不同要素，将其整合于“体验学习圈”模型之中，学习者的学习过程以具体体验为起点，经过反思观察、抽象概括、行动应用，从而获得与修正更多的、更高级的具体体验，这一过程并非平面化的循环过程，而是一个螺旋上升的过程。基于此，库伯区分了四种不同的学习方式（见图3-3）：一是辐合式学习方式，以抽象概括和主动应用为特征；二是发散式学习方式，主要依赖于具体体验和反思观察；三是同化式学习方式，主要依赖于抽象概括和反思观察；四是顺应式学习方式，主要依赖于具体体验与行动应用。①

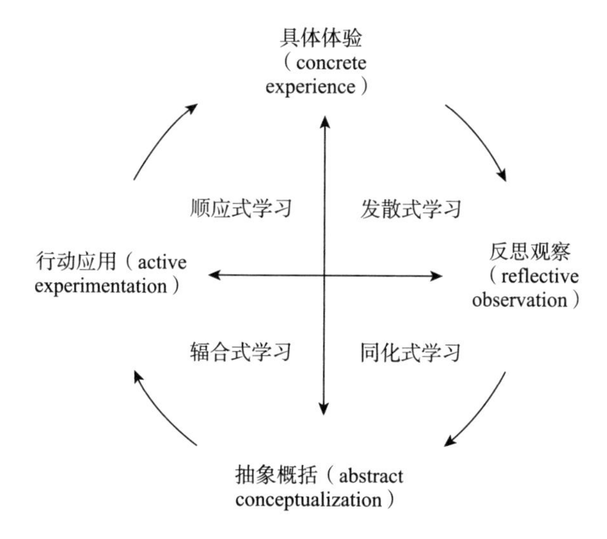

图3-3　库伯的“体验学习圈”模型

库伯的这一体验学习的分析蓝图主要聚焦于知识、技能等内容维度的学习，而对于互动维度的学习关注不足；也存在将现实学习的多样性过于简单化、抽象化的问题，缺乏对学习复杂性的判断；此外，各环节的驱动机制也具有模糊性。但其模型中对学习中自我醒觉的

---

① 〔美〕D. A. 库伯：《体验学习——让体验成为学习和发展的源泉》，王灿明、朱水萍等译，华东师范大学出版社，2008，第65~67页。

关注，对学习本质冲突性的理解以及对三个重要学习理论的融会证明了其学习模型的有效性、一般性与过程性，并在其中隐含了自否定要素对于深度学习的重要意义。其后继者对库伯的理论进行了发展与完善，认为从更广泛的经验学习的视角来看，所有的学习都是经验性的，经验性的学习是对经验的反思。经验学习是一个过程，借此人们个别地或者协同别人一起，从事直接接触的活动，然后有目的地对此进行反省、确认和转化，赋予其个人的和社会的意义，而且寻求把这些过程的成果整合在新的认识、存在、行动和与世界互动的方式中。[①] 这种经验学习的视角弥补了库伯体验学习对于经验与世界互构关系的视角缺失，关注于经验的历时性、社会性、反思性与整体性。

2. 学习是人自我转变的过程——存在主义学习模型

彼得·贾维斯（Peter Jarvis）提出学习是一种存在的现象。通过对学习者多年的自我反思和反思他人如何看待他们的学习的研究，他发现，学习的结果来自人在社会环境中的综合实践过程。这些过程影响人的身体和心灵，由此个体产生经验，这些经验在认知上、情感上或实践上使学习者发生转变，并整合到个人的传记中。它们有助于一个人的感知，从而影响未来的学习。这种观点将学习者对学习的理解置于理解学习的核心。从自我意识到学习是一种“在这里”（在个人内部）的现象，因为它是个人的学习经验。学习被看作一种“存在”的现象，而不是学习者经验的一部分。[②]

贾维斯认为作为个体，人类是复杂的生物有机体，每个人都在至少一个或多个社会群体中相互作用和存在。在人类的个体与社会群体

---

① 〔英〕彼得·贾维斯：《成人教育与终身学习的理论与实践》，上海高教电子音像出版社，2014，第 81 页。

② Peter Jarvis, Stella Parker, *Human Learning: An Holistic Approach* (London: Routledge, 2005), p. 219.

的多方面之间进行操作和调动的能力是人性的一项内容，而这种能力反过来又取决于学习。他认为，对人类学习的研究往往集中在学科边界内的离散领域，每个领域都有助于理解整体的一部分。这种方法倾向于产生一种扭曲的人类学习图景，一些方面被清晰地描绘出来，而另一些方面则较为模糊。这种不准确的描述带来的后果之一是学习被人为地分成几个部分。由此，贾维斯从学习者的立场，以哲学、社会学为学科视域提出了学习的三个维度，即内容维度、动机维度与行动维度，并以整体性视角将其整合，由此构建了人类在历时性的学习过程中，身体与精神参与到经验社会互动之中的、促进整体人的转变的复杂性学习模型（见图3-4）。

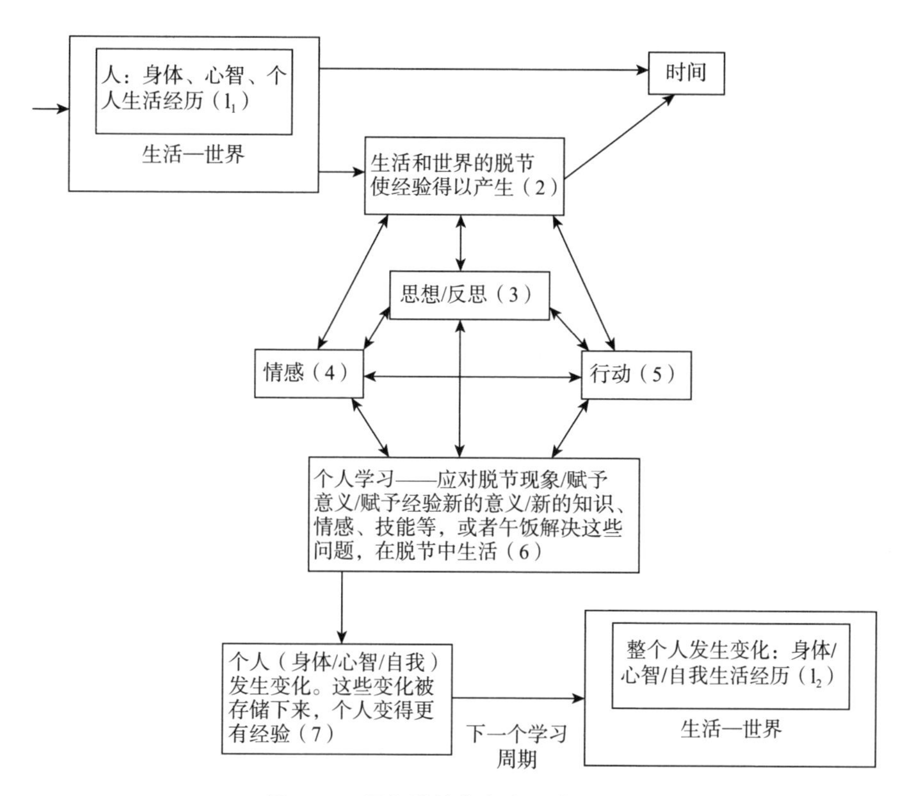

图3-4　贾斯维的存在主义学习模型

贾维斯认为，人的学习过程是历时一生的转变过程，整个人的身体（遗传的、身体的和生理的）与精神（知识、机能、态度、价值、感情、意义、信念和感觉）都在经验社会的境况中，从而人的经验会有一个认知性、情感性或实践性的转变（或者通过任何组合）并且整合进入自我经历中，引起人的持续性的转变。[①] 这一模型涉及几个学习的关键要素。第一个关键要素是人，即学习的主体，人是身体与自我的结合体，人依靠身体的感知从而推断、判断与感受进行学习，而自我则通过交往形成超越肉体的自我意识，由此对学习的意义进行解释，因此，人的学习受到社会文化的影响，也受到进化与遗传的作用，而这种作用是整体性、多觉知的。第二个关键要素是生活世界，学习者诞生于人类社会的生活环境之中，受到生活世界中人与环境的影响，从而形成具有社会性特征的经验、知识、心智与情感。第三个关键要素为脱节（或分离），当人与其社会文化环境处于平衡状态时，人对世界的感知与自我经历之间存在交会，由此便指导人本能的行动以顺应生活世界，但当个体因先有的生活世界经验与实际所面对的世界产生脱节且顺应行为难以实现差距的弥合时，个体获取经验的途径便从对生活世界的经验感知进化为有意识的学习行为。第四个关键要素为时间，人的存在被置于时间之中，也通过时间来呈现，在生命的初始，人类依赖世界而无意识地内化所感知到的经验，但随着个体的发展与生活世界的变化，个体经验与所面向世界的脱节、个体期望与实存现状的脱节促发了个体的思考、情感与行动，从而实现人的转化，走向下一个学习周期。第五个关键要素为经验。学习是以时间为历程，在生活世界与文化架构中建构经验的过程，经验涉及对世界的认识、对刺激的感知与对自我的形而上的传记。贾维斯认为，学习是

① 〔英〕彼得·贾维斯：《成人教育与终身学习的理论与实践》，上海高教电子音像出版社，2014，第83页。

体验式的，它发生在被捕捉的经验和静止的时间的交叉点上。

贾维斯的学习模型是个体学习者全阶段学习过程的组合，不同环节之间的组合可能指向不同的学习形态，如当个体直接指向时间，人完全服从于生活世界时，是一种人全然的合规律下的形态，是一种非学习的形态。又比如学习模型中从（1）即个体的原始状态到（3）出现个体的思考直至（6）获取个人的学习结果指向脱节的弥合或扩大，贾维斯将这种学习看作记忆学习，而缺失情感行动的参与，相对地，学习环节中情感与行动的单独参与则指向情感学习与行动学习两种不同的学习方式。而贾维斯认为，最为理想的学习范式是以整体性视角对各环节进行整合，从而实现整体的人的身心的超越式发展。

贾维斯的学习模型从学习者的立场出发，以学习的历时性为坐标轴，关注个体学习的认知、情感与行动维度，以生活世界中整全的人的发展为学习的目标，构建了螺旋上升的个体学习历程的模型。这一模型以矛盾（贾维斯称为“脱节”）为重要的驱动机制，关注学习者的认知、情感与互动维度，模型的目标指向中隐含着自否定的意蕴。但其模型主要着眼于个体人的发展，而忽略了作为学习客体的知识与客观世界于自否定下的发展与创造。

存在主义学习模型为本研究的模型构建提供了重要的理论视角，即从哲学的视角以人的终身学习历程为研究对象，从学习的发生（人的生活与世界的脱节与整合）、学习的维度（认知、情感、实践）、学习的结果（自我经历的整合与持续转变），从横向、纵向上关注了学习的整全性、深刻性与深远性，本研究在弥合其缺陷的基础上，进一步关注深度学习在发生中对类存在的人与学习客体的发展与转变。

3. 学习指向人的自我实现——“结构—发展”学习模型

“结构—发展”理论是由美国心理学家罗伯特·凯根提出的自我

心理学的第三大学说①。在凯根之前，自我心理学主要由精神分析学派与存在主义心理学所占据。在凯根看来，精神分析理论关于早期经历的阐释，对皮亚杰后来倡导的认知发展阶段论产生过启发性的作用。存在主义理论关于社会氛围的研究，对卡尔·罗杰斯（Carl Rogers）后来倡导的自我实现理论产生过启发性的作用。皮亚杰强调阶段模式，而阶段模式实际上是一种“结构”模式。罗杰斯强调实现过程，而实现过程实际上是一种“发展”过程。凯根提出的“结构—发展”理论扬弃与吸纳上述两个学说。一方面，其从存在主义视角关注人适应与成长的内在过程，其核心是一种“意义采择”（meaning-making），指向“实现倾向”。而另一方面，这种实现机制又是一种结构主义的机制，凯根认为一个人的自我是在个人采择社会意义与生活意义的过程中形成的，这一过程涉及静态与动态的活动，静态活动是个人对于主体与客体关系感到平衡时的状态，而动态是失衡状态下，个体对自我重新认识，个体若想维系自身必须依托动力再次实现平衡，平衡—失衡—再平衡—再失衡是意义采择的必然过程，也是自我发展的必由之路。凯根认为，平衡—失衡现象的出现是由于两个因素：一是文化的作用，二是个体的认知水平。基于“结构—发展”理论的学习模型，不仅将学习作为一种认知活动，而且关注其作为一种意义采择活动的价值，不仅仅涉及对知识的理解、迁移与应用的认知维度，更关系着自我指涉的动机维度、互动维度，其目的在于学习者不断地自我更新与实现身份认同（见表3-3）。

① 在自我心理学研究领域，历史上曾出现两大学说。一种学说以精神分析为代表，包括新精神分析的自我心理学和新精神分析的客观关系论。这一学说强调自我在心理结构中的地位，强调自我与欲望的关系，尤其是强调一个人的早期经历对其后来成长的影响。另一种学说以存在主义为代表，包括现象主义的自我发展理论。这一学说强调自我的临床心理咨询，强调自我与爱和意志的关系，尤其是强调社会氛围，包括社会性理解、尊重和关怀对个体自我发展的影响。

表 3－3　凯根"结构—发展"学习模型

		主体	客体	潜在结构
		知觉 幻想 社会知觉、冲动	运动 感觉	单点/即时/元素
		具象 现状数据，因果 观点 角色概念简单互惠（针锋相对） 持久性向 需要，偏好自我概念	知觉 社会知觉 冲动	持久的种类 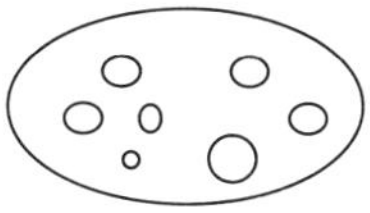
社会化的心灵	传统化	抽象 理想推论、概括 相互关系/人际关系化 角色意识双向互惠 内部状态 主体性，自我意识	具象 观点 持久性向 需要，偏好	跨种类的 越种类的 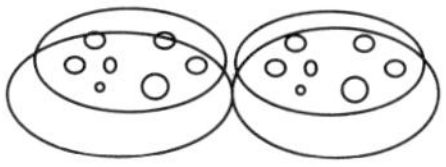
自我创造着的心灵	现代化	抽象体系 意识形态 公式，授权 抽象事物间的关系 制度 关系规范形式 多角色意识 自我创造 自我规范，自我塑造 身份认同，自觉，个性	抽象 相互关系 人际关系化 内部状态 主体性 自我意识	体系/复合体 
	后现代化	辩证的 跨意识形态的/后意识形态的 试验性的公式、悖论 交互制度 形式之间的关系 自我与他人的相互渗透 自我转换 自我间的相互渗透 交互个性	抽象体系 意识形态 制度 关系规范形式 自我创造 自我规范 自我塑造	跨体系 跨复合体 

资料来源：〔丹〕克努兹·伊列雷斯《我们如何学习：全视角学习理论》，孙玫璐译，教育科学出版社，2014，第 157～158 页。

具体来看，凯根提出了学习的进化模型，以学习者的认知、人际关系与交互个体为关键的发展线，描绘了学习者生命发展尤其心灵发展的历程。在主体发展的第一阶段，幼儿主要被本能性的知觉与冲动所支配而发展自身的运动与感觉，在这一阶段主客体的联系是单点的，反应是即时的，结果是元素化的，尚未形成结构或系统，交互的作用形式也未展开。在第二阶段，儿童处在具象感知阶段，个体开始能够区分个体知觉与社会知觉，并开始形成自我的概念，对自我与他人的角色做出区分，对自我的偏好、性向进行控制，并在潜在结构上形成对类的认知，即开始形成一个心理结构、类或范畴的认知。第三阶段，个体开始能够形成对具象客体的抽象化认识，在人际互动中形成对身份角色的认知，并认识到人的主体性与自我认识。在这一阶段个体的潜在结构不再是一种单一、持久的认知范畴，而是超越单一的种类，开始出现结构上的矛盾关系，如个体自身的内部结构与他人所传递的结构或外在世界的构成所存在的差异所生发的矛盾，因此，个体必须通过跨越性或交叉性的认识来跨越并解决这一认知、交互与角色上的结构性矛盾，在自我的意图、偏好、需求与他人的意图、偏好、需求之间寻求自我的建构。这一阶段在个体的成长阶段表现为一种心灵的社会化，而在人的“类”发展的层面上则达到西欧国家在启蒙运动、资本主义工业化之前的最高水平，是人的“类”发展的传统化阶段的表现。第四阶段下的主体不仅仅能够认知抽象的个体，并且能够看到具象映射背后的抽象体系，即背后的意识形态、互动关系、价值观念等，在这一阶段主体的自我认同与对角色的认知主要受到社会规范、制度等的支配，而在社会水平上凯根将这一形态理解为现代化。最后一阶段，建构的系统从主体转换为客体，主体拒绝将自我与他人视为单一的系统或形式，主客体在分享与互动的环境中体验“多重性”，主体能够从固定的意识形态制度与身份认同中解放出来，形成一种全面的、辩证的社会意识，从而实现自我与客体双重的创造、规范与塑造。

凯根的学习模型在三个层面上对本研究的理论模型构建有重要启发。首先，他以学习者的生命历程为坐标轴，与贾维斯不同的一点是，凯根将个体发展的生命历程与社会历史发展的阶段性相联结，体现了个体发展与人的“类生命”发展的同向性与历时性，以更具历史观的眼光透视了人的学习发展模型。其次，凯根的“结构—发展”模型也吸纳了学习的三个维度，即逻辑—认知领域、社会—认知领域与交互个人—情感领域，同样以整体性的视角考察了学习的发生机制，实现了较为综合性的模型建构。最后，凯根在模型中主客体双重的创造与转换给予了关注，即在发展的历程中，自我心灵的创造与转换与客体的规范、塑造是相辅相成、不可分割的，发展的目标指向自我的形成与知识创造。但该模型主要从心理学层面上探究学习的结果，而缺乏从哲学层面对人的本质的认识，以及对学习何以发生的深层次探讨。

4. 学习应培养整全的人——整全性学习模型

丹麦学习理论专家克努兹·伊列雷斯教授采用一种整全性的视角，构建了两个过程三种维度的学习理论框架模型，对学习的分类理论与整体理论进行了全面的梳理与系统的阐述，并将关于学习的多角度理论研究进行有机整合，形成具有系统性、影响力的整全性学习理论体系。克努兹·伊列雷斯认为学习具有两个重要的发生过程：一是个体与所处环境的互动过程；二是心理的获得过程，如将新的冲动、影响与早期的成果相联结，形成新的图式。克努兹·伊列雷斯提出学习的真实、深度的发生必须观照两个过程及其互动关系（见图3-5）。学习的互动过程由个体与环境的互动形成，环境——外在世界是整体性学习发生的基础，因此其被置于模型底部，个体作为“个案”以及联结内部世界与外在世界的主体被置于模型顶部，为模型的核心。学习的获得过程主要涉及个体的内部发生机制，在这一过程中始终包含内容与动机两个要素。①

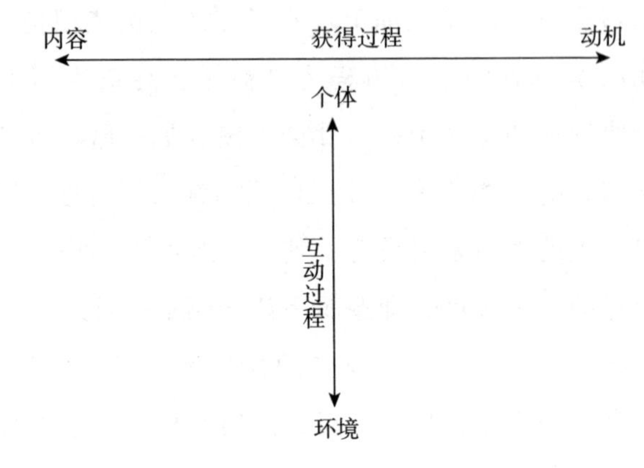

图 3－5　学习发生的基本过程

基于图 3－5 中学习发生的基本过程，克努兹·伊列雷斯在两个双箭头的基础上划定了三角形领域（见图 3－6），三个“角”分别为学习的三个维度，即内容、动机和互动维度，其中前两个涉及的是个人内在的心理获得过程，最后一个涉及的是个人与环境的互动过程。他认为，所有的学习都必然涉及这三个维度，而深度学习必须关注和整合这三个维度的方式。个人与环境之间的互动过程，以及内部心理获得的过程，都是通过将互动中的刺激与先前的学习结果相结合而实现的。互动的前提条件本质上是历史和社会性的，这一过程建基于人类数百万年的生存、进化、发展与文化积淀。②

克努兹·伊列雷斯从心理学的角度对个体学习的发生及构成维度的整全性进行了深刻的认识，并将学习过程与个体的生理属性、社会属性以及类生命的历史属性相关联，构筑了具有整全性的学习模型。在三重维度中，他关注了作为内容维度的自我的自反性特征；动机维

① 〔丹〕克努兹·伊列雷斯：《我们如何学习：全视角学习理论》，孙玫璐译，教育科学出版社，2014，第 24～25 页。

② 〔丹〕克努兹·伊列雷斯：《我们如何学习：全视角学习理论》，孙玫璐译，教育科学出版社，2014，第 29 页。

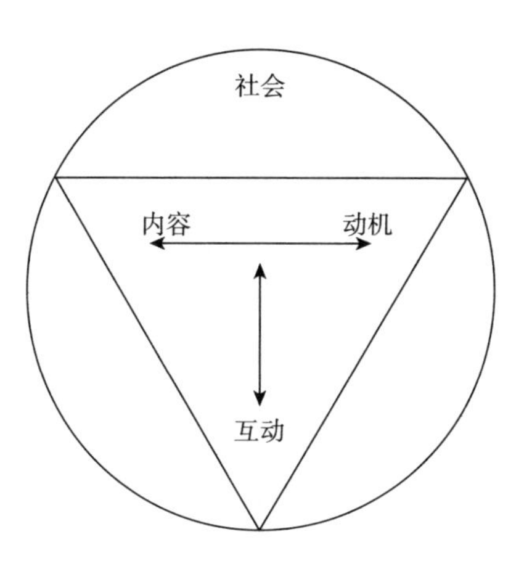

图 3－6　学习的三重维度

度中为维持自我心智与身体的平衡而不断发展的自身与环境的敏感性；互动维度中自我与社会环境及共同体的整合。克努兹·伊列雷斯在横向上关注了培养整全的人所应关注的学习的三重维度，但在纵向的学习者终身学习与发展的历程中，仍基于年龄特征进行划分，分为儿童、青年、成人等，并主要进行描述性分析，而未能探寻到学习的本质性前提与规律性特征，且未能与学习的三重维度进行较好的整合与关联，究其根本在于哲学涉入的不足，缺乏对人的深入哲学分析以及对学习理论的意义分析。虽然如此，克努兹·伊列雷斯的整全性学习理论，尤其是对学习发生的过程及三重维度的分类为本研究的模型构建提供了重要的理论基础。

（二）基于自否定的深度学习模型设计

“体验学习圈”模型、存在主义学习模型、“结构—发展”学习模型、整全性学习模型分别从哲学、心理学、学习科学等视角为本研究的模型构建提供了“学习理论地图”。本研究从人的本质出发，从横向上关注深度学习三种维度，以指向其人的培养之整全性；从纵向上关注以自否定为规律的深度学习发生的阶段性，以指向深度学习之深刻性、深远性，从而构建指向人的自我批判、自我转变、自我发展、自我超越的三维度五阶段的深度学习理论模型。

基于自否定的深度学习是经历非常本性的紧张与充满冲突的过程，是在辩证对立中解决冲突的过程，是在主体与客体“永恒的不安息”中进行自我否定与发展的过程。深度学习之“深”在于深度学习过程中，以自否定为规律，通过学习过程中环节的设置，实现对主体——自我与客体——学习对象的深度理解与改造。基于自否定的深度学习模型由几个重要的要素组成。一是深度学习的主客体，深度学习的主体主要指人，深度学习的客体主要指向学习的对象。二是深度学习的发生维度，即内容维度、动机维度与互动维度，分别指向深度学习的对象、动力与方式，并以自否定融贯三重维度。三是深度学习模型的时空性，一方面，深度学习发生于个体学习者身上具有历时性，学习的发生作为主体的生命经历以“持续的时间”为前提，以历时性的自我同一为基础。另一方面，从“类”的角度看，个体学习的发生在时间上以类存在的经验积淀为基础，并将人类历史的发展阶段特征寓于个体的发展阶段之中。从空间性上，个体学习以生活世界为场域，受到人类存续中所形成的社会因素与文化环境的深刻影响。四是深度学习模型的关键主线，也是深度学习发生贯穿始终的核心，便是自否定。自否定作为深度学习发生的人性前提、深度学习过程中的驱动力量以及深度学习的目标指向贯穿于深度学习模型的始终，以五种阶段性形态为表征，形成深度学习的一种逐渐进阶、螺旋上升、绵延不断的发生过程（见表3-4）。

表3-4　基于自否定的深度学习模型

发展阶段	内容维度	动机维度	互动维度
肯定阶段Ⅰ： 肯定的顺应阶段	静态性知识 机械性记忆 知识复述	以间接性动机驱动 无波动的情绪体验 断点性的意志系统	对静态知识的被动接受 他者作为静态知识的传输载体 学习中的自我意识尚未产生

续表

发展阶段	内容维度	动机维度	互动维度
否定阶段Ⅰ： 前否定阶段	静态性知识 无目的的否定 对客体的对立、排斥	直接动机 冲突性 非理性 意志的非持续	对材料的拒斥 对他者的排斥 主体性萌发
肯定阶段Ⅱ： 逻辑的肯定阶段	有限的关联性知识 对有限内容的抽象概括 缺少自我内容	直接动机或间接动机 理性 平衡 外向的意向性	对"真理"的肯定 对权威的顺应 自我的收敛
否定阶段Ⅱ： 理性的否定阶段	有关联性的动态知识 迁移性能力培养 以元认知为形式的自我意识	直接动机为主 理性 矛盾 意向性的内外指向 果断的意志	对"真理"变式的批判性认识 对他人的理性批判 自我的反思
肯定与否定的同一阶段： 自我的超越阶段	生活世界 适应性能力 自传性	直接动机与间接动机的融合 平衡 同一的意向与持续性的意志系统	客观世界的创造 个体与他者独特性与整体性的同一 自我作为客体的超越

第一阶段为肯定的顺应阶段。在这一阶段主体状态是被动的、依赖的、顺应的，与外在世界是肯定性统一的关系。从结构上看，这一阶段的客体见于主体的结构是点对点的、单向的结构，即客体直接作用于主体的认知、情感，学生在这一阶段的学习是累积学习的过程，即学习者并没有任何可发展的心智图式与外界环境的印象加以关联，由此必须通过记忆的方式形成新的图式元素。[1] 而从类存在的视角来看，这一阶段所代表的是人类初始对于自然的顺应阶段，是人类经验形成的初始积淀阶段。首先，从内容维度看，这一阶段以静态化、恒常性的知识为学习的客体对象，这些知识通过对文化资本占主导地位的专家对人类经验进行高度抽象化的压缩而传输给学习者，在这一过

① 〔丹〕克努兹·伊列雷斯：《我们如何学习：全视角学习理论》，孙玫璐译，教育科学出版社，2014，第40～41页。

程中，学习者的能力发展以机械性记忆为主，而转换、迁移、自识的能力尚未有被激发的契机。其次，从动机维度看，这一阶段由于主体的自我意识与主体性尚未生成，因此个体尚不具备良好反思的能力，在学习的动力上以间接动机为主，即以外在的目的驱使学习行为的产生，主要表现出行为主义对于学习的驱动机制，因此，个体在情感上缺乏内在的波动，而更多的是强化的反应。基于这种间接动力的驱动，个体行为的持续性是间断的，在意志上受强化的程度影响其学习行为的强度与频次。最后，从互动维度看，学习的主体与客体的互动是表层的、单向的、元素化的、有限的，主体对于客观定在被动接受而不进入认知与情感图式，他者（以教师为主）则作为静态知识内容的传输中介，学习中自我意识尚未萌发导致主体性的缺失，因此，互动仅局限于“人—物”的单点二元互动。

第二阶段为前否定阶段。这一阶段的主体在生活世界与知识学习中获得了少量的经验积累，由此在某些时候与客体产生了差异、脱节或不平衡，从而在意识的潜隐驱动下进入对客体的前否定阶段。在个体的发展阶段中，前否定是人的潜在本能，是人的自我保护系统下的即时反应，但在类的发展中前否定是开启人类意识革命的关键节点，是个体与类开启不确定性而走向多种可能的关键一环。首先，从内容维度来看，这一阶段仍以静态性知识内容为主要学习对象，但主体具有的“前拥理解”在某些时候会与客体知识产生差异甚至脱节，此时限于个体的认知能力与知识的差异断层，个体的认知图式与外在的知识、环境还难以实现顺畅的同化或顺应，从而形成了不平衡的认知断裂，导致了主体对于客体的排斥与盲目否定，甚至导致破坏性行为，但这种排斥或破坏并非道德性上的，而是认知不平衡的行为外显。其次，从动机维度看，此时的拒斥由冲突所导致的冲动所支配，是一种非理性的、非逻辑的消极情感，而这种情感、冲动是瞬发性的，教育者的干预调节或消解可以压制这种情感或动机，因此不具备持续性。

最后，在互动维度上，学习者对于与自身认知、情感具有高度断裂性的材料会产生排斥，相应的，对于异质性他者也具有拒斥性。此时的自我仅作为主体而存在，还未出现自我客体化，因此与自我的对话性互动还未出现，但主体性已然萌发并外显其作用。

第三阶段为逻辑的肯定阶段。在这一阶段，主客体通过同化达到一种逻辑上与结构上的平衡。从逻辑上，这一阶段的学习以演绎逻辑为主导，指向一种衍推逻辑的公理化系统的形成。从结构上，来自客体的感知通过同化逐渐丰富、叠加认知与情感的复杂图式，使学习的结果被逐渐建构、整合，形成较为稳定的知识、情感与价值系统，但从另一个层面也易于使主体陷入学习的形式化与僵化的窠臼。首先，从内容维度看，这一阶段的学习者早已掌握了一定的知识，并形成了较为稳定的心智图式。这一阶段的知识内容则是与学习者已形成的心智图式、知识结构有关联的知识内容，但此类学习内容仍是抽象的、有限的，大多仅仅能够将学习链接到同一科目具有明显相同特征的内容与情境上，局限于课堂、学校的空间场域之中，学习内容仍以知识为主，而并未有意识地对转换的能力与自我内容进行关注。其次，在动机维度上，这一阶段的学习受直接动机或间接动机二者其一的驱动，直接动机主要将完成学习任务本身作为目的，间接动机则更多指向学习结果的达成，如考核分数、合格标准等，其意向是朝外的，其内在的自我意识的驱动形式还未觉醒，因此学习过程的持续性相对不足。这一阶段是对已存情感图式的丰富、整合与稳固，因此以理性主导维持着情感的平衡状态。最后，在互动维度上，这一阶段学习者进入对科学与理性的顺应阶段，人类知识积淀下的真理权威主导着学习者的理性崇拜，学习者知之愈多，自我则愈加收敛。

第四阶段为理性的否定阶段。这一阶段的否定以前否定为静态起点，是指向主体发展的动态运动过程，主体对客体能够进行基于证据的理性化批判。首先，从内容维度上，这一阶段的学习以动态化的关联性知识为主体，课程的静态知识与教学的具体经验相结合，将具有通达性、适应性的知识通过归纳与演绎的方式进行传递，并促使学习者能够在更加广泛的范畴与更加多变的情境中灵活应用，以适应急速变化且不可预测的现代社会。而这一阶段，自我开始作为学习的方法论内容而存在，如以元认知策略为核心的自我观察、自我监督、自我命令、自我分析等。其次，从动机维度看，这一阶段的学习以直接动机的驱动为主，来自环境的刺激与自我情感图式的不平衡激活了学习的动机，这种认知与情感的矛盾以相对成熟的认知图式与相对稳定的情感态度为基础，使学习者能够理性地对认知、价值、情感进行批判与重构，其意志即指向学习者的内在发展与客体的外在建构，在意志上更为持久、更具有适应力。最后，从互动维度看，这一阶段学习者突破了前否定的“自我中心性思维”，也能够摆脱恒定真理与科学主义的桎梏，通过反复的思想实验、理论转换下的实践验证认识到所谓“真理”与“权威”是相对的、可质疑、可批判的，同时能够以元认知等方法对自我进行反思，自我的客体性开始显露。

第五阶段为肯定与否定的同一阶段，即自我的超越阶段。这一阶段是理想化的、质的超越阶段，是主体与客体的“和合”，指向了学习者生命发展的通达性与超越性，也是深度学习的一种“理想型”(ideal type)。首先，从内容维度看，这一阶段的学习内容是整个生活世界，即能够对客观世界进行经验的感知对其形成抽象化认识，这种感知基于自我的醒觉，并形成源于世界并适应于生活世界的通达性能力。一方面，这一阶段深度学习以经验为起始点，将归纳与演绎的逻辑相融合。深度学习的经验包括通过对现实世界与虚拟世界的感知而获得的具身经验，也包括人类历史积累下对于个体来说具有先验性的间接经验。深度学习的经验来源于学习者的生活世界，学习起始于个体与类存在的一般与个别的经验，深化于抽象概括的演绎性的一般。深度学习之“深”在于对本质性的探求，“直接经验往往仅可以根据任何显然的差异性于事物相分离和相区别，此差异性可掩饰一种事实上存在的内在关联性”[①]，直接经验是一种关注特殊而非一般的认识，是一种非本质性的认识，而抽象概括是根据规定性对一定数量的经验实现类的认识，是排列于不同的一般性层阶之上的对本质类型的认识，是从特殊到一般的过程。另一方面，在学习过程中，经验对于主体的触发可能是强加性的，但深度学习要求主体对于经验的接收是基于一种自我的醒觉（wachsein），由此才能实现一种有效的触发，自我能够活跃地朝向、靠近学习对象。这种自我的醒觉需要观察与反思，这一环节是学习者对于学习对象的价值赋予与接受的过程，决定了学习的深度与持续性，作为一个筛选环节，是学习者根据情境进行观察、反思、价值判断，在自我觉知的情况下主动将自我与学习对象建立有机联系的过程。在这一层面上，自我既是学习的主体，也是学习的客体，自我作为客体以自传性的形式完整体现于学习的生命活动之中。其次，在动机维度上，这一阶段学习的深层动机主要生发于学习者对于自我的反身性透视，即以一种辩证的视角透视自我的不完满状态。一方面，学习者能够认识到自我的此在状态与期望状态的差异，并形成一种动态的、不安分的、指向超越发展的情感冲动，从而驱动学习活动的发展；另一方面，主体能够以积极的理性与自我的不完满实现和解，既追求超越，也不陷于完美主义的痛苦之中，从而实现心灵上的平衡状态。而在意志系统上，最后一阶段个体的意向性能够与学习的意向性、他者的意向性、社会的意向性实现同一，从而展开持续性的学习活动，将自否定作为终身学习的前提与信念。最后，在互动维度上，主体与学习对象能够形成“物质连续体”与“生活连续体”。学生对材料的兴趣与注意形成了物质连续体，在此基础上，学生将其对文本的反应与自身的“履历情境”相联系，形成生活连续

① 〔德〕胡塞尔：《经验与判断》，李幼蒸译，中国人民大学出版社，2019，第262页。

体。通过将文本与自我履历的结合，进行分析、解构、批判、综合，重述自我的教育经验，个体一方面得以实现主体生成、自我超越与个性解放，另一方面创造与改造客体世界得以可能。而在与他者的互动之中，学习者能够实现自我与他者独特性与整体性张力的平衡，既对各自的立场、态度与价值保持包容、尊重的态度，也能够在安全、轻松、民主的环境与他者进行深度的交流。这一阶段，自我不仅作为主体，也作为客体而存在，此时的自我不再是认知的主体或是作为元认知方法的形式化对象，而是实现自我作为主客体的同一，即通过对客体自我的发展实现主体自我的超越，并在二者的矛盾与平衡中实现持续性的发展。

第四章　基于自否定的深度学习实践取向

深度学习是21世纪世界各国培养学生核心素养与关键能力的重要途径，是现在乃至未来学习变革的风向标，也是我国新课程改革所倡导的学习形态。基于自否定的深度学习提出了一条不同于以往传统应试教育的变革之路，即学习者作为主体进入由内容、动机与互动维度所构筑的深度学习过程之中，以自否定推动学习者不断反思、批判、超越自我，这一过程是个体的心理获得过程，也是个体与所处世界的互动过程，甚至是类生命绵延与进步的过程，而这一过程在当前乃至不远的未来仍需要在学校教学改革中，在教师的接纳与支持之下来实现。实现这一变革的核心在于视角的转变，即从学习者的主体性出发，以“学的法子”决定“教的法子”。本章从学的视角出发，强调学习变革的实践应从传统应试教育以“知识获取”为中心走向深度学习变革下以“自我超越”为核心。从教的视角来看，深度教学的变革以教师为先锋者，应促使教师从知识的垄断者变为不断更新自我、治理自我的终身学习者，并以教学艺术形塑深度学习形态，以教学评价改革倒逼深度教学变革。

一　学的视角：从“知识获取”走向“自我超越”

基于自否定的深度学习的实现必须以“学”为先，摒除传统应试课堂下学习者的被动性、机械性与一致性，破除将学习看作生产过程抑或知识复制过程的“技术性误解”。学习有关活生生的人，必须从人的天性、个性出发，看到学习过程中知识、技能之外的个性倾向、经验、理解机制、兴趣、动机等，不以抽象化的“学生”符号为实践的对象，而是将立体的、现实的、活生生的学习者作为学的施动者，并基于此，因应境脉，重建学习。

（一）学习主体：做深度学习中自否定的施动者

学习活动以人为主体，因此，深度学习实现的前提是对人的本质属性作以深入探究，并基于人的本质属性，实现对学习主体的天性的尊重、唤醒、修正与延展，是“率性”而为之，指向人的生命延展与类的存在价值延展。自否定不仅是人的天性，还是人性建构与生成的特性，因此，自否定不仅是学习的静态起点，也是学习作为一种培养人的动态实践活动的向标。自否定具有目的性，单纯的前否定是一种盲目的、机械的否定，而自否定则以人为主体，指向确定性的目的，自否定为学习提供了目的指向，也为人的培养提供了来自生命本能的力量。

1. 深度学习主体以人的本质属性为基础

人既是受动的存在物，又是能动的存在物，人存在的二重性决定了其学习的可能性与必然性。一方面，“人直接地是自然存在物”①，人的生存、发展与解放都受制于自然及其规律。马克思指出，“全部人类历史的第一个前提无疑是有生命的个人的存在”②。从这一角度看，人是被自然所规定的生命存在，自然赋予了人生命力、自然力、欲望，从而形成人的才能、天赋与需要。③ 人的自然本质决定了学习

① 《马克思恩格斯文集》（第一卷），人民出版社，2009，第209页。

② 《马克思恩格斯文集》（第一卷），人民出版社，2009，第519页。

③ 张逊、邱耕田：《人的存在的四个维度——青年马克思的人的存在论》，《天津社会科学》2020年第1期。

的生理基线，自然所赋予人的生命特征与生理基础基本决定了人进行学习可能阈限，预示了学习中人力的所及与不可及，这是人的合规律性的本质体现。另一方面，人“是一个有激情的存在物。激情、热情是人强烈追求自己的对象的本质力量”[①]。恩格斯提出，“我们对自然界的整个支配作用，就在于我们比其他一切生物强，能够认识和正确运用自然规律”[②]。从这一角度看，人能够超越自然的绝对控制，并通过实践活动认识并利用自然规律，形成人的超越本能与生理欲望的自由意志。

人与自然的否定性统一关系决定了发展性特征，即作为个体与类存在的人能够通过自否定的激情与热情进行解放性、超越性的实践活动，而学习作为最具意向性与效果性的实践活动得到了人在历史与生命进化中的承袭。因此，人的自否定下的能动特性决定了学习活动的发展性，指向人的自主性与创造性，是人的合目的性的本质体现。人的这一本质属性在人的生理发展中也有着集中的体现。神经科学与脑科学越来越多的实验表明，脑是学习的关键器官，是思维之所，发挥着多种重要功能，如语言、推理与意识。婴儿出生大脑便已包含了一生中大部分的神经细胞，有 150 亿至 320 亿个，这是自然所赋予人在脑发展上的规定性。在人的一生中，脑都在不断地发展，这一过程受到生物因素与经验因素的调控，脑的结构与功能在遗传因素与个人经验相互作用下不断发展，从生理的角度看，自然规定人脑神经细胞的数量，但脑的学习能力不仅受到神经元的数量影响，还受到神经联结强度的影响，而每个神经元都具有巨大的变化空间。自然实际上赋予了人可发展的大脑，为学习提供了生理上的巨大可能性。因此，人是学习活动最重要的施动者，人的自然存在本质与生理本质都决定了自否定所规定的学习能力，基于自否定的深度学习需要以此为基础唤

① 《马克思恩格斯文集》（第一卷），人民出版社，2009，第 211 页。
② 《马克思恩格斯文集》（第九卷），人民出版社，2009，第 560 页。

醒、宣扬、延展人的自主性与创造性。

2. 深度学习指向主体的创造性发展

从人的本质属性出发，深度学习的一个重要实践指向便是培养学生创造性。具体来看，深度学习需要保护人的自否定特质，并将其引导至实践场域，使其通过积极的行动完成创造活动。第一，学习过程要保护学生的否定性特质。质疑、批判、提问、好奇、破坏、排斥等都是由人的自否定天性所衍生的，是自否定的外在表现。正确认识学生的否定性行为，并对其正向性的行为如质疑、批判、提问等进行保护与培养，对具有消极性的行为进行正确的引导与规训，如对学生的破坏行为进行转移性的引导，而避免强制性的外在抑制。第二，学习中的创造要基于类生命的积淀，创造性的培养要求教育实现对人类知识文明的传递。“个体人的‘自为生命’，就是由人类积淀的类能力所构成，他的所谓‘自为’就是要吸纳人类的创造成果，把自己融入类生命之中，在这一基础上个体才能发挥自我的创造性。”[①] 因此，教育一方面需要实现知识的传递，但在传递知识的同时要使个体不囿于已有的知识与逻辑，避免其丧失个体否定的能动性。创造来自个体否定性的积淀，正是个体不同的情理结构，使人具有了创造性。创造性属于个体，工具、科技、精神文化各方面的创造性均如此。内在人性对外在人文的突破和变异就是创造。[②] 第三，教育者要秉承认知宽容的态度，鼓励学生形成“星丛”（Konstellation）[③] 式的多元思维方式。

---

① 冯建军：《当代主体教育论》，江苏教育出版社，2001，“序”第4页。

② 李泽厚：《人类学历史本体论》，青岛出版社，2016，第10页。

③ “星丛”这一概念最初由本雅明提出，意为彼此并立而不被某个中心整合的诸种变动因素的集合体。阿多诺对其进行了进一步的解释与应用，并将其作为其哲学体系中的核心概念之一。阿多诺将“星丛”作为一种全新的场境关系，主张各存在摆脱奴役的等级状态，而形成一种“和平”的伙伴状态，这种状态关注异质性的非同一性，是“彼此并立而不被某个中心整合的诸种变动因素的集合体”。参见张一兵《无调式的辩证想象——阿多诺〈否定的辩证法〉的文本学解读》（第二版），江苏人民出版社，2016，第217页。

创造寄生于广阔的发散思维模式，“星丛”式的思维方式避免了线性思维与同一性等级概念的限制，营造了一种相互联系的思维集合体，将与目的相关的所有可能知识进行“头脑风暴”，使“客观世界中存在的一切条件与因素形成一种自然的星丛式的关联”[①]。第四，学习要为创造提供适合的实践场域并鼓励学生为创造性思维赋予积极的行动。创造若只存在于头脑之中，人就只是会思考的“芦苇”，实践的行动才是自否定完成的最终环节。

3. 深度学习指向主体的自主性发展

深度学习的重要实践指向便是使学生具有充分的自主性，这是学生成长的内在动力。第一，自主性的培养要求学习过程中正确处理否定与规定的关系，实现由他律到自律的转换，以自否定为自身立法。斯宾诺莎（Spinoza）认为：“一切规定都是否定。”[②] 否定与规定具有同一性，否定表达了事物的限度，有限度的否定性代表了某物规定是这样的，那就限制了它是其他事物的可能性，它恰恰因为否定的限制而成为这个事物。而自否定便是对自身的限制，“一个人想要成为真正的人，他必须成为一个特定存在，为达到此目的，他必须限制他自己。凡是厌烦有限的人，绝不能达到现实，而只是沉溺于抽象之中，消沉暗淡，以终其身”[③]。在学习过程中，规定的重要表现就是规则的制定，学生对规则的破坏行为源于其对外在性规则的排斥。因此，在制定规则时给予学生充分的自主性是尊重其自否定的行为，当学生认识到规则是为自身立法，是一种自己对自己行为的理性限制，其最终目的是实现真正的自由，学生就会将规则内化，对自由与规则有更深刻的认识。第二，教育者要正确认识学生的自否定天性，信任学生的

---

① 张一兵：《无调式的辩证想象——阿多诺〈否定的辩证法〉的文本学解读》（第二版），江苏人民出版社，2016，第 219 页。

② 《斯宾诺莎书信集》，洪汉鼎译，商务印书馆，2017，第 229 页。

③ 〔德〕黑格尔：《小逻辑》，贺麟译，商务印书馆，1980，第 205 页。

学习本能与自否定欲求，创设能够获得学生价值认同的外部环境，促进学生的自我建构性成长。建构主义的学习观符合学生的自否定天性，倡导在充分认识与信任学生天性的同时，也用合理的外部力量促进学生的发展。利科（Paul Ricoeur）认为，自主行为被定义为一个人完全认可自己的行为。然而，自主行为不一定不受外部影响或以某种方式行事的命令，衡量的最重要因素是自我意识的产生与否。[①] 因此，教育者一方面要充分尊重学生的自主性，避免外部的控制、评价与压力削弱学生自身发展的内在动机；另一方面也要明确并非所有的发展性活动都能够符合学生的内在兴趣，这需要教育者帮助学生内化价值，使学生明确一些活动虽然艰难但对其有所裨益，在提升其自主性的同时磨炼其意志。第三，在交往实践中促进其自主性的发展。自否定是个体的内在差异，正是个体对差异状态的不满，促使其自主性的产生。内在差异由外在差异状态内化而来，外在的差异状态来源于主体与客体的交往实践，“通过外在交往实践获得资源的支持，转化为应然的要求，从而与自身实然的发展状态构成一种矛盾”[②]，外在差异转化为自身的内在差异，进而使个体不断实现提升与超越。

4. 深度学习指向主体的社会性发展

人的社会性培养是教育的重要目的，对否定性的正确引导对个体来说能够实现其个性与社会性的同一，对作为类存在的人来说能够实现社会的发展与超越。具体来看，对否定性的保护是培养社会性的前提；通过培养反思能力实现从前否定向否定之否定的扬弃是培养社会性的重要方式；寻求个性与社会性的必要张力是人之为人实现社会发展与创造的根源。第一，保护学生的自否定天性，基于自否定的反身

① Paul Ricoeur, *Freedom and Nature: The Voluntary and the Involuntary*, trans. by E. V. Kohak (Evanston, IL: Northwestern University Press, 1966), pp. 55 – 62.

② 冯建军：《教育成“人”：依据与内涵》，《教育研究与实验》2010 年第 6 期。

性特征培养学生“扩展的心灵”，使学生形成“共同体意识”。[①] 人的自否定天性决定了人具有想象的能力，想象能力是人与动物的重要区别，也是人能够形成共同体的基础。通过想象能力，人能够跳脱出自身的经验限制而想象一种他者的生活与感受，教育应有意识地培养学生这种换位思考的能力，开启学生“扩展的心灵”，进而使其形成“共同体意识”。共同体意识的形成意味着共同体中的成员相互承认自己与对方判断错误的可能性并能够以宽容的态度进行批判、沟通与说服，进而达成“一致”，共同体能够在不断的自否定中向前发展。第二，保持学生个性与社会性之间的必要张力。“在过去的思维传统中，人们只是过多地关注归并式的同一性思维并将其抽象地绝对化了，而恰恰没有关注那种指认对象特质的非同一性。”[②] 工具理性下的教育便具有这种同一性特征，具体的人被抽象化为属加种差的概念符号，而丧失身为个体的非同一性，也失却了人之为人的本质特性。为避免这一问题，在进行社会性培养时，教育者不仅应看到身为类存在、作为社会人的个体，更应该看到人之为人的个性差异，并尊重这些非同一性。非同一性是自否定的重要特性，而正是这种存在外在与内在差异的自否定个体不断积淀才推动实现社会的进步与发展，真正的社会性根源于对天性与个性的保护与发展。

（二）学习内容：以发展性为原则统合学习材料

基于自否定的深度学习需要统合学习者在学习过程中的内容维

① “扩展的心灵”与“共同体意识”是阿伦特援引康德《判断力批判》中的概念。“扩展的心灵”是指在个体进行判断时，会受到许多相左观点的拉扯，而判断的依据越具有代表性，其判断的结果越具有正当性，而这种判断需要依托“扩展的心灵”，需要充分发挥人的想象能力，超越个体经验的局限而想象他者的感受与状态，即一种换位思考的能力。“共同体意识”是指让人们能够安顿地共同生活在一起的特别意识。

② 张一兵：《无调式的辩证想象——阿多诺〈否定的辩证法〉的文本学解读》（第二版），江苏人民出版社，2016，第 211 页。

度、动机维度与互动维度。这三个维度在经验之初处于未分化的状态，这种未分化是一种低水平的混沌关系，是自我意识尚未醒觉的本能性活动。其后，浅层学习阶段，不同维度相互分化而又交织，甚至出现对立冲突的形态，如认知与情感的冲突。但基于自否定的深度学习中这种对立冲突最终通过主客体的自否定走向整合统一，以实现自我与客体的超越。因此，在教学实践中，深度学习的实现在内容要素上必须以发展性为原则，统合学习过程的三重维度。基于自否定的深度学习并非指向某一知识点或某一技能的熟练掌握，而是指向学习主体及学习对象以自否定为核心的深度发展与超越，指向自我的醒觉与认知习惯的养成，从而实现持续性、发展性的深度学习，因此，学习材料从质的选择上是动态的、灵活的、具有价值性的。而从量的选择上，用对少量关键概念的深度学习代替对广泛内容的浅层覆盖式学习，这是对内容深度与教学效率的兼顾。

1. 以价值性为特征的学习内容

一般来说，浅层学习所处置的课题，多属于单一逻辑，将思维技能分割，限于特定之学术领域的原子式（atomic）专业式的居多。如关于语文、数学的难题，通常以学科性为界限进行学习结果的评测。而深度学习要求处理包含价值观与信念的现实性课题，这要求运用多个领域的综合能力。[①] 因此，在学习内容的选择上，必须关注内容在两个向度上的价值性：一是内在指向自我价值的学习材料，二是外在指向社会价值的学习材料。具体来看，第一，认知内容与自我认知图式的紧密性决定了学习的形态。大量与学习者已有知识无关联的材料不能与学习者产生内在联系，因此只能被强迫记忆，这便是以机械与累积为特征的浅层学习形态。而深度学习要求进入学习者业已建立的心智图式中，通过同化或顺应发展、超越、重构认知图式，进而实现

① 钟启泉：《“批判性思维”及其教学》，《全球教育展望》2002年第1期。

超越学习。在教学实践中，要求教育者对学习者学情进行详细勘查，根据学习者已存的认知图式情况与学习目标的差异，通过或扩展或差异化或修正或超越的方式建立学习内容与学习者认知图式的紧密关联。第二，以学习内容的意义逻辑引领形式逻辑。形式逻辑是摆脱背景与意义的高度抽象的内容结构，在浅层学习中，学习内容更多地以形式逻辑表现出来并传递给学生，例如数学或物理中的定理、公式，学生通常以机械记忆的方式对抽象结构进行学习，但抽象的形式逻辑由于其背景与意义的缺失难以在生活世界中还原为具体的经验以解决问题。基于此，深度学习要求引入有内容意义的概念，“只要我们赞成考虑事物的意义，我们就能更直接地关注人的活动，即推论传递活动的这种独特而十分基本的形式”①。因此，深度学习的内容选择必须以对学习主体作为人的观照为前提，选择具有完整内容意义的学习材料，通过类比、归纳、演绎等方式实现从意义逻辑向形式逻辑的推演。第三，相对于学习者已有的认知发展水平，学习内容要有一定的挑战性，这是作为动态化学习内容的驱动性要求，在深度学习中，自否定作为动态驱动与作为客体的学习内容是相辅相成的。因此，在教学中，要根据学习者的认知发展水平选择挑战性适宜的材料，注重材料自身的逻辑意义，能够为儿童新旧知识提供固定点，建立起桥梁，接近“最近发展区”。第四，选取与生活世界相联结的、真实的、贴近儿童生活的、符合学习者兴趣的情境材料，使学习者不仅能够运用多领域的综合能力解决外向度社会问题，并且能够在这一过程中实现正确价值观与信念的塑造，实现认知结构与情感意向的双重培养。

2. 以具体性为特征的学习内容

基于自否定的深度学习内容需要以具象性为特征。学生要经历动

---

① 〔瑞士〕J. 皮亚杰、R. 加西亚：《走向一种意义的逻辑》，李其维译，华东师范大学出版社，2005，“序”第13页。

脑思考、动手活动的过程，这个过程是基于个人经验的亲身参与的过程，是发现、探究、建构的过程。[①] 深度学习的重要指向是对学生建构性与创造性的培养。基于自否定的深度学习意味着学习不是单纯的“自我中心性思维”，而是将自身观念“悬置”，在不同的立场上客观反思自己的思维过程。这种思维要求不固守己见，而是先破而后立，实现建构与创造的过程。因此，在教育中，要考察学习者的思维过程是否具有合理性与建构性，并引导学习者形成开放、客观、审慎、解放的情感意向，实现向自否定的转变。这种建构性的产生并非来自抽象的思维推理，对于儿童来说，建构与创造必须来自亲身操作与体验，在这一过程中实现思维的发展与创造性的培养。相对知识、技能的传授，智慧的教育更为根本，而智慧的教育表现为“基本思维能力”的培养，因此，“在早期教育中要特别关注培养学生的想象能力与抽象能力”[②]。基本思维能力的培养需要通过学习者基于自身经验的操作体验暴露学习者的思维过程。

3. 以适应性为特征的学习内容

基于自否定的深度学习指向学习者在变化未来中的适应性能力，以应对未来生活的现实挑战，因此，必须发展学习者作为整体的机能性及能够在所处的多种情境中恰当发挥的能力，这种恰切性与学习者的资质与未来观相关。在浅层学习过程中，学习者看似熟练掌握了某一问题，但却不能解决本质一致但只是形式不同的问题，也就是说，浅层学习下学习者未能掌握将学习内容迁移到新情境、新问题类型与其他领域的适应性能力，而这种能力正是未来社会深度学习的核心指向。在学习过程中，可以通过情境的变式与限定条件的增加让学习者形成动态性认识，养成从否定出发的认识习惯，从而具有一种灵活的

① 于伟：《“率性教育”：建构与探索》，《教育研究》2017 年第 5 期。
② 史宁中：《试论教育的本原》，《教育研究》2009 年第 8 期。

适应性能力。从质疑一切外物，甚至质疑自己出发抽丝剥茧，从否定中得到确定。因此，在材料的选择上，教师要以具体的、动态的材料为基础，根据学生的认知水平与经验积淀不断地对材料进行合理化的改变，并增加限定条件，使其认识到真理的相对性。第一，教师要将具体材料抽象为一个要素模型，如以时间、地点、人物等要素为模型的重要组成部分，在此基础上改变其中某一要素或增加要素限定条件来实现材料的渐进式变化。第二，在变化的情境中，引导学习者或通过思维的推演，或通过实践的验证对原初的观点进行检验，从而使学习者自主发现在变化的情境下，最初得到的“真理”已不再适用，进而认识到真理的适用区间是有边界的。通过这一过程，学习者能够形成从否定出发的认识方式与勇于质疑、突破思维定式的精神品质。

（三）学习境脉：构建与自我相联结的学习环境

当代学习科学的研究成果一致认为，学习是境脉化（contextualized）的过程，与个人生活的复杂系统和环境相互作用。对个体学习发生的研究和关注不足以很好地促进学习者在现实中的学习实践，深度学习的实现还需要关注学习过程的另一要素——学习环境自身。学习在环境中的现实发生虽然仍处于“黑匣子”之内，但相比于研究脱离情境的个人与特定的学习事件，对学习环境规律与要素的探究将有利于形成更具一般性的深度学习实践指向。一般来说，广义的学习环境被理解为四个关键的动态要素及其交互——学习者（谁?）、教师和其他学习专家（和谁?）、内容（学习什么?）以及教学设施和技术（在哪？用什么?）。这种动态性与交互性包含在以周、学期甚至学年为时间单位的教学和学习中。[①] 而狭义的学习环境则指代学习的文化环境、物理环境与技术上的一系列设置。

---

① 〔法〕安德烈·焦尔当：《学习的本质》，杭零译，华东师范大学出版社，2015，第17页。

1. 以关注自我为生发点的共在学习环境创设

在否定的初始阶段，由于学习者的自我中心主义，否定很容易被斥为自爱与自私的形式，但安全、共在、和谐的学习环境能够将前否定的自我中心转化为自否定的自我、他人与社会环境互构的具有“响应性”的共在学习生态圈。首先，环境的创设必须以学习者的自我观照为出发点，并使学习者秉承一种意识，即正确的自我关注必须在自我与他人、与社会环境的互动中从本体论上明确“我是谁”，明确自我的身份与责任，[①] 由此以自我关注为生发点，生发开放的、包容的自我意识，这是构建深度学习环境的前提条件。第二，基于自否定，深度学习环境应该是文化响应的。“文化响应”意味着学习环境需要对两个方面有所响应：一是对类的知识、经验、历史与文化有所响应，二是对学习者带入环境中的知识、经验、技能、态度与信念有所响应。从第一个层面看，学习环境是社会政治、文化与制度的缩影，随着全球知识型社会的逐步形成、互联网与其他媒体技术的广泛传播，人类的知识、经验、历史与文化的传递形式发生了翻天覆地的变化，并主导着泛在学习走向舞台中心。但从本质层面看，学习在类存在层面的价值上仍具有同一性，即寻求个体对自我存在本体的把握与作为共在的类的价值贡献的统一。因此，从这一角度看，深度学习环境的设置需要将自我与社会相联结，突出学习环境的历史性、文化性与社会性。从第二个层面看，正式学习并非学习者进行学习的唯一途径，在进入课堂之前，学习者并非白板，而是具有生活世界经验、知识、态度、价值与信念的人，甚至初生的婴儿身上也具有人类进化以来以原型形式所积淀的经验，从这一角度看，深度学习的环境必须基于学生所前拥的观念与知识，为其创造情境，使他们更进一步深入思考，或是重新调整其前拥观念。

---

① 〔法〕米歇尔·福柯：《自我技术》，汪民安编，北京大学出版社，2015，第 261 页。

2. 以复杂真实为特质的动态学习环境创设

深度学习环境与社会的响应要求学习环境以真实性、复杂性、综合性为特征，实现学习者与生活世界的联结与交互。“在以体验活动为主的表象构建的基础上，依靠想象建立表象与概念、知识、认知等的联系，从而升华为理性直觉形态的意象”①，通过创设具有冲突性、复杂性、真实性的问题情境激发学习者自否定，从而在否定冲突中产生批判性。区分浅层学习与深度学习的重要依据之一便是环境的综合性、真实性与复杂性。在浅层学习中，主要以封闭式的课堂为物理空间，以学习者与教育者的单向互动为联结，以属于单一逻辑且被分割的思维技能、限于特定学术领域的原子式（atomic）专业知识为主要对象，在学习环境上具有强单一性、抽象性与机械性特征。而深度学习要求处理包含价值观与信念的现实性课题，因此必须创设具有真实性、复杂性、综合性、历史性与文化性的学习情境，激发学习主体与其交互环境双重的自否定。第一，通过情境的设置引发认知冲突。认识冲突就是要通过知识与儿童的先验产生碰撞，从而形成自身内部的认知冲突，即新知与旧知的不平衡。儿童并非白板，儿童期是先验与经验接壤、交汇的关键期，在这一时期的儿童携带着千百万年人类形成的先验财富，这种先验“对个体而言是先天地而存在的，但同时，它又是过去世世代代祖先的所有经验的精华，是固着在生物学层面的经验。这样，集体无意识（也即先验）这一概念便不是玄空的、形而上学的，因为它的发生学来源是纯经验的”②，而潜藏在天性中的否定性正是从先验与知识的冲突中被激发的。因此在教学中，教师要正确看待儿童的先验，并充分了解其先验与经验，通过设置情境或问题，引导儿童自主发现知识与自己先验、常识的不一致，引发儿童思维上

---

① 张敬威、于伟：《非逻辑思维与学生创造性思维的培养》，《教育研究》2018 年第 10 期。

② 刘晓东：《儿童精神哲学》，南京师范大学出版社，1999，第 364～365 页。

的不协调感，使其否定性被激发，从而产生进一步探究的兴趣。第二，情境要具有复杂性，能够调动学习者多领域综合能力的运用。情境与问题的选择要摆脱单一逻辑与单一学科的限制，在儿童的“最近发展区”内，设置具有多学科融合与多元解决路径的复杂情境，为儿童否定性的多元化发展创造条件。第三，选取真实的、贴近儿童生活的、符合儿童兴趣的材料，培养儿童的批判性思维技能与情感意向，还能够使儿童将其应用到具有相似性的真实生活事件中。

深度学习的学习环境应该是具有复杂性的，真实世界中的问题往往涉及多个方面的矛盾关系而又急剧变化，复杂情境的创设有利于学习者迷思并保持其认知的动态性。一方面，学习者是带着前拥概念与文化知识进入教室的，复杂真实的情境有利于激发学习者对前概念的表达欲望，进而产生认知冲突，讨论相互冲突的观点，验证正确概念，纠正迷思概念，使他们能够进一步思考，重新调整看法。[①] 另一方面，创设深度学习要求知识的迁移性，因此，复杂学习情境的创设要具有变化性，以培养学习者具有适应性的认知结构。此外，创造一个复杂而真实的学习环境能够使学生更有动力和认知能力，复杂情境需要结合现实世界、学生的日常生活和学科实践。一方面，复杂真实的学习环境能够为学生的学习提供意义性。学习者一般认为解决真实世界中的问题是更有意义性的[②]，而有意义的学习更能够激发学生学习的内在动机。另一方面，创设这种复杂真实的情境不等于将学生感兴趣的活动全盘搬入课堂，而是要根据外在条件的限制与认知目标的要求进行提取、创设，在保证情境复杂真实的同时不消耗学生的认知投入，使学生能够聚焦于情境背后的知识性内容。最后，复杂真实的

---

① Allan Bell, “Diagnosing Students Misconceptions,” *The Australian Mathematics Teacher* 38 (1982): 6 - 10.

② 〔美〕R. 基斯·索耶主编《剑桥学习科学手册》，徐晓东等译，教育科学出版社，2010，第546页。

学习环境有利于学生从感性活动出发，指向学生内在的自否定情感欲求与自否定推动下的外在创造活动。深度学习要求从感性活动中获取真实经验，进而归纳形成理性抽象的知识内容，再将其应用到实践活动之中，这是有根源的学习活动，也是循环性的创造活动。感性活动不仅指向知识的学习，其内在的直接性与反身性能够使学习者在学习过程中返还对自身的认识，促使学习者内在的自否定的发展。

二　教的视角：从“教授主义”走向“为学而教”

自否定并非关心自己的教育问题的年轻人才应履行的义务，而是贯穿人的一生的生活方式，它必须成为“永久的医学式看护”[①]。自否定是人的潜在天性，其最初表现为前否定，前否定作为人的先验与天性具有盲目性与自我中心性。前否定是外在的、缺乏自我意识的否定，是对相互对立的存在事物的否定，表现出破坏、摧毁的力量，它容易产生一种非此即彼的判断。当儿童脱离了刚刚降生的无意识状态，产生自我意志时，其想要拥有自主权的意志与幼弱的身体便产生了内在的差异，因此，儿童这时便表现出对父母的反抗与拒绝，这是一种“来自本我的侵略性举动”。[②] 而在儿童的成长过程中，也存在一些破坏性行为，在一定程度上是受其否定的潜在本能所影响的。人的潜在的否定是发展的静态起点，而静态的前否定向动态的自否定发展的助推力量便是教育，这里所说的教育“也并非仅仅是我们一般所谓的教、养之过程，它指的更是理念或绝对者的自我教育和构成的过程”[③]。在本研究中，教学是实现学习者的自否定唤醒与引导的重要方

① 〔法〕米歇尔·福柯：《自我技术》，汪民安编，北京大学出版社，2015，第75页。

② Rene A. Spitz, *No and Yes: On the Genesis of Human Communication* (New York: International Universities Press, 1957), p. 183.

③ 贾红雨：《黑格尔的 Reflexion 原则》，《世界哲学》2017年第1期。

式，应从教的视角以教师角色的转变、教学艺术的实践与教学评价的改革为依托，促使传统的“教授主义”教学走向以“学习者”的自我发展与社会发展为中心的“为学而教”。

（一）教师角色：做以自否定驱动的终身学习者

深度学习是学习者主体内部的自我构建过程，教育者作为积极的外在性助推力在其中发挥着引领的重要作用。因此，教师角色必须从知识的垄断者、课堂的控制者与技术的熟练掌握者转变为学习的引导者、情感的触发者与以自否定驱动的终身学习与深度学习实践者。

1. 教师作为深度学习过程中的引导者

教师与学生在教学过程中的“主体性”问题是教学研究长期以来所争论的核心议题，理论研究者们致力于将学习者的“主体性”绝对化，培养学生成为自立、自主、自律的学习者是教育的重要目标，但在理论与实践上主体性的断裂使这一“主体性”神话在现实中被消解。一方面，理论研究者与权威专家将学习者的主体地位捧上高处；但另一方面，所谓“主体性”却将学生与教师的互动、与教材以及学习环境割裂开来，让教育成为仅仅基于学生的需要、愿望、态度等学生自身的内在取向来进行的神话，成为把学习理想化为只由学生内部的“主体性”来实现的神话。[①] 因此，在理论上对学生主体性的神化是悬在半空中的，在教学实践中有着极不相同的现实表征。在实践中，尤其是浅层学习形式下，教师与学生的主体与主导作用具有不同的表现形式。一种表现为教师主体代替了学生主体。在这种情况下，教师对学习过程中的目标、内容、过程与结果十分了解，但对于学生学习到的知识、学习过程与学生的变化与发展漠不关心，将自身的教

---

① 〔日〕佐藤学：《静悄悄的革命——创造活动的、合作的、反思的综合学习课程》，李季湄译，长春出版社，2003，第 15 页。

与学生的学相割裂，以完成知识讲授任务作为自身的工作责任与教学评估标准，在这种形态下，教师扮演“教书匠”的角色。另一种表现为在教学实践中将学生的自主学习、合作学习等学习者所施动的学习方式作为课堂的主要学习方式，而教师看似给予学生充分的“主体性”，实则弱化、消减自身的主导作用，这种学习形态下的学习，看似充分尊重学生的主体性，实则使学生在缺失引导的自我学习中迷失，甚至难以达到基本知识掌握的目的。这两种现实表现看似截然相反，但究其根源，则均在于教师在教学中的角色错位，即在教学过程中教师与学生的角色割裂，从而只能达到浅层学习这一结果。在基于自否定的深度学习中，教师于学生而言必须有明晰的自身角色定位，即作为学习的引导者，在教学中将外在于学习者的学习内容转化为学生主动认知的对象，使学生与之建立意义关联，促使学生个体主动学习，从而达到培养人的根本目的。

教师作为深度学习内容的重要选择者与建构者，引导着学习主体与外在的客体环境建构意义联系，从而实现学习者的主动学习与理性建构。深度学习的重要目的在于知识的获取，这种获取并非“储蓄式”地将书本上的知识转移到学生的头脑之中，而是需要使学习者从知识的选择、知识的转化、知识的迁移应用等多个阶段的学习过程中实现个体的超越性发展与人类历史文化的代际传递，甚至实现知识的创新发展。学习者作为未完成的人，其自身的认知水平与发展能力受到经验与成熟的限制，自然状态下的自我学习难以满足个体超越的需要与社会发展的需求，因此，教师作为学习者深度学习的引领者在认知维度上承担着帮助学生化解人类历史认知与学生个体认识差距，进而继承并创新人类社会实践成果的重要责任。

具体来看，第一，教师不仅是学习内容的传递者，在一定意义上也承担着对学习内容选择与建构的责任。在古德莱德所提出的“理想的课程”与“正式的课程”下，教师“领悟的课程”与实践中“运作的课程”最直接地影响着学生的学习过程，因此，教师需要对正式的学习内容加以转化，甚至增减，根据学习者的认识情况选择、建构适宜的学习内容。如对过于抽象的形式逻辑进行具象化处理，或将以演绎逻辑为主导的学习内容通过引入同类型材料的方式引导学习者进行类比归纳，实现从特殊到一般、从具体到抽象的认识过程。第二，教师引导学生建立具有逻辑性、关联性与结构化的知识系统。深度学习的重要特征在于学习者在学习过程中知识结构的逐渐丰富与结构化、逻辑的逐渐复杂与精细化、思维的逐渐深入与层次化。而这一渐进的过程需要在教师的引导下逐渐实现，深度学习是学习者逻辑与理性的建构过程，是前否定到自否定的构筑过程。在这一过程中，教师可以将思想实验、苏格拉底式提问等作为引导学习者逻辑与理性的重要方法。

2. 教师作为深度学习中的情感触发者

在人工智能与线上教学大行其道的时代，学生的学习活动能否离开教师，甚至离开学校？从教育的本质与定义来说，这一假设在现在或不远的将来都难以实现。教育的本质是培养人，具体来看便是传承文明、创新知识、培养人才，而教育的根本任务在于立德树人，这是人工智能教育所不能赋予的。教育的本质是提高人的生命质量与生命价值，生命质量是个体实现幸福而有尊严的生活，达成自我实现，生命价值则以人对社会与人类的贡献来衡量。生命质量与生命价值都指向属人性的获致，而非单一的知识或技能，其本质在于属人的情感与价值在学习过程中的融会与贯穿，学习中的情感互动促使学习者由生物个体走向社会个体，从内在自我走向类的自我，而教师作为正式学习活动中的关键他人，是深度学习最重要的情感触发者。

教师需要对学生情感进行激发、关注、保护与正向引导，尤其是对学生的否定性情感进行保护与引导。否定性作为人的潜在本能与天性，在学习过程中，可能以多种外在的情感形式表现出来，教师的职责之一便在于关注并保护学习者正向的情感意向，修正学习者消极的情感趋向。第一，好奇、求知欲、质疑等作为否定性衍生的正向情感趋向需要得到激发与保护。学生的提问与质疑源于求知欲望与好奇，或许是被某一实践经验所触动，或是被他者的语言所激发，自身产生求知的冲动。这种求知的情感冲动产生时间是瞬时的，是迸发而出的，其维持周期也是很短暂的，学习者的好奇与疑问可能会因为外界环境的变化而被吸引与转移，也可能由于成年人的无视与敷衍而被压制。弥足珍贵的是学习者求知的意愿与动力，“即使学生好奇心的取向与学校课程毫不相干，也决不能加以阻止”①。学习者提问是内心认知需求产生的表现，基于这种需求获得知识与被动灌输获得知识的效果是截然不同的。因此，在深度学习的初始阶段，对学习者生而便有的好奇心、求知欲与质疑的保护与引导尤为关键。第二，教师对于学习者消极的情感意向需要予以警惕、引导与修正，并将其作为学习状态重要的警示信号予以充分关注。情感一方面能够对行为予以高优先级的警告信号，增强行为唤醒的强度，另一方面能够让人做好准备并及时做出行动予以回应。而不同的情感对于学习活动的唤醒强度与方向也有所不同，如相对于生气、放松或高兴等短暂的情感情绪，更具持久影响的羞愧、绝望等情感情绪与学习更加相关，这种具有持久性与标签性的情感情绪对于教师更具有诊断性价值，教师必须关注学生的此类情感情绪，并适当调节学习者情感情绪强度，使其对学习产生积极的助推作用。

教师需要在学习过程中推进学习者的情感层级跃迁。基于自否定的深度学习要求以自否定驱动学习者情感与价值的螺旋上升，使学习者在属人性的获致中实现从生物个体到社会人，从不自觉到自我醒觉再到自我的反思与超越的转变，实现从个体内在价值到“类”的生命

① Bertrand Russell, *On Education* (London: Routledge, 2009), p. 152.

价值的跃迁。教师应根据学习者的成长需求，遵循其情感发展的目标序列规律，“个体成长最初的经历奠定一个人经验世界与体验自我的原初形式，潜在地构成一个人认识世界与反观自我的原型”[①]。个体的情感发展是由内向外而又返还自身的逻辑循环过程。在个体最初的学习阶段，教师在情感上应关注学习者以爱为中心的情感交互活动，使学习者建立个体之于他人与世界的情感联系，在这一阶段，情感维度的学习处于形成期，要避免以过分理智化与精准化的知识教学压抑学习者的情感需求。而随着学习者个体大脑的趋于成就、认知图式的逐渐复杂化、情感体验的逐渐丰富化、价值系统的逐渐稳定，教师需要将理智化的教学作为主导工作，在情感上，保护和完善学习者“智力的美德”——好奇心、虚心、迎难而上的学习信念、耐心、专心、批判、创造与精确性等，学习者被引入更宽广的外在世界中，在对象化中实现对世界的探究与实践。最后，基于自否定的深度学习要求超越个体的理智发展，实现完整的人的教育则要求个体去探究、去发问人类知识、思想和生活中的那些基本的、深层的问题，来始终保持超越的生命姿态，同时保持必要的自知，逐渐过一种自我省察的生活，保持智慧之爱。[②] 教师需要循着这一学习者情感发展的目标序列，在学习的不同阶段对情感的重点予以不同的关注，逐层逐步地实现学习者情感与理智的整全发展。

3. 教师作为治理自我的终身学习者

学习者的深度学习首先需要教育者的深度学习。一方面，对深度学习的呼吁如若仅停留在理论上的探究与逻辑上的正确层面，而使教育者只共享关于深度学习关键概念的理论知识，深度学习便难以转变为有目的的教学实践。另一方面，深度学习并非一种单纯的学习方法

---

① 刘铁芳：《走向整全的人：个体成长与教育的内在秩序》，《教育研究》2017 年第 5 期。

② 刘铁芳：《走向整全的人：个体成长与教育的内在秩序》，《教育研究》2017 年第 5 期。

或特殊的学习形态，其本质是结构性的学习变革，涉及自上而下的教育系统各要素的意识与行动转变，而教师作为这一结构化系统中的关窍具有关键性作用，教师对深度学习的理解与践行推动着学习共同体的发展，学习共同体代表着一个持续的进程，在此进程中教育者们通力合作，通过循环往复的集体探究与行动研究，使学习者取得更好的成绩，而教师作为这一专业学习共同体的核心组织者，需要与学生共同作为学习主体展开学习活动。因此，教育者必须通过以自否定为内核的自我认知、自我教育、自我指导，从而实现自我治理、自我关心，进而才能够治理他人，推进卓越的教育变革行动。①

将基于自否定的深度学习作为教师专业发展的重要环节，指向教师不断实现自我超越的终身学习历程。从人发展的一般性来说，自否定是属人本性的欲求，作为未完成的人其发展的历程是绵延而无止境的，其驱动力量来源于内在的生命能量，即向更完善的自我跃进的欲望，教师作为一般性的人具有自否定的特质。而作为职业角色，教师工作的特殊性要求教师在专业能力上实现自否定的自我发展，从新手教师成长为专家型教师，这一历程以学校为场域，以日常的教学实践为依托，教师专业发展的过程便是以自否定为驱动的终身学习过程。具体来看，第一，学校需要为教师提供持续深度学习的条件。学校需要提供充足的时间与空间，构建教师学习共同体，使其能够共同计划课程与项目，分享学生学习情况，讨论教学与育人中的问题，实现同侪互助，改善教学实践，促使教师成为致力于持续发展的反思性实践者与深度学习者。第二，教师需要在统合作为人的独特性与作为教师的角色性基础上实现自我认同，将专业发展的自超越作为自我实现的重要维度。在教师的专业发展历程中，专家型教师通常将职业自我与作为人的自我相统合。一方面其身份不仅仅是一名教师，从初始便是

---

① 金生鈜：《教育者自我治理的本质与方式》，《高等教育研究》2021年第6期。

作为独一无二的“人”的自我形象存在于世界上；而另一方面在情境中人被赋予了角色，社会身份对人的行为做出了规定。一些教师在二者割裂的情况下将职业自我与一般的自我相分离，教学的职责仅仅作为工作场域中被规定的机械任务，信念感的缺失导致其专业发展停滞，进而造成教学的失败，因此，教师必须在情感、信念与价值上实现职业与人格的统合，在自我超越中成为独特的教师，也在专业发展中实现人的生命价值。

（二）教学艺术：以过程性构筑深度教学的视点

“教育学力图满足个人和人类的最伟大的需要——满足它们求取人的天性本身完善的愿望”[①]，学习不仅贯穿于个体人的生命历程之中，也贯穿于人类种群延续的始终，从这一层面上，教育与教学不仅仅是对过去与当下的教育活动与知识内容的重复与再现活动，也是承载着对过去的觉知与对未来参与的使命和责任的实践活动，它促使人不断完善自我的生命与塑造人类未来，是兼具科学性与艺术性的人类活动。因此，深度教学要求以人的自否定特性作为教学的逻辑出发点，并以过程性作为深度教学实践的落脚点，在教学中深切关注学习的路途（trajectivité）与景深（profondeur de champ），并借助技术赋能于深度学习，以实现个体与类的创造性发展。

1. 过程性作为深度教学的原则

在传统教育中存在大量将知识灌输作为主要手段的教学行为，学生主要通过文本记忆的方式完成其学习。在已有的诸多研究中，深度学习具有明确的指向：深度理解说认为深度学习在于通过学习策略建立知识之间的联系[②]；理解迁移说认为深度学习是学习者在通过信息

---

① 〔俄〕康·德·乌申斯基：《人是教育的对象——教育人类学初探》（上卷），张佩珍、张敏鳌、郑文樾译，人民教育出版社，1989，第17页。

② 李松林、杨爽：《国外深度学习研究评析》，《比较教育研究》2020年第9期。

加工与建构高阶思维获取知识技能的同时通过主动改变认知结构、思维模式和行为方式迁移运用新获得的知识技能解决实践问题[①]；体验学习说认为深度学习是一种整合了经验学习模式中体验、反思、归纳以及应用等要素的学习模式[②]。无论是建立知识之间的联系、改变与运用认知结构解决实践问题还是反思与归纳经验都将学习指向过程性——信息加工的过程性、体验感知的过程性以及操作实践的过程性。

深度学习的过程可以解构为三个步骤：第一个步骤是学习者通过初始认识对知识进行浅层/初级的加工与记忆；第二个步骤是学习者将初始加工与记忆转化为程序性的问题解决能力；第三个步骤是学习者运用该能力与框架性策略对学习内容再加工与再生产，从而完成深度学习。[③] 客观世界中的路途性为学习者提供了材料接触、认知应用、再认知的学习路径，思维的路途性使学习者认知经历了同化、顺化与平衡的多维步骤。如果失去了路途性，学习者则仅仅熟识知识的符号形式，而丧失知识与经验以及与其相关的感悟、惊奇体验，抽象的获取过程、认知能力与情感体验更无从谈起，导致学习处于浅表化的状态。

景深意指教学过程中学习者认知客体的立体性与感知的真实性，教授主义的教学通常将真实的客体世界抽象化、符号化，在通过教授形式使人们的生产生活与学习超越其原有的路途性的同时，遮蔽路途中原有不同要素的关联性与立体性。而这种关联性与真实世界的立体丰富性正是人们认识世界与改造世界的重要基础，也是人建构自身主

① 〔美〕Eric Jensen、LeAnn Nickelsen：《深度学习的7种有力策略》，温暖译，华东师范大学出版社，2010，第11～12页。

② 〔美〕D. A. 库伯：《体验学习——让体验成为学习和发展的源泉》，王灿明、朱水萍等译，华东师范大学出版社，2008，第17～32页。

③ 杜建霞等：《动态在线讨论：交互式学习环境中的深层学习》，《开放教育研究》2006年第4期。

体性的重要方式。当人失去生活的景深，而将其抽象为符号、文字、意象时，“就这样，人由于自愿地限制着他的身体对于某些动作、某些冲动……的影响范围，他便由可动的（mobile）人，变为自动的（anto-mobile）人，并最终变为机械的（motile）人”[①]。教育的核心价值在于使人完成其自身的主体性建构，深度教学的核心价值更是在于使学习者体验、经历、投入真实世界学习过程之中。

深度教学的路途与景深能够体现于情境/具象、操作/体验、对话/省思三组表征之中。情境/具象旨在通过“还原知识发生发展的原初状态，把抽象的东西形象化地呈现出来，让学习变得更容易”[②]。学习者的非理性与非逻辑性张力是深度学习的重要基础，而人则通过在现实的感性个体之中展现自身的生命。[③] 在教学中教师必须更精准地呈现契合学生兴趣与经验的材料，使学生在超越自然材料的丰富情境中产生好奇心、想象欲与探究欲，进而通过创设真实情境，展示具象客体，为学生提供更多维的情感触动要素，使学生的思维潜力能够受到更大程度的激发。

操作/体验指“学生要经历动脑思考、动手活动的过程，这个过程是基于个人经验的亲身参与的过程，是发现、探究、建构的过程”[④]。人的实践活动是人认识产生和发展的基础，学生尤其是小学阶段的儿童，其认识世界的方式与归纳的过程具有天然的相似性，而其学习的内容看似具体，实则抽象，看似经验，实则先验。因此，在深度教学的过程中，以情境、具象为特征的教学环境创设、教学材料提供所对应的是操作、体验的教学方式。

对话/省思是指“学生要开展与自然、与自我、与他人、与文本

---

① 〔法〕保罗·维利里奥：《解放的速度》，陆元昶译，江苏人民出版社，2004，第23页。

② 于伟：《“率性教育”：建构与探索》，《教育研究》2017年第5期。

③ K. Marx, *Economic and Philosophic Manuscripts of 1844* (New York: Dover Publication, 2007), p. 156.

④ 于伟：《“率性教育”：建构与探索》，《教育研究》2017年第5期。

的对话”[1]。学生的多种对话形式都是个体进行自否定的重要途径，是学生进行知识信息获取、自我认知以及自我重构的重要手段。[2] 一方面，在深度教学中，教师与学生的对话是引导学生实现深度思考的重要方式，教师应通过苏格拉底式的提问引导学生实现肯定—否定—否定之否定的思考过程。[3] 学生具有否定性的天性，在教育中需要有步骤地对学生的思维进行引导，不断追问，检验学生的思想“究竟生出来幻影和假的东西，还是能够存活的和真的东西”[4]，使学生从不断的肯否循环中实现否定之否定。另一方面，教师必须创设和培育适宜的环境与课堂文化以引导学生与他人的多元对话，形成“共在先于存在”的群体精神，在“共在”中实现自否定。未加理性训练的否定更多的是一种对外物的单纯排斥，是一种感性、知觉、知性的低级认识方式。因此，个体需要通过与他人对话，实现不同否定性的外化与碰撞，使单一排他的否定性在对话中不断被扬弃，完成其理性化的过程，避免狭隘的“自我中心性思维”。

2. 技术融合作为深度教学的重要手段

进入技术蓬勃发展的时代，技术在深度教学中的作用逐渐凸显，并愈来愈深刻地影响着教学结果。深度学习为教育中的技术人工物的意向与功能明确了指向——过程性的凸显。从整体上看，技术人工物的功能指向帮助使用者更高效、便捷地达成其目标，其意向性指向结果。这种结果指向的共同特征是跨越了烦琐而复杂的过程，在突破过程性困难的同时筛除了过程性体验。但是教育的目的则直接指向学生

① 于伟：《“率性教育”：建构与探索》，《教育研究》2017 年第 5 期。

② 苏慧丽、于伟：《否定性——儿童批判性思维培养的前提问题》，《教育学报》2019 年第 4 期。

③ 柏拉图（Plato）所著的《泰阿泰德》中通过苏格拉底（Socrates）与泰阿泰德（Theaetetus）的谈话，引出苏格拉底法，即助产术是检查年轻人灵魂方面的“生育情况”，为他们的思想助产。

④ 〔古希腊〕柏拉图：《泰阿泰德》，詹文杰译注，商务印书馆，2015，第 21 页。

学习的过程、学生的主体性建构过程，以凸显过程为核心手段，教育中的技术人工物的意向应直接指向学习的过程性呈现、思维的发展呈现、主体的经验呈现、反思的呈现。例如，计算器的目的在于帮助使用者快速、便捷且准确地完成计算，其跨越计算的过程，使计算更为便捷。而在数学教育中则应凸显计算的过程，所以在小学的数学教学中很少涉及计算器的应用，而是通过小木棍、小珠子等具体实物的操作展现抽象的数学运算过程。由此，深度学习对技术人工物提出了独特的要求：教师通过技术人工物完成学生在学习的路途性与景深的呈现与深化，从而使学生学习达成更好的效果。

通过技术还原情境/具象使学习更易发生。情境/具象旨在通过“还原知识发生发展的原初状态，把抽象的东西形象化地呈现出来，让学习变得更容易”[①]。而如何进行“还原”与“呈现”成为教育中技术应用的核心问题——此刻的技术是为教育服务的，而教育的主体是学生，所以应以学生主体驱动牵引技术驱动，以技术辅助学生学习。在因果关系中，学生的学习是教育领域中技术应用逻辑的原点，教育通过技术更好地完成其使命，使学生取得更好的学习效果，而非使学生跟随技术呈现的步伐，完成机械而统一的学习步骤。第一，应通过技术完成真实构成性关系的虚拟呈现。教育的一个重要目的是使学生掌握解决真实问题的能力，而教育中经常使用的手段是设定拟真问题让学生学习与练习，从而达到学生通过学习拟真问题认知真实问题的效果。而现代技术的出现在极大程度上提升了教育中所设定的拟真问题的拟真度。例如，虚拟现实技术（VR）所提供的“沉浸式体验”能够更多维地为学生提供不同的可感知要素，突破了传统教学语言描述与图片呈现的局限，在传统技术的阐释学关系的基础上增添了背景关系与它异关系的技术特征——为学生提供可感知、互动的场域

① 于伟：《“率性教育”：建构与探索》，《教育研究》2017 年第 5 期。

背景并使其融入其中。但是如何使学生在更为发达与多维呈现的技术沉浸中完成其学习呢？“原生态的具体丰富，决定了真实的和模拟的教育发生都要以具体教学内容为基本构成单位；构成性关系、构成性运动决定了真实和模拟的教育发生共有的机制。”[①] 技术可以为学生提供一种具有逻辑性的可归纳素材，从而引导学生在素材的关联性中产生探究欲，完成认知与迁移、应用与反思。第二，通过情境构建引导学生的关联式思考。关联式思考可以分为多种样态：动态性关联、协整性关联、相对性关联以及意化类象关联。[②] 通过技术的有效介入，学生在学习过程中进行多种关联式思考，从而真正意义上实现思维能力的提升。例如，在问题导向的教育实践中，施教者通过技术支持为学生呈现多维材料以实现对学生的原型启发。首先通过技术呈现引导学生对拟解决问题与脑中原型产生联系，从而完成原型激活；其次，引导学生利用原型中的关键信息，进行迁移与重组以启发解决相应问题。[③] 例如，在对小学三年级“面积”这一单元的学习时，难点在于从长度到面积是一维空间向二维空间的转化，是空间形式“由线到面”的飞跃，这对于学生来说是先验而抽象的。而技术手段则以学生现实空间中的南湖作为三维材料进行呈现，进而将其压缩为二维的面积单位表象，实现从经验到知识、从具体到抽象的归纳。在这一过程中，技术提供了更多的可呈现维度、更真实的可感知情境以及更为广泛的可用素材，从而能够使情境与学生的个体情感、认知能力、经验背景以及价值情感多维度更为契合，达到更优的教育效果。

通过技术促进学习者的操作/体验使学习主体更明晰。操作/体验指“学生要经历动脑思考、动手活动的过程，这个过程是基于个人经

---

① 宁虹、赖力敏：《“人工智能＋教育”：居间的构成性存在》，《教育研究》2019 年第 6 期。

② 张敬威：《〈易经〉关联式逻辑的形式表征及科学价值》，《自然辩证法研究》2020 年第 9 期。

③ 张敬威、于伟：《非逻辑思维与学生创造性思维的培养》，《教育研究》2018 年第 10 期。

验的亲身参与的过程，是发现、探究、建构的过程”[①]。笛卡尔所构建的自我同一性理论体系解释了“我思”与“我的行为”之间的同一性关系，操作与体验被铭刻为另一种主体性的印记，这在现代技术已经融入教育与生活的今天仍具有重要的解释性价值。第一，区分技术在教育中的“上手”与“在手”。[②] 操作的反馈是构建自我同一性的基础，技术辅助的操作应以建构学生自我同一性为根本目的。根据反馈对象划分，可以分为对物理世界的反馈与对他人的反馈。在非现代技术辅助的教学中，这种反馈往往是直接存在于学生与对象之间的，而在现代技术中技术的居间作用更为显著，反馈关系成为“学生—居间技术—对象”或“学生—技术对象”的关系。当技术为“上手”状态时，它仅仅作为教育的辅助工具，并非学习的对象，如教学中多媒体技术的应用目的主要聚焦于呈现的内容而非技术，需以诠释学技术为主导形式，其良好程度关键在于透明性，即技术能否更为明确地传达内容而又仿佛抽身而去，而当教育希望学生掌握某种技术时，技术则为“在手”状态，如进行计算机教学时，计算机技术本体成为教学的主导内容，这时学生与计算机的关系便是一种它异关系。在教学中施教者应明确技术的意向与功能归属，从而明确目标，使学生的操作获得更为正当的反馈，并能够区分技术人工物的工具性作用与对象性作用。个体在正确对待技术的居间形式的同时，善于利用居间的技术达成解决问题的目的、掌握解决问题的技能、获取问题解决的反馈。第二，明确操作与体验的主体，使学生在体验中激发情感。从某种意义上讲，现代技术引发了一种从身体现象学向数码现象学的过渡，梅洛-庞蒂（Merleau-Ponty）曾指出：“存在着作为一堆相互作

① 于伟：《“率性教育”：建构与探索》，《教育研究》2017 年第 5 期。

② “上手”与“在手”为海德格尔用语，“上手”状态下工具作为一种具有透明性的形式指引，工具的意向性使其本身产生了一种透明性，例如当锤子作为一种工具时则为“上手”的状态，而当其发生故障时则成为人们关注的对象，成为一种“在手”的状态。

用的化学化合物身体，存在着作为有神明之物和它的生物环境的辩证的身体，并且，甚至我们的全部习惯对于每一瞬间的自我来说都是一种摸不着的身体。”[①] 深度学习的重要维度之一是情感维度，学生的深度参与基于价值认同与情感驱动。世界以主体的身体为原点展开，主体通过自己的身体感触世界，技术的居间作用（具身的作用或是它异的作用）扩大了可感知的范围，在教育之中我们可以通过技术使学生感触更为广泛的世界，但是其感触的原点应为学生本身，感触的材料应与学生的认知程度相匹配、与学生的经验相联通、与学生的情感相契合，从而使学生在技术环境中达到主体性的情感与意愿的激发。

通过技术构筑对话/省思使学生完成认知的反思与重构。对话/省思是指“学生要开展与自然、与自我、与他人、与文本的对话”[②]。学生的多种对话形式是个体进行自否定的重要途径，是学生进行知信息获取、自我认知以及自我重构的重要手段。[③] 技术能够提供更多维度的话语素材，也可以为学生提供更为广泛的对话机会。第一，教师应主导技术促进学生与认知加工活动的对话。技术是一种定向性的存在，它能够解决预设问题，却无法发现问题与解决多数不确定问题。教师作为激发者（acticator）应利用多重技术构建的场域设定具有挑战性的学习目标，使对话具有可升级的空间；教师作为文化建构者（culture builder）应设定具有促进深度学习意义的价值标准，调动学生的主观积极性；教师作为合作者（collaborator）应在合理运用远程技术的同时不忽略与学生的协作与共同探究，使远程在场的教育能够

① 〔法〕莫里斯·梅洛-庞蒂：《行为的结构》，杨大春、张尧均译，商务印书馆，2005，第307页。

② 于伟：《“率性教育”：建构与探索》，《教育研究》2017年第5期。

③ 苏慧丽、于伟：《否定性——儿童批判性思维培养的前提问题》，《教育学报》2019年第4期。

实现真实有效的交流与分享。[①] 从而使远程教育与人工智能教育等多种新兴技术教育方式坚持以“人”为中心，以学生主体性为教学的根本依据、以教师的教授为教学的逻辑主导，将技术作为辅助方式促进学生通过对话完成深度学习与自我建构。第二，教师应通过技术辅助手段促进学生反思意愿的提升。教师通过技术能够设定更为复杂与贴近真实的情境，使学生在更具拟真度的景深中接受引导，在引导中产生认知冲突，从而产生一种积极而内在的学习动机与反思意愿，在这种积极倾向中更深入而快乐地进行反思。例如，当教师通过苏格拉底式提问对学生进行引导时，传统的教学方法只能通过单纯的语言技巧使学生完成抽象的思考，对施教者具有较高的要求。但是在技术的辅助下，施教者可以通过图片、视频、音乐、概念图式等多种形式，借助实例、节奏、情绪等对学生进行引导。一方面引导材料的选择与组合方式便于记录与传播，这种可模式化的方式降低了对施教者的要求；另一方面学生对不局限于语言的多维素材具有更为敏锐的感知与反思能力，真正提高真实生活中解决真实问题的能力。

3. 创造性培养作为深度教学的关键目标

教师要培养学生以自否定的思维方式进行学习目的的建构，实现个体与类的创造性发展。事实上，教育的艺术性“不是研究那些不以人的意志为转移而存在的东西，而是研究实践活动——未来的实践活动，非现在的也非过去的实践活动”[②]。教学的艺术赋予人对于未来的创造性与理想愿景之中，而人的创造性潜藏于人的天性——想象能力与抽象能力之中。如马克思所说：“最蹩脚的建筑师从一开始就比最灵巧的蜜蜂高明的地方，是他在用蜂蜡建筑蜂房以前，已经在自己的

① Michal Fullan, Joanne Quinn, Joanne McEachen, *Deep Learning: Engage the World, Change the World* (Thousand Oaks, CA: Corwin, 2018), p. xvii.

② 〔俄〕康·德·乌申斯基：《人是教育的对象——教育人类学初探》（上卷），张佩珍、张敏鳌、郑文樾译，人民教育出版社，1989，第1页。

头脑中把它建成了。”[①] 胡塞尔也认为：“通过思想和想象完全自由地对我们人类的历史存在以及在这里被解释为这种存在的生活世界的东西做出变更，恰恰在这种自由的变更行为中，在对生活世界的想象性的贯穿行为中，以一种绝然的明见性的方式出现了一种普遍的本质成分……这样，我们便摆脱了与事实意义上的历史世界的一切关联，而将这一世界本身看作是思想的诸种可能性之一。”[②] 人与动物主要的区别之一便是人具有由否定开启的想象能力，或虚构的能力，其观念可以先于行动而存在着，这一种否定的思维方式使人具有动物所不具备的独特能力——创造。“个体人的‘自为生命’，就是由人类积淀的类能力所构成，他的所谓‘自为’就是要吸纳人类的创造成果，把自己融入类生命之中，在这一基础上个体才能发挥自我的创造性。”[③] 而创造就来自个体否定性的积淀，这使其对原有积淀存在着突破或改变的可能。正是个体不同的情理结构，使人具有了创造性。创造性属于个体，工具、科技、精神文化各方面均如此。内在人性对外在人文的突破和变异就是创造。[④] 创造若只存在于头脑之中，人就只是会思考的“芦苇”，创造的实践行动才昭示着自否定的形成，因此，创造性的培养是深度教学的重要目标，是教学深刻性与持续性的重要标志，也是教育作为一门艺术的重要体现。

创造性的培养要求教学的方式从“熟练记忆”转向“反思实践”。以灌输、记忆、练习、重复为特征的教学方式更多培养在同一情况下解决重复问题的“机械的人”，而变化的知识世界则要求培养具备适应性能力的擅长于反思的实践专家。基于此，教师必须激发学生潜藏的自否定能力，让学生在“尝试错误”“判断与批判”“推理

---

① 马克思：《资本论》（第一卷），人民出版社，2004，第 208 页。

② 〔法〕雅克·德里达：《胡塞尔〈几何学的起源〉引论》，方向红译，南京大学出版社，2004，第 201 ~ 202 页。

③ 冯建军：《当代主体教育论》，江苏教育出版社，2001，“序”第 4 页。

④ 李泽厚：《人类学历史本体论》，青岛出版社，2016，第 10 页。

与验证”“潜移与应用”中展开指向创造的探究过程。在这一探究过程中，学生通过一次次对客体的判断与批判，不断修正原有假设，并创造新的可能性，进而验证，这一循环的过程是不断自否定的过程，也是催生“发现与创造”的过程。

（三）教学评价：将自我发展作为重要评价维度

评价是教育教学的指挥棒，机械学习、灌输学习为人所诟病的重要原因在于被“唯升学”“唯分数”的传统教育教学评价方式所控制，这种评价方式其精神内核是将学习者作为被评价的静态客体，学习者被物化、被数据化、被同一化，其评价对象可被类比于工业社会下流水线上的产品，或是资本主导下市场的产物，学习者在评价过程中的主体性、自主性被遮蔽，评价的本质是“对人的评价”。而在基于自否定的深度学习的评价中，评价的本质原则是“为了人的评价”。“为了人的评价”是以学习者为主体的评价、以学习者的生命特性为基础的评价、以学习者的增值发展为目标的评价、以学习者的整全发展为内容的评价。

在以往的深度学习评价研究中，由于深度学习的多元性与抽象性，对于深度学习的定义与内容尚未统一，因此也未形成统一标准的评价范式。具有代表性的评价范式主要存在两个核心取向：一是针对学习者学习行为进行评价的过程取向，二是针对业已发生的学习成果进行评价的结果取向。结果取向的深度学习评价范式通常将学习划分为几个累积性递进的层级目标，如以布鲁纳的目标分类理论为基础的深度学习评价模型通常将“知识、领会”划分为浅层学习，将“运用、分析、综合和评价”划分为深度学习，并认为这一标准是逐层递进的。而结果取向评价范式通常采用学业成就评价、综合性评价、概念图式等方法试图将学习结果显性化、数据化、精确化，但这一评价范式对于学习过程存在疏忽、割裂、片面化，对于学习者的发展性与主体性的关注不足。过程取向的深度学习评价发生则更关注学习如何发生及其动态发展的过程，即对学习者学习过程中的每一个“当下”进行把握与分析，其评价的落点不仅在于达到某一个评估标准，更在于学习者的自我增值与自我超越的实现，这一范式在具体评价方法上更倾向于将学习过程进行细致的解构，如比格斯团队所制定的 SPQ（Study Process Questionnaire）学习过程问卷将深度学习解构为高阶学习、整合性学习与反思性学习，考察学习者在学习过程中的动机与策略。以过程取向为原则的评价更关注学习如何发生、如何发展，着眼于学习者的主体性、特殊性与发展性。从总体来看，深度学习的评价要广泛涉猎宏观与微观、系统与个体、过程与结果，深度学习的本体以一种综合性的学习形态被表现出来，而非单一具体的学习方式，进一步，基于自否定的深度学习在评价层面以系统性、整全性、发展性为实践指向。

1. 超越性发展作为深度学习评价的总体目标

学习评价是以学习目标为依据，运用观察、反思、调查、测验等方法，来收集学习过程及学习结果等方面的客观资料，并进行相应处理，进而对学习效果做出价值判断，对学习目标进行反思和修订的活动。[①] 学习目标是评价的出发点与依据。在以往浅层学习的目标定位下，学习所预期达到的结果通常以知识的单一发展为目标，以知识高重复度的复述为预期的评估标准，一方面，从认知维度浅层学习很少涉及对客体知识内容的创造性超越，此处超越并非指对人类科学成果的创造性发展，而是对统一课程内容所规定的基本知识内容的迁移、应用与发展性的超越，另外也较少涉及学习者主体在认知维度的超越，即以实现对已存认知图式的打破、修正与重组为特征的顺应性学

① 桑新民主编《学习科学与技术——信息时代大学生学习能力培养》，高等教育出版社，2004，第 61 页。

习，从这一层面看，浅层学习目标定位下对于认知维度主体与客体的目标的评估难以产生发展与超越的意义。另一方面，浅层学习目标下的学习是单一向度的。一是以静态的知识获取作为学习的预期结果予以评估，而对于动机维度、互动维度等学习过程中的行为表现关注不足；二是学习目标与结果评估点对点式的精准对应割裂了认知图式与知识结构的关联性，消解了学习过程动态的连贯性与驱动性，阻碍了深入学习的认知基础与动机程式。

基于自否定的深度学习从人的本质出发，学习最终目标的制定不拘泥于某一知识点的获取或某一技能的掌握，评估模式的制定需要考量目标属人性的深远性与分解目标的具体性的平衡，以阶段性目标的评价推进持续性、深刻性、发展性学习目标的达成。第一，基于自否定的深度学习评价观以推进人的超越性发展为出发点和依据。这一目标是个体人的发展与类的发展的共同要求，以学习主体的自我超越与学习对象的创造与发展为具体表现形式，这一目标相对于个体来说便是考察个体的增值，即现在的自我相对于最初自我有何超越与发展，且何以发生。而从类存在的发展来看，则是学习活动对于人类文化成果有何超越，这是深度学习在群体性知识积淀与创造下的高层次要求，指向科技发展与创新人才的培养目标。这一总体目标是纲领性、综合性、长期性的，为深度学习评价的范式与方法指明了宏观方向。第二，深度学习的评价维度以整全性为特质。与有意义学习、理解学习等学习方式不同，深度学习以更加上位的学习形态存在。因此，其评价不局限于认知与思维的范畴，而指涉学习者认知、动机与互动维度的综合形态，其评价对象是作为整全的人在学习过程中的内在思维、情感与外在的行为表现，在评价模型中一方面需要对深度学习的维度进行解构，为评价寻求落点，另一方面以整全的视角将学习者的认知、动机与互动相整合，考察学习主体自我超越的发展过程中各维度的协调统一。第三，基于自否定的深度学习评价以发展性为原则。

自否定是人的存在特征，是衡量学习者的自我发展与生命价值之所在，因此，深度学习的评价需要以自我认识、自我批判、自我塑造与自我超越为指导原则，应是符合自否定规律的以螺旋上升形态而制定的评价模型。

2. 系统化体系作为深度学习评价的结构框架

深度学习作为一种指向未来的新的学习形态，具有个体价值与公共价值。一方面指向学习者的自我超越与自我实现，另一方面指向社会发展的人力、社会与公共价值。因此，需要建立一种体系化的学习评价系统，这一评价系统涉及政府、学校、教师与学生，各有侧重、相互衔接、内在统一。自上而下的评估系统需要制定具有同一性与层次性的评估标准，以更全面反映学生、学校和教育体系。第一，深度学习的评估需要以面向未来的课程、评估与问责制体系为基础，将适应未来的关键内容作为深度学习的培养目标与评估标准。评估标准建立需要适应急速变化的世界，随着人们对学校教育期望的不断提高，学校教育不仅要培养学生的认知能力，还要培养学生在社交和情感技能、宽容和尊重他人以及自我调节与元认知等方面的能力，这些能力正是评估学生适应世界变化的关键能力。① 第二，深度学习的系统化评价体系需要对过程评价与结果评价进行结构化协调。采用表现性评价、综合性评价的方式弥补传统测试的不足，尤其是将课堂中学习过程的评估作为标准化评估的重要补充与依据，注重评估的内容性、意义性与价值性。第三，将教师的深度学习作为评估的重要内容。教师作为深度学习共同体中的一员，也是深度学习的重要主体，教师的专业发展与深度学习——如教师职业的自我实现、建构与支持高质量教学工作——能够有效地支持学生的深度学习。

① Cynthia Luna Scott, The Futures of Learning 2: What Kind of Learning for the 21st Century?, https://unesdoc.unesco.org/ark:/48223/pf0000243126_eng.

3. 自我醒觉作为深度学习评价的重要维度

人是唯一具有自否定能力的生命体，而自否定的内在同一性指向学习者具有自我意识的能动性。学习的产生正是人的自我意识的结果，正是由于学习者利用自我意识审视自身认识的局限产生了不安于现状的超越性欲求，学习才得以产生。可以说，这是学习深层的与原发性的内部动机，只有学习者自身产生这种自否定的欲求与勇气，深度学习才有可能产生，深度学习必须是学习者的主动的、积极参与的学习。自否定的动态发展性决定了深度学习是无终结的、持续性的学习过程。深度学习不以某些知识与技能等外显性结果的掌握为终结，其原因在于学习的本质指向的是人的发展，而人的发展是没有终点的，人具有自否定特性。因此，自我觉知与自我反思是衡量深度学习发生的核心标准，而自我觉知下学习主体发展的增值性是衡量深度学习之“深”的重要方法，因此，在实践层面，需要将自我醒觉与自我反思在学习过程中外显化并作为深度学习评价的重要方法与关键环节。

将学习者的自我认知作为评价的重要维度，以形成反思性的自我意识、养成不断进行前提性批判的思维习惯，作为深度学习评估的重要标准。学习者的自我反思通常以一种隐性的形式存在，难以被观察与测量，但其却是个体进行自否定的重要途径，是深度学习重要的评估标准。因此，在学习过程中要尽力使学习者产生自我觉知并促使其外显化，将隐性、模糊、抽象的自否定外化为具体的表征。第一，通过思维模型的建立促使学习者的思维过程外显化，教师通过引导学习者对自己的思维过程进行回溯，将隐性的思维发展过程以框架或导图的形式呈现出来，将抽象的思维过程具象化，推动学习者的自我反思。第二，通过教授给学习者元认知技能使学习者形成自我反思的合理化范式。“元认知过程实际上就是指导、调节我们的认知过程，选择有效认知策略的控制执行过程。其实质是人对认知活动的自我意识和自我控制。”[①] 教师要教授学习者促进自我意识发展的元认知技能，如自我观察、自定义务、自我监督、自我命令、自我分析等方法，让学习者通过掌握这些技能，审视自己在思维过程中的三个重要因素：思维程序——思考问题的步骤是否合理，思维条件——是否具有恰当运用思维的问题条件，陈述性知识——是否掌握正确思维的知识基础。第三，在教学中通过反思日志、自我描述等外显的具体途径引导学习者对自身的观点进行客观的评价与归因，并在此基础上提出改进的计划与新的方案，使否定之否定不局限于结果，而是作为不断向新的事物进化的开端，以实现创造性与超越性的目标。

① 董奇：《论元认知》，《北京师范大学学报》1989 年第 1 期。

第五章　对深度学习的反思与展望

基于自否定的深度学习从时空上是基于历史维度、现实维度与未来维度所建构的学习形态，从主体上将作为个体的人与类存在的人的学习为研究对象，从内容上以整全的人的全部认知、情感与互动为学习的内容，从目的上以主体人与客体世界的发展与超越为学习的目的。前述四章论证了自否定作为学习的前提逻辑的合理性，并为教育的现实以及未来提出了基于自否定的深度学习形态的实践指向，这是在基于对过往及现实学习的事实考察与临近未来的前瞻性的张力平衡中提出的，旨在为不确定的遥远未来可能的学习形态锚定一个明确的、坚实的起点。“人类生活的每一刻承负着对于过去的觉醒和对于未来的参与”①，以对历史、现实学习的考察为根基，以基于自否定的深度学习理论为锚点，本章从对未来教育与学习的深切关怀与憧憬出发，构思与展望了后人类时代②下学习形态可能的发展与转向，并对基于自否定的深度学习在未来的发展与价值做出积极预测。

---

① 〔德〕马克斯·韦伯：《社会科学方法论》，韩水法、莫茜译，商务印书馆，2017，第 vi 页。

② 自 20 世纪 80 年代开始，唐娜·哈拉维（Donna Haraway）的《赛博格宣言》、凯瑟琳·海勒（Katherine Hayles）的《我们何以成为后人类》、罗西·布拉伊多蒂（Rosi Braidotti）的《后人类》等论文与著作的产生标志着早期在人类演化理论中的“后人类”（post-human）逐渐成为各领域中的重要学术话语，“post-human”中连字符所代表的人类“后人类化”的延续性与过程性逐渐走向了存在形态，即“posthuman”，众多研究者认为后人类逐渐成了作为类存在的人的新的演化形态。

一　基于自否定的深度学习是未来学习变革的锚点

学习是一种历史的活动、存在的现象、实践的过程，是一种作为主体的人类社会实践的客观性的物质活动。以历史的时间维度为切片，封建社会的学习是主体无自觉、目的未明确、方法非科学、内容经验性的，其培养的是等级社会下缺乏个人意志与自主思想的驯服的人；在近代工业社会，学习的主体关注对理性的探求，理性主义与科学主体主导学习，其培养的或是秉承理性与科学精神的统治阶级精英，或是工业社会掌握基本生产技能的劳动力；在晚期现代社会的制度、技术发展下，集体意义的消解使主体转向对自身的探求，由此出现个体的自反性或自传性，学习体现出更多的自我属性，学习的动力机制不再主要依赖于外力，而是更多从自否定中寻求长久的、持续的、充足的动力。在每一个时代，构筑新的学习形态涉及的基本问题都包括：为何学？怎样学？学什么？在哪儿学与何时学？基于自否定的深度学习能够对现代以及未来学习的基本问题做出合理化的回答。

为何学？广义的学习具有长久的历史，甚至能够追溯到人类的产生。学习的发生与人的生存，甚至与人更好的生存相关联，只有当学习与人的生命相联结，且人能够对此产生自我醒觉，学习才能够长久、持续发生，学习才能以一种存在主义的形态浸润于人的生命历程中。而自否定是学习与生命的联结点，使主体能够自觉到学习的生命价值，实现对自我存在的发展与超越，由于自否定作为根源的动因，学习的形态与价值能够随着生命价值的发展与超越而更迭、持续。

怎样学？学习的形态从教授主义的知识传递与复制发展到学习者的内在的能力、素养的培养再到整全的人的认知、动机与互动多维度的形成，不断向内化、动态化、整全化方向发展。学习主体在与世界的联结中经历肯定、否定、否定之否定的发展过程，以此实现自身的整全发展与对客体对象的改造。学习的过程以自否定为逻辑发展规律，这一规律是持续化的、动态化的，指向整全的人与未来的教育变革方向。

学什么？在传统的教育体制下，学习的内容是外部经验，知识由外向内再向外的传递、复制、应用，其目的在于实现人类文化的传承与社会所需劳动力能力的培养。在以信息技术为主导的第三次科技革命来临之前，这种传统的学习循环的时间跨度是很长的，知识所能够应用的范畴是较广的，劳动力所依赖的知识、能力是较为固定的。当信息社会到来，技术所波及、取代的职业远远超过先前，在可预见的未来越来越多的知识、能力将会被计算机、人工智能等技术所取代。因此，在学什么的问题上，应更加关注人所特有的机器所不能取代的知识、能力、素养，且这些知识、能力、素养应是动态的、发展性的、可生成的。基于此，自否定作为人与机器的奇点，是未来教育选择学习内容的准则，要求学习者能够自觉到学习对象的价值，并随着时代发展、社会要求与自我实现的需要通过自否定不断更新、发展自身与学习内容。

在哪学与何时学？这涉及学习的时空与环境问题。传统教育中学习集中在现实空间中，并以物理空间中的学校作为主要的学习机构，一个个胶囊式教室、课程表将学习者的时间与空间分割，学习的时空与环境是被规定的，这种方式保证了学习的有序性、效率性与统一性，但忽视了学习的开放性、灵活性、整体性与个性。基于自否定的深度学习则将学习作为一种存在主义现象置于学习者的生命历程中，以自否定为前提与内生机制的学习是不拘泥于学习的时空与环境的，其主体性的内发因素推动了学习的产生与发展，因此，在学习者主体与客体世界的联结、互动中，学习随时随地发生。基于此，在未来的教育与学习变革中，基于自否定的深度学习不仅仅着眼于某一课程内容的深度理解，也不会终结于学校教育的完结，而是在唤醒学习者的自否定意识后，使学习持续终身。不仅如此，基于自否定的深度学习不仅指向个体学习生涯，还以历史为本体指向类的学习历程，学习所带来的人类的经验、知识与文化的积淀也以自否定为规律于人类的生命发展之中绵延。

综上，基于自否定的深度学习既区别于传统的教授主义学习方式，在学习的基本问题上给出了具有操作性、可行性的答案，又为未来的不确定的教育变革确定了锚点，即基于人这一学习的主体，自否定成为学习的前提、动力与核心机制，未来学习形态的变革应在前瞻性与可行性的张力之中寻求平衡。

二　后人类时代学习的持守与转向

在对于未来的预测纷杂话语中，“后人类”这一主题成了重要研究趋势。后人类时代是智能技术与生物技术高速发展下可能到达的时代，是从自然的人类文明进入技术作为统治力量的“类人文明”的新时代，在这一时代下，“人类世”进入“后人类世”，人不再是唯一拥有智能的主体。因此，在教育中，传统的自然人、理性人的概念可能被后人类所取代，学习中的主体也不再被传统的人类教师、学生所垄断，新的主体已经在现有的学习中初见雏形。

（一）深度学习作为人与非人类的交互实践

在后人类时代下，人工智能的飞速发展意味着“人的形式——包括人的欲望及其一切外显形式——都将经历巨变并得到重新审视。我们需要知道，随着人类主义（humanism）将自己变形为某种我们无奈地称之为后人类主义（posthumanism）的东西，历时500年的人类主义或许已走到终点"[①]。在这一境况下，学生在课堂上所获得的知识远远不及知识的迭代更新速度，也不足以应对加速变化的世界。学习不再是专属于人的活动，人工智能以远超于人的学习能力和速度不断挤压着人类的就业市场，后人类状况对教育与学习提出了挑战：如果在未来我们将成为"无用阶级"，教育和学习对我们意味着什么？[②] 因此，在后人类状况下，学习可能走向两个截然不同的方向，走向式微或是终身学习。

1. 学习主体形态的人机交融

后人类时代最为显著的特征便是人与机器的交互甚至融合，非人的机器不仅仅以工具、客体的形式而存在，而是越来越多地作为目的、主体乃至本体的一部分，尽管后人类主义的思想浪潮在相对保守的教育观念领域中的影响相对微弱，但技术带来的进步便捷现实地影响并推动了教育实践变革，因此对教育的主体、对象等本体性问题形成了冲击与挑战。

在后人类时代，一个重要的特征便是人的"机器化"与机器的"人化"，而这一特征在学习领域已初见端倪。例如，智能设备作为一种可外接的具有丰富资料储备与强大功能的"外脑"随时在学生的学习过程中发挥作用，如即刻的知识检索、迅速的虚拟教师讲解、具有针对性的人工智能互动，这一"外脑"在内容储备、反应速度与个性化教学上超越了真实环境下的教师，也超越了自然人的"本脑"。而随着技术的发展，这种"外脑"可能以更加内在、透明的形式存在，如将芯片植入学习者的身体内部，与人脑进行连接与交互，由此信息能够在不同的物质机体（人工智能为硅基机体，人为碳基机体）中流

---

① Ihab Hassan, "Prometheus as Performer: Toward a Posthumanist Culture," *The Georgia Review* 31 (1977): 843.

② 吴冠军：《后人类状况与中国教育实践：教育终结抑或终身教育？——人工智能时代的教育哲学思考》，《华东师范大学学报》（教育科学版）2019 年第 1 期。

动，“智力”变成了一种正式的符号操作性概念，而不是人类生活世界的设定。[1] 在这种情况下，教育中的人被“机器化”了，且这种“机器化”是人的进化意志所追求的，由此，学习者的生命形态被重新定义，他不再是自然人，而是人与机器的融合。因此，学习者的自我认同受到挑战，“外脑”所储备的知识与功能能否被接纳为受教育者的本体知识与能力？在“外脑”的技术演化之下，人的“本脑”是否会沦为可有可无的“外脑”？教育的对象——自然人——是否会沦为人工智能所替代的存在？教学过程也被机器化为嵌入和执行社会技术关系的物质符号组合，通过各种有机体、技术、自然和文本材料之间的连接和相互作用来执行。[2]

机器的“人化”导致学习主体不再局限于人。在技术层面，机器人在功能上开始具备自我意识与自主学习能力[3]，在现实中机器不仅能够通过深度学习与人类棋手对战并获得胜利，在艺术创造活动，如诗歌创作上机器所创作的诗歌与人类作者也难分轩轾，而从伦理与权利层面上，类人机器人索菲亚被授予了公民身份并被聘请为人类历史上首位 AI 教师。机器的“人化”从伦理上对教育的主体界定提出了挑战，是否能够将机器作为教育的重要主体之一，若将机器作为教育的主体，其与作为教育者与受教育者的人的分界需要被进一步明晰，即机器与人在职能上如何分界，在哪些教育实践活动中机器作为手段、工具、客体，而在哪些教育实践中作为与人交互的活动主体而发挥作用，机器难以获得自否定所生发的反思能力、创造能力与超越能

---

① 〔澳〕迈文·伯德：《远距传物、电子人和后人类的意识形态》，载曹荣湘选编《后人类文化》，上海三联书店，2004，第 121 页。

② N. Gough, “RhizomANTically Becoming-Cyborg: Performing Posthuman Pedagogies,” *Educational Philosophy and Theory* 36 (2004): 253 – 265.

③ 美国哥伦比亚大学研发出了首次展现出“自我意识”的机器人。清华大学施路平团队已经构建出了类似人脑神经元的人工智能芯片回路，可以让机器人最大限度地模拟与人类相似的思考方式，像人一般自行思考，自主解决问题。

力，这决定着人作为教育与学习的主体永远不能被机器学习所替代。此外，机器对人的模拟与超越造成了人在学习上的自我认同焦虑，作为被造物的机器出自人手，但又取代着人。人类在知识储备、学习效率上逊于机器时，未来后人类时代深度学习的意义与价值更应聚焦于人类对自身的认知与对自我的构筑之上，发展人类独有的反思能力、创造能力与超越能力，在自我叙述、自我批判、自我预期与自我超越的过程中塑造新的个体与人类社会。因此，基于自否定的深度学习在后人类时代依然保有其生机，是在未来赋予人类学习独特性与价值性的关窍所在。

2. 深度学习走向人与非人类交互触动下的实践

后人类时代的到来意味着人不能再将自己视为宇宙的中心，而在教育中，人类中心主义的框架也将被改写。在过去，教育与学习一直被认为是“属人”的事业，而教育中作为物的他者被看作实现人类学习的背景、工具或手段。但在后人类时代，人工智能进入教育场域之中，并逐渐从手段、工具与客体发展为教育实践中的目的、主体与实在。一方面，人机混合的技术形态在后人类时代将成为教育领域尤其是学习的常态。但另一方面，人机融混在为教育赋能的同时对教育的主体性、对象性提出了挑战，潜藏着人与机器异位的危险。因此，拉图尔（Bruno Latour）提出了“行动者—网络”[①]，学习不再囿于实体化的“学校”等机构，而是通过网络状结构的建立，容纳各种人类与非人类的教育者与学习者，并时时与网络产生深度互动，人与人工智能均作为深度学习的主体而存在，并实现知识的创制。在这一形式下，学习者通过与其他人或物的交互、触动，实现自我构建与自我更新，不仅是“每一个‘个体’都是其他人、其他物互相构建而成、并

① Bruno Latour, *Reassembling the Social: An Introduction to Actor-Network-Theory* (Oxford: Oxford Press, 2005).

不断变化更新的"[①]，学习的客体也作为网络中的"行动者"实现着自我否定与自我发展，如"一个教科书或文章能够跨过巨大的空间与时间而流通，聚集同盟、塑造思想与行动，并因此创造新的网络"[②]。因此，在后人类时代，基于自否定的深度学习的实现寄于人类与非人类交互触动下形成的"行动者—网络"之中，在这一情况下，自否定所发生的主体不再是单一的个体，深度学习中"自我进步""自我否定""自我更新"的"自我"成了无数行动者组成的聚合体。

（二）自否定作为人与机器学习的"奇点"

在人工智能急速发展的背景下，机器人难以突破的边界在于：一是人类心思的奇异性/创造性，即自然人类所具有的创造奇异和神秘的能力；二是未来性/可能性，即自然人类具有指向未来的大尺度筹划能力。[③] 人与机器的奇点在于人的否定性，即人能够突破确定性而产生不顺从，在"合规律性"与"合目的性"的统一中实现创造。

在未来，技术的高度发展可能带来全新的技术理性的宰制，它要求尽可能排除具有偶然性的人的因素，构建人与机器肯定性统一的关系。生物技术的发展推进了人的机器化，力图使人的身体超越自然性、生物性、偶然性，通过人工改造实现对人的生物数据的掌控与主宰。人工智能技术与人机互联技术的发展则力图从内到外使人的灵魂数据化，使算法成为解释和认识人与世界的基本法则与思维方式。因此，在后人类时代的未来图景中，自然人成了一种稀少的偶然，而后人类则是人造的，被数据化、算法所制定的，后人类的存在、认识与行为被设定，成了一种确定性的存在。在这种图景下，教育中的创造

---

① 吴冠军：《后人类状况与中国教育实践：教育终结抑或终身教育？——人工智能时代的教育哲学思考》，《华东师范大学学报》（教育科学版）2019 年第 1 期。

② Tara Fenwick, E. Richard, *Researching Education through Actor-Network Theory* (Chichester: Wiley-Blackwell, 2012), pp. xiii – xvi.

③ 孙周兴：《人类世的哲学》，商务印书馆，2020，第 285 页。

可能越来越少地由人来完成，人文传统中非理性的灵感与顿悟都将较难发生。因此，在后人类时代，在技术统治可能替代政治统治的时代下[①]，人何以不被技术所规定，研究者们纷纷诉诸艺术、人文科学的抵抗力量，其原因在于其本质所内含的“自行遮蔽之澄清”[②] 的自否定力量，以期通过艺术、哲学、文化中否定、批判与超越的因素来摆脱技术对人的规定。但单纯的艺术与文化的精神性力量是不足够的，挣脱技术统治的重要途径之一仍是具有普遍性、强制性、内在性的学习活动，只有通过学习这一人类普遍的生命实践活动唤醒人的否定性向度，才能摆脱人的被规定性，发掘人类开启无限可能性的潜能。

后人类时代人的认知内容同质化、环境的封闭化可能会导致我们进入一个丧失思维能力、无差异重复和绵延不断的忧郁时代。[③] 后人类时代技术所带来的“脱域”仿佛给予人类脱离时间与空间限制的自由，瞬时的信息传导与无阈限的虚拟世界仿佛为人类构建了理想化的精神世界，能够从最高程度上给予人创造性活动的文化环境与技术支持，但这一设想是过分理想化的。首先，技术作为一种新型的资本载体，在一定程度上难以避免资本的逐利性，[④] 而在大数据、自动化技术的掩盖之下，人的兴趣、需要与偏好在无意识下可能被资本主导下的数据所包围、引导甚至塑造，技术发展给人们带来的自我优越感使人自以为掌握了更加丰富、全面的信息，但实际可能被围困于“信息茧房”之中，一叶障目，从而迷失于资本所构造的虚拟世界中。基于自否定的深度学习关注于培养人的否定思维与批判精神，是不断追求真理、发现真理、探索真理的过程，其进化性的知识观决定着人在学

---

① 孙周兴：《人类世的哲学》，商务印书馆，2020，第 146 页。

② 〔德〕马丁·海德格尔：《哲学论稿（从本有而来）》，孙周兴译，商务印书馆，2012，第 368 页。

③ Rosi Braidotti，*The Posthuman*（Cambridge：Polity Press，2013），p. 5.

④ 张敬威、于伟：《从“经济人”走向“教育人”——论“教育人”的实践逻辑》，《教育与经济》2021 年第 3 期。

习过程中实现对观点的明辨，对知识的验证与对创造的永恒追求，这是人类独特能力的彰显，也是人之为人的关键所在。

在后人类时代，人类发展的可能图景是，常人的存在形态与创造者（精英）的存在形态两极化区隔显著。在技术支配下，“常人”形态是个体被极端普遍化，因而极端虚空化，个体成为虚拟空间中一个无所不在的先验形式因子，也正因这种普遍主义的同一化进程，个体被淹没于虚无，[①] 常人在技术、媒介与信息的交换中“娱乐至死”。而少数作为技术创造者的精英掌握了文化、政治、经济等多个领域的绝对控制权，从而对于教育应培养何种创造者提出了挑战，对于“培养什么人”这一问题的定位不清容易导致常人与精英的区隔性加强，不平等问题愈加突出，进而导致社会群体的创造能力极端化。基于自否定的深度学习所期望培养的是具有批判精神、创造能力、适应性能力、合作精神的未来社会的实践者与建设者，因此其指向的绝非沉溺于技术、“娱乐至死”的常人，其对于“培养什么人”这一问题的理性回应未来仍是具有价值与生命力的。

后人类时代生物技术的发展，尤其是基因技术无节制的发展可能带来人的确定性发展的隐忧，从而可能导致人类群体创造性的终结。基于自否定的学习是一种人的“自然—文化”的完善过程，指向人的自我发展、自我超越，其指向是不确定的，是充满偶然性的，因此为创造迸发提供了充分的空间与机会，而基因干预则在自然人发展的生物要素上加码，从而挤轧了人的后天发展的习得性因素，甚至基因干预与生物技术对人的改造可能造就一批“完美的”、相似的、确定的人，因此，未来以自否定为前提的学习应作为人类实现创造性发展的重要实践活动。正如齐泽克所说：“一个完美的人类，就不再是人。……在成为完美的人上的这份失败，恰恰触发了我们称作‘文化创造性’

① 孙周兴：《人类世的哲学》，商务印书馆，2020，第89页。

的东西，亦即，这份失败把我们推向持续不断的自我超越。换言之，在后人类视角中，人性的解放，转变成了从人性那里解放出去，从仅仅成为人的诸种限制中解放出去。”①

（三）后人类时代下深度学习的持守与转向

在后人类时代，深度学习的核心在于探求人与机器主体性的“奇点”，从而实现对“学以成人”的坚守。也许人类难以拥有智能机器近乎无限的数据处理能力，但拥有机器所不具备的是自否定的能力。这一能力代表着主体意识的反思能力，意味着主体能够自由、灵活地调控自我，比如搁置矛盾、修改规则、改造对象以实现行为的合理与合法。具备了自否定的能力，人类的意识便可始终处于创造性的状态。因此，人的意识世界是永远开放的状态，也是永无定论的状态，也正是这一状态保证人类的绵延不息。

因此，在后人类时代的学习中，自否定决定人应作为重要的学习对象与研究客体。第一，人的具体存在是由生命、劳动和语言所决定的，而在后人类时代，生物技术、人工智能对人类的“替代”可能使人的本质存在条件发生改变，因此，对构成性主体的人的研究是未来学习的主要任务。“学会做人”仍是后人类时代学习的重要目标。在摒除“人类世”可能存在的“人类中心主义”取向的同时，需要在学习中对人的独特性与人类学习的独特价值进行确证与彰显，必须将人的自我认知、自我关心、自我治理、自我批判的能力作为重要的学习内容，以保证在人机交互甚至融合的形态下人能够不被技术所奴役，通过深度学习保持主体的理性与自我意志。

第二，后人类时代的认识论的重要威胁在于伴随着理性与科学的膨胀而来的人类经验的枯竭。后人类时代技术的发展可能改变限制人

① Slavoj Žižek, *Disparities* (London: Bloomsbury, 2016), pp. 28 - 29.

类知识的因素——时空形式与范畴框架，因此，在学习中，即使某些认识过程能够被技术所替代，但涉及人的想象能力与抽象能力的认识过程是不能被替代与省略的。教育必须提供给教育者真正的经验内容，其首先应是具身的，即通过人的真实身体来感知，而非通过传感器；其次应是多元主体互联的，关涉人与机器、人与他者、人与自身的多重关系，构建多点、互联、真实的聚合性关系网络；最后应是过程性的，通过协同虚拟世界与现实世界的关联性确保学习者认识世界的路途与景深，使主体的经验具有感受性、文化性与凝厚性。

第三，后人类时代，深度学习的发生是人类与非人类交互触动下的实践，我们在建立“行动者—网络”的同时必须从本体论上明晰人与机器的主体关系，制定人机的交互原则。在接纳“人—机器”作为教育实践中重要互动关系之一的同时必须保证教育以人为目的的基本原则。后人类主义所倡导的去人类中心化倾向在教育中需要被警惕，防止其导向人类虚无主义，人类应掌控技术在教育中的应用范畴，并划定技术的应用的功能底线与伦理底线。一方面，学习中的某些主体性体验是不能也不应被机器所替代的，如人的认知能力、情感体验等必须通过具身的形式得以发展，“人的记忆力、读写算这些基础性能力不应因智能工具的发展而受到冷落，不能因智能工具运用降低人的视力、弱化人的体魄，不能让计算思维代替人的文化想象力，不能因为智慧课堂的普及减少人类生活中的自然风光、文化符号、诗歌和吟唱”①。另一方面，从伦理上，对人的权利、天性与尊严的保护与尊重是接纳“非人”主体进入教育领域的前提与底线，参照艾萨克·阿西莫夫所制定的“机器人三定律”，学习也需要对人与技术的互动提出底线性的定律与原则以在伦理上保证人的主体性、自由性、批判

① 张务农、贾保先：《“人”与“非人”——智慧课堂中人的主体性考察》，《电化教育研究》2020年第1期。

性与独立性。

第四，后人类时代的教学需要警惕隐藏在技术因素下的权力意志的影响。后人类时代“数字资本主义”可能随着虚拟空间与万物互联的发展而持续扩张，由于逐利性资本必然企图侵袭教育与学习领域。因此，在学习中关注主体的否定性与批判性是教育反抗未来新型的数字资本操控的重要方式。一方面，教育作为一种公益性事业，需要对技术发展下教育形式与内容进行法律与政策上的规定，防止教育被资本意志所裹挟与操纵；另一方面，教育的重要培养目标是唤醒与培养人的否定性，即“能对获准作用于我们身上的知识和权力进行永恒挑衅”[①]，在否定与自否定中实现人类永恒的创造与超越[②]。

三　未来深度学习的指向

在未来，自否定是不同时代主题下人进行学习活动的重要驱动力量，质疑、批判、反思、超越等是任何学习主体、环境、形态下都必须关注的核心培养要素。

第一，后人类时代主体的变革决定了学习的主体性及权力的变革。在未来，教育者难以借助对知识的垄断建立其权威，教育者与学习者更多以伙伴形式进行合作学习，而智能机器作为辅助的主体也参与到学习过程中。这一学习过程也不再借助外在的强力而实现，而是以自否定的内驱动力激发主体性，教育者与学习者都是以自否定为驱动的终身学习者。因此，无论在何种图景中，无论学校教育是否存续、以何种标准衡量教学人员资格，教育权力如何分类，学习活动都仍能够持续，其主体性原因在于人的自否定所决定的内驱性与自主

① 莫伟民：《主体的命运》，上海三联书店，1996，第165页。
② 莫伟民：《主体的命运》，上海三联书店，1996，第165页。

性，教育的关键在于为学习者提供学习的外在条件保障。

第二，在未来，知识获取途径是多样的。可以设想，在大数据、物联网与人工智能高度发展的未来，固定化的知识几乎不再与学习的时长、经验的积淀、学历的高低成正比，当知识能够在数据库中随意搜索与抓取到时，固定化的知识便不再成为学习的主要内容。取而代之的是机器所不能及的人所特有的适应性能力、结构性素养以及发展性动态知识。这些能力、素养、知识的共同点在于动态性与发展性，即它们是在人所制定的实践规则下进行创造、增长与超越的，尤其是涉及价值、审美与权力层面的学习内容，它们的规则是人工智能所不能理解也不应触及的。从当前的技术实践例子中也能够发现，尽管人工智能能够通过庞大的数据库构造出诗歌，但这一行为难以被称为创作，而仅仅是遵循人类诗歌审美规则的词语堆叠，而不涉及美的价值判断与情感的抒发。因此，未来时代的学习形态应持守人的知识“净土”，其深层的目的在于人在未来技术统治下保有一种“抵抗的力量”，“能对获准作用于我们身上的知识和权力进行永恒挑衅”①，能够在技术工业普遍宰制把人带入一种普遍同一化与同质化机制中，保卫个体自我、反思自我的生命意义。未来，个体需要在学习中唤醒、激发、培育人的自否定性，以实现“忠实于大地”② 进而成就自己。

第三，在未来，技术将被预想为学习的重要因素充分发挥其潜能。而技术潜能之构想与其现实功能则存在一种强烈的紧张关系。技术在历史中便承载众望，人们设想通过技术改进在校教学和学习，甚至构想以此完全摒弃学校教育。例如，早在 20 世纪二三十年代，一些人便设想将广播和电视作为教育的一种主流方式，③ 计算机和互联

① 莫伟民：《主体的命运》，上海三联书店，1996，第 165 页。

② 尼采语，主要指未来的“超人”需要对人的自然性进行保留。

③ M. Novak, Predictions for Educational TV in the 1930s, https://www.smithsonianmag.com/history/predictions-for-educational-tv-in-the-1930s-107574983/.

网也被期望用于解决一系列教育问题，特别是以此实现个性化学习来改变僵化和标准化的教学模式。然而，迄今为止有关技术能够有效改变教与学的证据还不充分。[①] 技术本身并没有促进学习，其中一个重要原因是当下的技术倾向于强化而不是重构现有的教学方法，另一个原因是，技术通常是基于开发人员和市场理念而设计的，与教育和教学目标以及学习科学研究关联性不强。[②] 在教育中，技术使能的一端是将技术作为增加学习者体验的工具来促进教授主义式的知识获取过程，或仅仅通过技术减少教师的工作量，这种技术是为现有的教师授课制加成。而另一端是充分发挥技术的潜力，以越来越智能的算法和教育数据挖掘技术潜能，为所有学习者提供几乎无限的教学策略以指导和支持他们的学习。在未来教育中，需处理好技术在教育变革中的价值与功用，充分发挥技术对学习的促进作用，而非形式化的作用。另外，我们也不得不预想技术于学习中的另一个极端情况，即技术宰制的问题。即技术成为“作为教导员的机械”，它通过自身教导人群，实现教导集中化的用场。换言之，便是把一切事物和人类都简化为一个统一性，即一个为了大地统治地位而进行的对权力之本质的无条件的赋权过程的统一性。[③] 为了充分发挥技术潜能而由规避技术集中化的宰制，主体需要通过自否定的学习构建一种警惕、质疑与批判的反射能力，确立自我认同、反思、确定性的信仰，以避免“末人”被技术化、被齐一化和被同质化的受支配过程。

第四，在未来，深度学习是否必需，其价值彰显于何处？在历史上，学习的发生是人类群体为维持生存延续而形成的一种实践活动，并积淀在个体心灵之中，它在个体与类的发展中以自否定为重要特

---

① M. Escueta et al., Education Technology: An Evidence-Based Review, https://www.nber.org/papers/w23744.

② OECD, A Brave New World: Technology and Education, https://www.oecd.org/education/ceri/Spotlight-15-A-Brave-New-World-Technology-and-Education.pdf.

③ 孙周兴：《人类世的哲学》，商务印书馆，2020，第310页。

征，以此实现主体的发展与超越。因此，在学习过程中，自否定渗透于主体的认知、情感、互动之中，浸润于个体与类的生长、培育与延续之中，绵延于人的生命历程之中，因此它是历史积淀下的、生命实践中的共同性原则。在未来，深度学习的价值若以自否定为内核，便能够与个体的生命以及人类总体的生存延续相关联，学习将会成为人类所必需的生命实践活动，自否定作为未来学习的支点，也是通过教育使人成为人的关键力量之所在。

参考文献

一　中文文献

1. 著作

〔德〕阿多尔诺：《否定辩证法》，王凤才译，商务印书馆，2019。

〔美〕阿瑟·S. 雷伯：《心理学词典》，李伯黍等译，上海译文出版社，1996。

《爱因斯坦文集》（第一卷），许良英等译，商务印书馆，1976。

〔美〕安东尼奥·R. 达马西奥：《笛卡尔的错误：情绪、推理和人脑》，毛彩凤译，教育科学出版社，2007。

〔英〕安东尼·吉登斯：《现代性与自我认同：现代晚期的自我与社会》，赵旭东、方文译，生活·读书·新知三联书店，1998。

〔法〕安德烈·焦尔当：《学习的本质》，杭零译，华东师范大学出版社，2015。

〔美〕B. R. 赫根汉、马修·H. 奥尔森：《学习理论导论》（第七版），郭本禹等译，上海教育出版社，2011。

〔法〕保罗·维利里奥：《解放的速度》，陆元昶译，江苏人民出版社，2004。

〔英〕彼得·贾维斯：《成人教育与终身学习的理论与实践》，上海高教电子音像出版社，2014。

《柏拉图全集》（第2卷），王晓朝译，人民出版社，2003。

曹荣湘选编《后人类文化》，上海三联书店，2004。
陈海虹等主编《机器学习原理及应用》，电子科技大学出版社，2017。
陈向明：《教育研究方法》，教育科学出版社，2013。
〔美〕D. A. 库伯：《体验学习——让体验成为学习和发展的源泉》，王灿明、朱水萍等译，华东师范大学出版社，2008。
〔澳〕大卫·N. 阿斯平：《哲学视角下的终身学习》，周芳、刘俊玮、毛艳译，北京师范大学出版社，2016。
〔美〕戴维·H. 乔纳森、苏珊·M. 兰德主编《学习环境的理论基础》，徐世猛、李洁、周小勇译，华东师范大学出版社，2015。
〔美〕戴维·巴斯：《进化心理学：心理的新科学》，张勇、蒋柯译，商务印书馆，2015。
邓晓芒：《思辨的张力——黑格尔辩证法新探》，商务印书馆，2016。
邓晓芒：《哲学史方法论十四讲》，生活·读书·新知三联书店，2019。
〔美〕Eric Jensen、LeAnn Nickelsen：《深度学习的7种有力策略》，温暖译，华东师范大学出版社，2010。
〔智〕F. 瓦雷拉、〔加〕E. 汤普森、〔美〕E. 罗施：《具身心智：认知科学和人类经验》，李恒威等译，浙江大学出版社，2010。
范晔：《后汉书》，中华书局，2012。
方富熹、方格：《儿童发展心理学》，人民教育出版社，2004。
房玄龄等：《晋书》，中华书局，1974。
〔德〕费希特：《全部知识学的基础》，王玖兴译，商务印书馆，1986。
冯建军：《当代主体教育论》，江苏教育出版社，2001。
冯友兰：《理想人生：冯友兰随笔》，北京大学出版社，2007。
〔美〕弗兰肯：《人类动机》，郭本禹等译，陕西师范大学出版社，2005。
〔美〕G. S. 基尔克、J. E. 拉文、M. 斯科菲尔德：《前苏格拉底哲学家——原文精选的批评史》，聂敏里译，华东师范大学出版社，2014。

高清海：《面向未来的马克思》，中央编译出版社，2018。

《高清海哲学文存》（第一卷），吉林人民出版社，1999。

〔德〕海德格尔：《存在与时间》（中文修订第二版），陈嘉映、王庆节译，商务印书馆，2018。

〔德〕汉纳·杜蒙、〔英〕戴维·艾斯坦斯、〔法〕弗朗西斯科·贝纳维德主编《学习的本质：以研究启迪实践》，杨刚等译，教育科学出版社，2020。

〔美〕赫伯特·马尔库塞：《单向度的人：发达工业社会意识形态研究》，刘继译，上海译文出版社，2008。

《黑格尔说否定与自由》，王运豪编译，华中科技大学出版社，2017。

〔德〕黑格尔：《精神现象学》，先刚译，人民出版社，2013。

〔德〕黑格尔：《逻辑学》（上卷），杨一之译，商务印书馆，1966。

〔德〕黑格尔：《逻辑学》（下卷），杨一之译，商务印书馆，1976。

〔德〕黑格尔：《小逻辑》，贺麟译，商务印书馆，1980。

〔德〕黑格尔：《哲学史讲演录》（第二卷），贺麟、王太庆等译，上海人民出版社，2013。

〔德〕黑格尔：《哲学史讲演录》（第四卷），贺麟、王太庆等译，上海人民出版社，2013。

〔法〕亨利·柏格森：《创造进化论》，肖聿译，译林出版社，2011。

〔德〕胡塞尔：《经验与判断》，李幼蒸译，中国人民大学出版社，2019。

〔美〕华生：《行为主义》，李维译，北京大学出版社，2012。

〔英〕怀特海：《过程与实在——宇宙论研究》，李步楼译，商务印书馆，2011。

黄济：《教育哲学初稿》，北京师范大学出版社，1982。

黄孝平：《当代机器深度学习方法与应用研究》，电子科技大学出版社，2017。

〔瑞士〕J. 皮亚杰、R. 加西亚：《走向一种意义的逻辑》，李其维译，华东师范大学出版社，2005。

贾馥茗：《教育的本质——什么是真正的教育》，世界图书出版公司，2006。

〔美〕杰夫·科尔文：《不会被机器替代的人：智能时代的生存策略》，俞婷译，中信出版集团，2017。

〔美〕杰伊·麦克泰、哈维·F. 西尔维：《为深度学习而教》，丁旭译，教育科学出版社，2021。

金生鈜：《教育研究的逻辑》，教育科学出版社，2015。

经济合作与发展组织编《理解脑——新的学习科学的诞生》，周加仙等译，教育科学出版社，2014。

荆其诚、傅小兰主编《心·坐标：当代心理学大家》，北京大学出版社，2009。

〔英〕卡尔·波普尔：《猜想与反驳——科学知识的增长》，傅季重等译，上海译文出版社，2005。

〔英〕卡尔·波普尔：《科学发现的逻辑》，查汝强、邱仁宗、万木春译，中国美术学院出版社，2008。

〔英〕卡尔·波普尔：《客观知识——一个进化论的研究》，舒炜光等译，上海译文出版社，1987。

〔德〕康德：《历史理性批判文集》，何兆武译，商务印书馆，1990。

〔英〕康蒲·斯密：《康德〈纯粹理性批判〉解义》，韦卓民译，华中师范大学出版社，2000。

〔美〕科拉·巴格利·马雷特等编著《人是如何学习的Ⅱ：学习者、境脉与文化》，裴新宁、王美、郑太年主译，华东师范大学出版社，2021。

〔英〕克里斯托弗·温奇：《学习的哲学》，丁道勇译，北京师范大学出版社，2021。

〔丹〕克努兹·伊列雷斯：《我们如何学习：全视角学习理论》，孙玫璐译，教育科学出版社，2014。

〔澳〕拉菲尔·A. 卡沃、〔美〕西德尼 K. 德梅洛主编《情感与学习技术的新视角》，黄都译，华东师范大学出版社，2020。

李其维：《破解“智慧胚胎学”之谜——皮亚杰的发生认识论》，湖北教育出版社，2001。

李泽厚：《伦理学纲要续篇》，生活·读书·新知三联书店，2017。

李泽厚：《批判哲学的批判——康德述评》，天津社会科学院出版社，2003。

李泽厚：《人类学历史本体论》，青岛出版社，2016。

〔美〕理查德·J. 沙沃森、丽莎·汤编《教育的科学研究》，曹晓南、程宝燕、刘莉萍等译，教育科学出版社，2019。

〔美〕理查德·保罗、琳达·埃尔德：《批判性思维工具》（原书第3版），侯玉波、姜佟琳等译，机械工业出版社，2013。

刘晓东：《儿童精神哲学》，南京师范大学出版社，1999。

刘月霞、郭华主编《深度学习：走向核心素养》，教育科学出版社，2019。

刘月霞、郭华主编《深度学习：走向核心素养（理论普及读本）》，教育科学出版社，2018。

〔法〕卢梭：《论人与人之间不平等的起因和基础》，李平沤译，商务印书馆，2016。

〔美〕路易斯·P. 波伊曼：《知识论导论（第2版）——我们能知道什么？》，洪汉鼎译，中国人民大学出版社，2008。

〔美〕罗伯特·凯根：《发展的自我》，韦子木译，浙江教育出版社，1999。

〔英〕罗素：《人类的知识——其范围与限度》，张金言译，商务印书馆，1983。

〔美〕洛林·W. 安德森编著《布卢姆教育目标分类学：分类学视野下的学与教及其测评（完整版）》，蒋小平、张琴美、罗晶晶译，外语教学与研究出版社，2009。

〔德〕马丁·海德格尔：《哲学论稿（从本有而来）》，孙周兴译，商务印书馆，2012。

〔德〕马克斯·韦伯：《社会科学方法论》，韩水法、莫茜译，商务印书馆，2017。

〔德〕马克斯·韦伯：《新教伦理与资本主义精神》，于晓、陈维纲等译，生活·读书·新知三联书店，1987。

〔美〕马文·明斯基：《情感机器》，王文革、程玉婷、李小刚译，浙江人民出版社，2016。

〔美〕玛克辛·格林：《学习的风景》，史林译，北京师范大学出版社，2016。

〔英〕迈克尔·奥克肖特：《人文学习之声》，孙磊译，上海译文出版社，2012。

〔法〕米歇尔·福柯：《主体解释学》，余碧平译，上海人民出版社，2018。

〔法〕米歇尔·福柯：《自我技术》，汪民安编，北京大学出版社，2015。

莫雷、张卫等：《学习心理研究》，广东人民出版社，2005。

〔法〕莫里斯·梅洛-庞蒂：《行为的结构》，杨大春、张尧均译，商务印书馆，2005。

莫伟民：《主体的命运》，上海三联书店，1996。

〔英〕尼古拉斯·布宁、余纪元编著《西方哲学英汉对照辞典》，人民出版社，2001。

欧阳康：《哲学研究方法论》，武汉大学出版社，1998。
裴娣娜：《教育研究方法导论》，安徽教育出版社，1995。
彭克宏主编《社会科学大词典》，中国国际广播出版社，1989。
〔瑞士〕皮亚杰：《发生认识论原理》，宪钿等译，商务印书馆，2017。
〔瑞士〕皮亚杰：《关于矛盾的研究》，吴国宏、钱文译，华东师范大学出版社，2005。
〔瑞士〕皮亚杰：《可能性与必然性》，熊哲宏主译，华东师范大学出版社，2005。
〔美〕普莱西、斯金纳、克劳德等：《程序教学和教学机器》，刘范等译，人民教育出版社，1964。
〔英〕Randall Curren 主编《教育哲学指南》，彭正梅等译，华东师范大学出版社，2011。
〔美〕R. 基斯·索耶主编《剑桥学习科学手册》，徐晓东等译，教育科学出版社，2010。
〔法〕让-保尔·萨特：《自我的超越性——一种现象学描述初探》，杜小真译，商务印书馆，2010。
〔法〕萨特：《存在与虚无》（修订译本），陈宣良等译，生活·读书·新知三联书店，2014。
〔美〕塞缪尔·鲍尔斯、赫伯特·金迪斯：《合作的物种：人类的互惠性及其演化》，张弘译，浙江大学出版社，2015。
桑新民主编《学习科学与技术——信息时代大学生学习能力培养》，高等教育出版社，2004。
施良方：《学习论——学习心理学的理论与原理》，人民教育出版社，2000。
〔荷兰〕斯宾诺莎：《伦理学》，贺麟译，商务印书馆，1997。
《斯宾诺莎书信集》，洪汉鼎译，商务印书馆，2017。
宋冰编著《智慧与智能——人工智能遇见中国哲学家》，中信出版社，2020。

孙正聿：《辩证法与现代哲学思维方式》，长春出版社，2019。

孙正聿：《理论思维的前提批判——论辩证法的批判本性》，中国人民大学出版社，2010。

孙周兴：《人类世的哲学》，商务印书馆，2020。

〔美〕唐纳·科克、库尔特·W. 费希尔、杰拉尔丁·道森主编《人类行为、学习和脑发展：典型发展》，宋伟、梁丹丹主译，教育科学出版社，2014。

王夫之：《周易外传》，李一忻点校，九州出版社，2004。

〔美〕威尔弗莱德·维尔·艾克：《否认、否定以及否定力：从弗洛伊德、黑格尔、拉康、斯皮茨和索福克勒斯的视角出发》，刘春媛译，北京航空航天大学出版社，2017。

〔美〕威廉·派纳：《自传、政治与性别：1972—1992 课程理论论文集》，陈雨亭、王红宇译，教育科学出版社，2007。

《维果茨基教育论著选》，余震球译，人民教育出版社，2004。

〔奥〕维特根斯坦：《哲学研究》，陈嘉映译，商务印书馆，2016。

〔德〕乌尔里希·贝克、〔英〕安东尼·吉登斯、〔英〕斯科特·拉什：《自反性现代化：现代社会秩序中的政治、传统与美学》，赵文书译，商务印书馆，2001。

吴汝钧：《西方哲学的知识论》，台湾商务印书馆股份有限公司，2009。

夏甄陶：《人是什么》，商务印书馆，2000。

熊川武：《反思性教学》，华东师范大学出版社，1999。

〔英〕休谟：《人性论》，关文运译，商务印书馆，1996。

〔古希腊〕亚里士多德：《形而上学》，吴寿彭译，商务印书馆，1981。

杨善华、谢立中主编《西方社会学理论》（下卷），北京大学出版社，2006。

〔美〕伊恩·古德费洛、〔加〕约书亚·本吉奥、〔加〕亚伦·库维尔：《深度学习》，赵申剑等译，人民邮电出版社，2017。
〔德〕尤尔根·哈贝马斯：《交往行为理论》（第一卷），曹卫东译，上海人民出版社，2018。
〔以〕尤瓦尔·赫拉利：《人类简史：从动物到上帝》，林俊宏译，中信出版社，2014。
于伟：《率性教育的理论与实践探索》，教育科学出版社，2018。
〔美〕约翰·D. 布兰思福特等编著《人是如何学习的：大脑、心理、经验及学校》（扩展版），程可拉、孙亚玲、王旭卿译，华东师范大学出版社，2013。
〔美〕约翰·R. 塞尔：《意向性——论心灵哲学》，刘叶涛译，上海世纪出版集团，2007。
〔美〕约翰·杜威：《经验与自然》，傅统先译，商务印书馆，2017。
〔美〕约翰·杜威：《我们怎样思维·经验与教育》，姜文闵译，人民教育出版社，2005。
〔丹〕扎哈维：《主体性和自身性：对第一人称视角的探究》，蔡文菁译，上海译文出版社，2008。
张华、石伟平、马庆发：《课程流派研究》，山东教育出版社，2000。
张一兵：《无调式的辩证想象——阿多诺〈否定的辩证法〉的文本学解读》（第二版），江苏人民出版社，2016。
赵汀阳：《第一哲学的支点》，生活·读书·新知三联书店，2017。
赵汀阳：《论可能生活》，中国人民大学出版社，2004。
赵汀阳：《四种分叉六点评论》，华东师范大学出版社，2017。
钟启泉：《深度学习》，华东师范大学出版社，2021。
〔日〕佐藤学：《静悄悄的革命——创造活动的、合作的、反思的综合学习课程》，李季湄译，长春出版社，2003。
〔日〕佐藤学：《学校的挑战：创建学习共同体》，钟启泉译，华东师范大学出版社，2010。

2. 期刊

安富海：《人工智能时代的教学论研究：聚焦深度学习》，《西北师大学报》（社会科学版）2020 年第 5 期。

白倩、冯友梅、沈书生、李艺：《重识与重估：皮亚杰发生建构论及其视野中的学习理论》，《华东师范大学学报》（教育科学版）2020 年第 3 期

卜彩丽、胡富珍、苏晨、沈霞娟：《为深度学习而教：优质教学的内涵、框架与策略》，《现代教育技术》2021 年第 7 期。

陈静静、谈杨：《课堂的困境与变革：从浅表学习到深度学习——基于对中小学生真实学习历程的长期考察》，《教育发展研究》2018 年第 Z2 期。

陈佑清、蔡其全：《关于知识学习对于学生发展作用的三种误解》，《华中师范大学学报》（人文社会科学版）2021 年第 3 期。

程建坤：《智能时代机器取向深度学习：困境与突破》，《课程·教材·教法》2021 年第 5 期。

程良宏：《学生深度参与的课堂学习及其实践路向》，《西北师大学报》（社会科学版）2021 年第 2 期。

迟艳杰：《论教育哲学的研究方法与目的》，《教育学报》2017 年第 2 期。

崔平：《解构“反思”》，《江海学刊》2002 年第 3 期。

崔友兴：《基于核心素养培育的深度学习》，《课程·教材·教法》2019 年第 2 期。

崔允漷：《深度教学的逻辑：超越二元之争，走向整合取径》，《中小学管理》2021 年第 5 期。

邓晓芒：《对自由与必然关系的再考察》，《湖南科技大学学报》（社会科学版）2014 年第 4 期。

邓晓芒：《“自否定”哲学原理》，《江海学刊》1997 年第 4 期。

董奇：《论元认知》，《北京师范大学学报》1989年第1期。

杜建霞、范斯·A. 杜林汤、安东尼·A. 奥林佐克、王茹：《动态在线讨论：交互式学习环境中的深层学习》，《开放教育研究》2006年第4期。

段茂君、郑鸿颖：《基于深度学习的高阶思维培养模型研究》，《现代教育技术》2021年第3期。

段茂君、郑鸿颖：《深度学习：学习科学视阈下的最优整合》，《电化教育研究》2021年第6期。

方运加：《“深度学习”深在哪儿》，《中小学数学》（小学版）2018年第4期。

费多益：《认知视野中的情感依赖与理性、推理》，《中国社会科学》2012年第8期。

冯建军：《教育成“人”：依据与内涵》，《教育研究与实验》2010年第6期。

冯建军：《他者性教育：超越教育的同一性》，《教育研究》2021年第9期。

付亦宁：《深度（层）学习：内涵、流变与展望》，《南京师大学报》（社会科学版）2021年第2期。

高清海：《“人”的双重生命观：种生命与类生命》，《江海学刊》2001年第1期。

高新民：《自我的“困难问题”与模块自我论》，《中国社会科学》2020年第10期。

龚静、侯长林、张新婷：《深度学习的生发逻辑、教学模型与实践路径》，《现代远程教育研究》2020年第5期。

郭华：《如何理解“深度学习”》，《四川师范大学学报》（社会科学版）2020年第1期。

郭华：《深度学习及其意义》，《课程·教材·教法》2016年第11期。

郭元祥：《课堂教学改革的基础与方向——兼论深度教学》，《教育研究与实验》2015年第6期。
郭元祥：《论深度教学：源起、基础与理念》，《教育研究与实验》2017年第3期。
郭元祥：《“深度教学”：指向学科育人的教学改革实验》，《中小学管理》2021年第5期。
郭元祥：《知识之后是什么——谈课程改革的深化（6）》，《新教师》2016年第6期。
韩震：《知识形态演进的历史逻辑》，《中国社会科学》2021年第6期。
何克抗：《深度学习：网络时代学习方式的变革》，《教育研究》2018年第5期。
何玲、黎加厚：《促进学生深度学习》，《现代教学》2005年第5期。
贺来：《“关系理性”与真实的“共同体”》，《中国社会科学》2015年第6期。
胡航、董玉琦：《深度学习内容的构成与重构策略》，《中国远程教育》2017年第10期。
胡航、李雅馨、郎启娥、杨海茹、赵秋华、曹一凡：《深度学习的发生过程、设计模型与机理阐释》，《中国远程教育》2020年第1期。
苏慧丽、于伟：《否定性——儿童批判性思维培养的前提问题》，《教育学报》2019年第4期。
苏慧丽、于伟：《路途与景深：指向过程性的教育技术意向变革》，《电化教育研究》2021年第7期。
贾红雨：《黑格尔的Reflexion原则》，《世界哲学》2017年第1期。
姜强、药文静、赵蔚、李松：《面向深度学习的动态知识图谱建构模型及评测》，《电化教育研究》2020年第3期。

金生鈜：《教育者自我治理的本质与方式》，《高等教育研究》2021年第6期。

金生鈜：《通过教育实现元人性——学与教的本体论意义》，《高等教育研究》2020年第4期。

瞿葆奎、郑金洲：《教育学逻辑起点：昨天的观点与今天的认识（一）》，《上海教育科研》1998年第3期。

瞿葆奎、郑金洲：《教育学逻辑起点：昨天的观点与今天的认识（二）》，《上海教育科研》1998年第4期。

康淑敏：《基于学科素养培育的深度学习研究》，《教育研究》2016年第7期。

蓝江：《5G、数字在场与万物互联——通信技术变革的哲学效应》，《探索与争鸣》2019年第9期。

李洪修、丁玉萍：《深度学习视域下在线教学的审视与思考》，《课程·教材·教法》2020年第5期。

李松林、杨爽：《国外深度学习研究评析》，《比较教育研究》2020年第9期。

李小涛、陈川、吴新全、王海文：《关于深度学习的误解与澄清》，《电化教育研究》2019年第10期。

李召存：《知识的意义性及其在教学中的实现》，《中国教育学刊》2006年第2期。

刘超：《数字化与主体性：数字时代的知识生产》，《探索与争鸣》2021年第3期。

刘莉：《对教育规范研究范式的反思及辩护》，《教育学报》2017年第6期。

刘铁芳：《教育意向性的唤起与“兴”作为教育的技艺——一种教育现象学的探究》，《高等教育研究》2011年第10期。

刘铁芳：《走向整全的人：个体成长与教育的内在秩序》，《教育研究》2017 年第 5 期。

刘月霞:《指向“深度学习”的教学改进:让学习真实发生》,《中小学管理》2021 年第 5 期。

刘哲雨、郝晓鑫、曾菲、王红:《反思影响深度学习的实证研究——兼论人类深度学习对机器深度学习的启示》,《现代远程教育研究》2019 年第 1 期。

鲁洁:《教育:人之自我建构的实践活动》,《教育研究》1998 年第 9 期。

鲁洁:《实然与应然两重性:教育学的一种人性假设》,《华东师范大学学报》(教育科学版)1998 年第 4 期。

罗生全、杨柳:《深度学习的发生学原理及实践路向》,《教育科学》2020 年第 6 期。

马芸、郑燕林:《走向深度学习:混合式学习情境下反思支架的设计与应用实践》,《现代远距离教育》2021 年第 3 期。

宁虹、赖力敏:《“人工智能 + 教育”:居间的构成性存在》,《教育研究》2019 年第 6 期。

庞培培:《萨特的意向性概念:内部否定》,《云南大学学报》(社会科学版)2012 年第 6 期。

裴新宁、舒兰兰:《深度学习:“互联网 +”时代的教育追求》,《上海教育》2015 年第 10 期。

彭红超、祝智庭:《深度学习研究:发展脉络与瓶颈》,《现代远程教育研究》2020 年第 1 期。

彭红超、祝智庭:《学习架构:深度学习灵活性表达》,《电化教育研究》2020 年第 2 期。

桑新民:《学习究竟是什么?——多学科视野中的学习研究论纲》,《开放教育研究》2005 年第 1 期。

上官剑:《有序之道:论人的“整全”及其教育》,《高等教育研究》

2020 年第 12 期。
石中英:《作为一种教育哲学研究方法的“论辩”》,《清华大学教育研究》2017 年第 5 期。
史宁中:《试论教育的本原》,《教育研究》2009 年第 8 期。
孙杰远:《智能化时代的文化变异与教育应对》,《现代远程教育研究》2019 年第 4 期。
孙余余:《论人的虚拟生存的生成》,《齐鲁学刊》2011 年第 4 期。
孙正聿:《思想的前提批判:“做哲学”的一种路径选择》,《天津社会科学》2021 年第 5 期。
王芳芳:《课程知识观重构视野中的深度教学》,《四川师范大学学报》(社会科学版) 2021 年第 1 期。
王瑾、史宁中、史亮、孔凡哲:《中小学数学中的归纳推理:教育价值、教材设计与教学实施——数学教育热点问题系列访谈之六》,《课程·教材·教法》2011 年第 2 期。
王路:《如何理解巴门尼德的 esti》,《中国人民大学学报》2017 年第 1 期。
王明娣:《深度学习发生机制及实现策略知识的定位与价值转向视角》,《西北师大学报》(社会科学版) 2021 年第 2 期。
王天平、杨玥莹、张娇、陈泽坤、赵栩苑:《教师视野中的学生深度学习三维状态表征体系构建》,《现代远程教育研究》2021 年第 5 期。
王晓宇、朱立明:《核心素养视域下深度学习测评指标体系的构建》,《中国考试》2021 年第 4 期。
吴道平:《自然? 使然? ——皮亚杰与乔姆斯基的一场辩论》,《读书》1995 年第 12 期。
吴冠军:《后人类状况与中国教育实践:教育终结抑或终身教育? ——人工智能时代的教育哲学思考》,《华东师范大学学报》(教育科学版）2019 年第 1 期。

吴国华：《语言的社会性与语言变异》，《外语学刊》2000 年第 4 期。

吴秀娟、张浩：《基于反思的深度学习实验研究》，《远程教育杂志》2015 年第 4 期。

吴秀娟、张浩、倪厂清：《基于反思的深度学习：内涵与过程》，《电化教育研究》2014 年第 12 期。

吴永军：《关于深度学习的再认识》，《课程·教材·教法》2019 年第 2 期。

伍远岳：《论深度教学：内涵、特征与标准》，《教育研究与实验》2017 年第 4 期。

武丽莎、王晓宇、靳小玲、朱立明：《核心素养视域下深度学习的操作性定义》，《教育科学研究》2021 年第 9 期。

武小鹏、张怡：《深度学习理念下内涵式课堂教学构架与启示》，《现代教育技术》2019 年第 4 期。

谢田田：《整合式创造性教学让深度学习真实发生》，《中国教育学刊》2021 年第 11 期。

谢幼如、黎佳：《智能时代基于深度学习的课堂教学设计》，《电化教育研究》2020 年第 5 期。

阎乃胜：《深度学习视野下的课堂情境》，《教育发展研究》2013 年第 12 期。

杨南昌、罗钰娜：《技术使能的深度学习：一种理想的学习样态及其效能机制》，《电化教育研究》2020 年第 9 期。

叶冬连、胡国庆、叶鹏飞：《面向核心素养发展的课堂深度学习设计与实践基于知识深度模型的视角》，《现代教育技术》2019 年第 12 期。

叶澜：《“生命·实践”教育学派——在回归与突破中生成》，《教育学报》2013 年第 5 期。

易小明：《共在的伦理之维——兼及共在作为社会财富共享的一种依据》，《齐鲁学刊》2020年第6期。

于伟：《教育就是要保护天性、尊重个性、培养社会性》，《中国教育学刊》2017年第3期。

于伟：《“率性教育”：建构与探索》，《教育研究》2017年第5期。

余乃忠、陈志良：《否定的力量：后现代主义哲学的三重变奏》，《福建论坛》（人文社会科学版）2009年第1期。

余胜泉、段金菊、崔京菁：《基于学习元的双螺旋深度学习模型》，《现代远程教育研究》2017年第6期。

袁宗金：《“好孩子”：一个需要反思的道德取向》，《学前教育研究》2012年第1期。

岳新强：《以深度学习促进学生学科核心素养发展》，《中国教育学刊》2021年第10期。

曾明星、吴吉林、徐洪智、黄云、郭鑫：《深度学习演进机理及人工智能赋能》，《中国电化教育》2021年第2期。

张博：《加缪作品中“反抗”思想的诞生与演进》，《复旦学报》（社会科学版）2015年第5期。

张春莉、王艳芝：《深度学习视域下的课堂教学过程研究》，《课程·教材·教法》2021年第8期。

张光陆：《深度学习视角下的课堂话语互动特征：基于会话分析》，《中国教育学刊》2021年第1期。

张浩、吴秀娟：《深度学习的内涵及认知理论基础探析》，《中国电化教育》2012年第10期。

张浩、吴秀娟、王静：《深度学习的目标与评价体系构建》，《中国电化教育》2014年第7期。

张敬威：《〈易经〉关联式逻辑的形式表征及科学价值》，《自然辩证法研究》2020年第9期。

张敬威、于伟:《从“经济人”走向“教育人”——论“教育人”的实践逻辑》,《教育与经济》2021年第3期。

张敬威、于伟:《非逻辑思维与学生创造性思维的培养》,《教育研究》2018年第10期。

张立国、谢佳睿、王国华:《基于问题解决的深度学习模型》,《中国远程教育》2017年第8期。

张良、关素芳:《为理解而学:人工智能时代的知识学习》,《湖南师范大学教育科学学报》2021年第1期。

张诗雅:《深度学习中的价值观培养:理念、模式与实践》,《课程·教材·教法》2017年第2期。

张务农、贾保先:《“人”与“非人”智慧课堂中人的主体性考察》,《电化教育研究》2020年第1期。

张祥龙:《人工智能与广义心学——深度学习和本心的时间含义刍议》,《哲学动态》2018年第4期。

张晓娟、吕立杰:《指向深度学习的课堂学习共同体建构》,《基础教育》2018年第3期。

张逊、邱耕田:《人的存在的四个维度——青年马克思的人的存在论》,《天津社会科学》2020年第1期。

张一兵:《败坏的去远性之形而上学灾难——维利里奥的〈解放的速度〉解读》,《哲学研究》2018年第5期。

张一兵:《否定辩证法:探寻主体外化、对象性异化及其扬弃——马克思〈黑格尔《精神现象学》摘要〉解读》,《中国社会科学》2021年第8期。

赵汀阳:《第一个哲学词汇》,《哲学研究》2016年第10期。

赵汀阳:《人工智能的自我意识何以可能?》,《自然辩证法通讯》2019年第1期。

赵汀阳:《终极问题:智能的分叉》,《世界哲学》2016年第5期。

赵亚夫：《批判性思维决定历史教学的质量》，《课程·教材·教法》2013年第2期。

郑东辉：《深度学习分层的教育目标分类学考察》，《全球教育展望》2020年第10期。

郑葳、刘月霞：《深度学习：基于核心素养的教学改进》，《教育研究》2018年第11期。

钟启泉：《“批判性思维”及其教学》，《全球教育展望》2002年第1期。

钟启泉：《深度学习：课堂转型的标识》，《全球教育展望》2021年第1期。

周序：《“深度学习”与知识的深度认识》，《四川师范大学学报》（社会科学版）2021年第5期。

朱立明、冯用军、马云鹏：《论深度学习的教学逻辑》，《教育科学》2019年第3期。

朱立明：《深度学习：学科核心素养的教学路径》，《教育科学研究》2020年第12期。

朱娜：《多元情境促进学生语文深度学习的发生》，《中国教育学刊》2021年第11期。

朱文辉、李世霆：《从“程序重置”到“深度学习”——翻转课堂教学实践的深化路径》，《教育学报》2019年第2期。

朱文辉：《指向深度学习的翻转课堂的教学设计》，《教育科学研究》2020年第5期。

朱志勇：《教育研究方法论范式与方法的反思》，《教育研究与实验》2005年第1期。

宗锦莲：《深度学习理论观照下的课堂转向：结构与路径》，《教育学报》2021年第1期。

3. 学位论文

白旭:《辩证法的否定性——从黑格尔到马克思》,博士学位论文,吉林大学,2016。

邓莉:《美国21世纪技能教育改革研究》,博士学位论文,华东师范大学,2018。

付威:《阿多诺“否定的辩证法”研究——兼论阿多诺与马克思辩证法之间的内在关系》,博士学位论文,辽宁大学,2014。

付亦宁:《本科生深层学习过程及其教学策略研究》,博士学位论文,苏州大学,2014。

彭淼淼:《理性批判与审美救赎——马尔库塞否定性思想研究》,博士学位论文,武汉大学,2018。

汪霞:《课程研究:从现代到后现代》,博士学位论文,华东师范大学,2002。

吴秀娟:《基于反思的深度学习研究》,硕士学位论文,扬州大学,2013。

4. 其他

赵敦华:《创造进化的动力来自生命自身》,《中国社会科学报》2013年7月1日。

二 外文文献

1. 著作

Alheit, Peter et al., *The Biographical Approach in European Adult Education* (Wien: Verband Wiener Volksbildung, 1995).

Baacke, Dieter, Wilhelm Heitmeyer, *Neue Widersprüche: Jugendliche in den 80er Jahren* (Munich: Juventa, 1985).

Biggs, John, Kevin F. Collis, *Evaluating the Quality of Learning: The SOLO Taxonomy (Structure of the Observed Learning Outcome)* (New

York: Academic Press, 1982).

Braidotti, Rosi, *The Posthuman* (Cambridge: Polity Press, 2013).

Cassirer, Ernst, *The Philosophy of Symbolic Forms* (London: Yale University Press, 1998).

Darling-Hammond, Linda et al., *Powerful Learning: What We Know about Teaching for Understanding* (San Francisco: Jossey Bass, 2008).

Earle, William, *The Autobiographical Consciousness* (Chicago: Quadrangle, 1972).

Egan, Kieran, *Learning in Depth: A Simple Innovation That Can Transform Schooling* (Chicago: The University of Chicago Press, 2010).

Fenwick, Tara, E. Richard, *Researching Education through Actor-Network Theory* (Chichester: Wiley-Blackwell, 2012).

Forrest-Pressley, D. L. et al., *Metacognition, Cognition, and Human Performance* (New York: Academic Press, 1985).

Fullan, Michael, Joanne Quinn, Joanne McEachen, *Deep Learning: Engage the World, Change the World* (Thousand Oaks, CA: Corwin, 2018).

Furth, Hans, *Knowledge as Desire* (New York: Columbia University Press, 1987).

Giddens, Anthony, *The Consequences of Modernity* (Stanford, CA: Stanford University Press, 1990).

Hacker, D. J., J. Dunlosky, and A. C. Graesser, eds., *Handbook of Metacognition in Education* (New York: Taylor &Francis, 2009).

Horn, Laurence, *A Natural History of Negation* (Chicago: University of Chicago Press, 2001).

Jacobsen, Jens Christian et al., *Refeksine Læreprocesser* (Copehagen: Politisk Revy, 1997).

Jarvis, Peter, *Adult Learning in the Social Context* (New York: Croom Helm, 1987).

Jarvis, Peter, Stella Parker, *Human Learning: An Holistic Approach* (London: Routledge, 2005).

Kant, Immanuel, *Critique of Pure Reason* (New York: St. Martin's Press, 1969).

Kimble, Gregory, *Hilgard and Marquis Conditioning and Learning* (Englewood Cliffs, NJ: Prentice Hall, 1961).

Koch, Sigmund et al., *Psychology: A Study of a Science* (New York: McGraw-Hill, 1959).

Latour, Bruno, *Reassembling the Social: An Introduction to Actor-Network-Theory* (Oxford: Oxford Press, 2005).

Leontive, A. N., *Problems of the Development of the Mind* (Moscow: Progress Publishers, 1981).

Marx, Karl, *Economic and Philosophic Manuscripts of 1844* (New York: Dover Publication, 2007).

Mezirow, J. et al., *Fostering Critical Reflection in Adulthood* (San Francisco, CA: Jossey-Bass, 1990).

Mounier, Emmanuel, *Personalism* (London: Routledge, 1952).

National Academies of Sciences, Engineering, and Medicine, *How People Learn II: Learners, Contexts, and Cultures* (Washington, DC: The National Academies Press, 2018).

Nelson, Katherine, *Young Minds in Social Worlds: Experience, Meaning, and Memory* (Cambridge, MA: Harvard University Press, 2007).

Papert, Seymour, *Mindstorms: Children, Computers, and Powerful Ideas* (New York: Basic Books, 1993).

Pellegrino, James W., Margaret L. Hilton, *Education for Life and Work:*

Developing Transferable Knowledge and Skills in the 21st Century (Washington, DC: National Academies Press, 2012).

Perry, William G. Jr., *Forms of Intellectual and Ethical Development in the College Years: A Scheme* (New York: Holt, Rinehart & Winston, 1970).

Pinar, W. F., *Autobiography, Politics and Sexuality* (New York: Peter Lang Publishing, 1994).

Resnick, L. B. et al., *The Nature of Intelligence* (Hillsdale, NJ: Erlbaum, 1976).

Ricoeur, Paul, *Freedom and Nature: The Voluntary and the Involuntary*, trans. by E. V. Kohak (Evanston, IL: Northwestern University Press, 1966).

Russell, Bertrand, *On Education* (London: Routledge, 2009).

Schwartz, Barry, E. A. Wasserman, S. J. Robbins, *Psychology of Learning and Behavior* (New York: Norton, 2002).

Spitz, Rene A., *No and Yes: On the Genesis of Human Communication* (New York: International Universities Press, 1957).

Sternberg, R. J., *Encyclopedia of Human Intelligence* (London: Macmillan Publishing House, 1994).

Stevenson H., H. Azuma, K. Hakuta et al., *Child Development and Education in Japan* (New York: Freeman, 1986).

Wasserstrom, R. A., *Morality and the Law* (Belmont: Wadsworth Publishing Company, 1971).

Wenger, Etienne, *Communities of Practice: Learning, Meaning and Identity* (Cambridge, MA: Cambridge University Press, 1998).

Willingham, Daniel, *Why Don't Students Like School?: A Cognitive Scientist Answers Questions about How the Mind Works and What It Means for the*

Classroom (San Francisco: Jossey-Bass, 2009).

Wilm, Emil Carl, *The Theories of Instinct: A Study in the History of Psychology* (New Haven: Yale University Press, 1925).

Žižek, Slavoj, *Disparities* (London: Bloomsbury, 2016).

2. 期刊

Alexander, Patricia, D. L. Schallert, R. E. Reynolds, "What ls Learning Anyway? A Topographical Perspective Considered," *Educational Psychologist* 44 (2009).

Alexander, Patricia, "Mapping the Multidimensional Nature of Domain Learning: The Interplay of Cognitive, Motivational and Strategic Forces," *Advances in Motivation and Achievement* 10 (1997).

Bandura, Albert, "A Social Cognitive Theory: An Agentic Perspective," *Annual Review of Psychology* 52 (2001).

Beattie, Vivien, B. Collins, B. McInnes, "Deep and Surface Learning: A Simple or Simplistic Dichotomy?" *Accounting Education* 6 (1997).

Bell, Allan, "Diagnosing Students Misconceptions," *The Australian Mathematics Teacher* 38 (1982).

Biggs, John, "Individual and Group Differences in Study Processes," *British Journal of Educational Psychology* 3 (1978).

Biggs, John, "Individual Differences in Study Processes and the Quality of Learning Outcomes," *Higher Education* 8 (1979).

Boyle, Tom, A. Ravenscroft, "Context and Deep Learning Design," *Computers & Education* 59 (2012).

Cervetti, Gina, P. Pearson, "Reading, Writing, and Thinking Like a Scientist," *Journal of Adolescent & Adult Literacy* 55 (2012).

Corte, Erik De, "Learning from Instruction: The Case of Mathematics," *Learning Inquiry* 1 (2007).

Dinsmore, Daniel, Patricia Alexander, "A Critical Discussion of Deep and Surface Processing: What It Means, How It Is Measured, the Role of Context, and Model Specification," *Educational Psychology Review* 24 (2012).

Dummer, T. J. B. et al., "Promoting and Assessing 'Deep Learning' in Geography Fieldwork: An Evaluation of Reflective Field Diaries," *Journal of Geography in Higher Education* 32 (2008).

Gough, Noel, "RhizomANTically Becoming-Cyborg: Performing Posthuman Pedagogies," *Educational Philosophy and Theory* 36 (2004).

Hassan, Ihab, "Prometheus as Performer: Toward a Posthumanist Culture?" *The Georgia Review* 31 (1977).

Istance, David, "Learning in Retirement and Old Age: An Agenda for the 21st Century," *European Journal of Education* 50 (2015).

Jacqueline, De Matos-Ala, D. J. Hornsby, "Introducing International Studies: Student Engagement in Large Classes," *International Studies Perspectives* 16 (2015).

Knox, Jeremy, B. Williamson, S. Bayne, "Machine Behaviourism: Future Visions of 'Learnification' and 'Datafication' across Humans and Digital Technologies," *Learning, Media and Technology* 45 (2019).

Lueg, Rainer et al., "Aligning Seminars with Bologna Requirements: Reciprocal Peer Tutoring, the Solo Taxonomy and Deep Learning," *Studies in Higher Education* 41 (2015).

Marton, Ference, R. Säljö, "On Qualitative Differences in Learning: I-Outcome and Process," *British Journal of Educational Psychology* 46 (1976).

McDonald, Jenny et al., "Short Answers to Deep Questions: Supporting Teachers in Large-Class Settings," *Journal of Computer Assisted Learning*

33 (2017).

Mckelvie, S. J., M. Pullara, "Effects of Hypnosis and Level of Processing on Repeated Recall of Line Drawings," *Journal of General Psychology* 115 (1988).

Meek, R. L., "The Traditional in Non-Traditional Learning Methods," *Journal of Personalized Instruction* 2 (1977).

Mellanby, J. et al., "Deep Learning Questions Can Help Selection of High Ability Candidates for Universities," *Higher Education* 57 (2009).

Murphy, P. K., P. A. Alexander, "What Counts? The Predictive Powers of Subject-Matter Knowledge, Strategic Processing, and Interest in Domain-Specific Performance," *The Journal of Experimental Education* 70 (2002).

Phan, Huy P., "Deep Processing Strategies and Critical Thinking: Developmental Trajectories Using Latent Growth Analyses," *The Journal of Educational Research* 104 (2011).

Pugh, Kevin J. et al., "Motivation, Learning, and Transformative Experience: A Study of Deep Engagement in Science," *Science Education* 94 (2010).

Salmerón, Ladislao et al., "Scanning and Deep Processing of Information in Hypertext: An Eye Tracking and Cued Retrospective Think-Aloud Study," *Journal of Computer Assisted Learning* 33 (2017).

She, Hsiao-Ching, Y. Z. Chen, "The Impact of Multimedia Effect on Science Learning: Evidence from Eye Movements," *Computers & Education* 53 (2009).

Spek, Erik D. van der et al., "Introducing Surprising Events Can Stimulate Deep Learning in a Serious Game," *British Journal of Educational Technology* 44 (2013).

Stott, Angela, A. Hattingh, "Conceptual Tutoring Software for Promoting Deep Learning: A Case Study," *Journal of Educational Technology & Society* 18 (2015).

3. 其他

Alliance for Excellent Education, A Time for Deeper Learning: Preparing Students for a Changing World, 2011.

Escueta, Maya et al., Education Technology: An Evidence-Based Review, https://www.nber.org/papers/w23744.

Fullan, Michael, M. Langworthy, Towards a New End: New Pedagogies for Deep Learning, http://www.michaelfullan.ca/wp-content/uploads/2013/08/New-Pedagogies-for-Deep-Learning-An-Invitation-to-Partner-2013-6-201.pdf.

Huberman, Mette et al., The Shape of Deeper Learning: Strategies, Structures and Cultures in Deeper Learning Network High Schools, https://files.eric.ed.gov/fulltext/ED553360.pdf.

Laird, Thomas F. Nelson, Rick Shoup, George D. Kuh, Measuring Deep Approaches to Learning Using the National Survey of Student Engagement, https://scholarworks.iu.edu/iuswrrest/api/core/bitstreams/fdf4cd87-3593-4102-92f4-dc542e31acea/content.

Novak, Matt, Predictions for Educational TV in the 1930s, https://www.smithsonianmag.com/history/predictions-for-educational-tv-in-the-1930s-107574983/.

OECD, A Brave New World: Technology and Education, https://www.oecd.org/education/ceri/Spotlight-15-A-Brave-New-World-Technology-and-Education.pdf.

Scott, Cynthia Luna, The Futures of Learning 2: What Kind of Learning for the 21st Century? https://unesdoc.unesco.org/ark:/48223/pf00

00243126_eng.

UNESCO, Reimagining Our Futures Together: A New Social Contract for Education, 2021.

William and Flora Hewlett Foundation, Deeper Learning Competencies. https://hewlett.org/wp-content/uploads/2016/08/Deeper_Learning_Defined__April_2013.pdf.

图书在版编目(CIP)数据

自否定与认知：深度学习的发生逻辑 / 苏慧丽著．北京：社会科学文献出版社，2025. 1. --ISBN 978-7-5228-4106-9

Ⅰ. TP181

中国国家版本馆 CIP 数据核字第 2024NH3187 号

自否定与认知：深度学习的发生逻辑

著　　者 / 苏慧丽

出 版 人 / 冀祥德
责任编辑 / 袁卫华
文稿编辑 / 尚莉丽
责任印制 / 王京美

出　　版 / 社会科学文献出版社 · 人文分社（010）59367215
地址：北京市北三环中路甲 29 号院华龙大厦　邮编：100029
网址：www. ssap. com. cn
发　　行 / 社会科学文献出版社（010）59367028
印　　装 / 三河市尚艺印装有限公司

规　　格 / 开 本：787mm × 1092mm　1/16
印 张：18.5　字 数：250 千字
版　　次 / 2025 年 1 月第 1 版　2025 年 1 月第 1 次印刷
书　　号 / ISBN 978-7-5228-4106-9
定　　价 / 98.00 元

读者服务电话：4008918866